21 世纪本科院校电气信息类创新型应用人才培养规划教材

微机原理及接口技术

主　编　李干林

内 容 简 介

本书以 Intel 8086/8088 16 位机为基础，分八章较全面、系统、深入地介绍了微型计算机基础，8086/8088 微处理器的结构及原理，8086 指令系统，汇编语言程序设计，微机存储器、输入/输出接口、中断与总线，可编程接口芯片，以及电力系统设备中常用的微处理器的内容。

本书适合作为电气工程及其自动化专业、智能电网信息工程专业的教材，也可供相关技术人员参考使用。

图书在版编目(CIP)数据

微机原理及接口技术/李干林主编. —北京：北京大学出版社，2015.9
（21 世纪本科院校电气信息类创新型应用人才培养规划教材）
ISBN 978-7-301-26063-0

Ⅰ.①微… Ⅱ.①李… Ⅲ.①微型计算机—理论—高等学校—教材②微型计算机—接口技术—高等学校—教材 Ⅳ.①TP36

中国版本图书馆 CIP 数据核字（2015）第 163081 号

书　　名	微机原理及接口技术
著作责任者	李干林　主编
责任编辑	程志强
标准书号	ISBN 978-7-301-26063-0
出版发行	北京大学出版社
地　　址	北京市海淀区成府路 205 号　100871
网　　址	http://www.pup.cn　新浪微博：@北京大学出版社
电子邮箱	编辑部 pup6@pup.cn　总编室 zpup@pup.cn
电　　话	邮购部 010-62752015　发行部 010-62750672　编辑部 010-62750667
印 刷 者	北京虎彩文化传播有限公司
经 销 者	新华书店
	787 毫米×1092 毫米　16 开本　19 印张　438 千字
	2015 年 9 月第 1 版　2024 年 1 月第 5 次印刷
定　　价	42.00 元

未经许可，不得以任何方式复制或抄袭本书之部分或全部内容。
版权所有，侵权必究
举报电话：010-62752024　电子邮箱：fd@pup.cn
图书如有印装质量问题，请与出版部联系，电话：010-62756370

前　　言

电力系统是应用现代计算机技术、电子技术、通信技术的最新科技的一个行业，微型计算机芯片在电力系统设备中应用广泛。因此，电气工程及其自动化专业、智能电网信息工程专业的学生掌握微型计算机原理及接口技术的知识尤为重要。为了编写一本适合这类专业的教材，编者在参考了微机原理及接口技术多种同类教材的同时，增加了在电力系统设备中常用的微处理器一章，让学生从教学内容到将来实际工作中接触的专业内容有一个很好的衔接。

本书按照既要有一定的理论知识，又要注重从学生的角度来理解本课程的宗旨来编写。理论尽量简化，易于理解；突出例题，让学生更好地理解理论知识；结合应用实际，如对电力系统常用的串行通信加大介绍篇幅等。

全书共分 8 章。第 1 章微型计算机基础，介绍了微型计算机的基本概念、硬件结构、工作原理、系统组成、运算基础等各类知识。第 2 章 8086/8088 微处理器的结构及原理，介绍了 8086/8088 微处理器的结构，包括 8086/8088 CPU 内部功能结构和外部引脚及其功能，8086/8088 微处理器的总线操作及时序，简要介绍了 80x86 微处理器。第 3 章 8086 指令系统，介绍了 8086/8088 CPU 的寻址方式以及各种指令系统，并通过具体实例讲述各条指令使用方法和功能。第 4 章汇编语言程序设计，介绍了汇编语言程序设计的基本步骤，通过实例分析说明了程序的基本结构。第 5 章微机存储器，介绍了半导体存储器的分类和特点，典型半导体存储器芯片的应用，微机存储系统的结构及 CPU 与存储器的连接等内容。第 6 章输入/输出接口、中断与总线，介绍了输入/输出接口的基本概念，中断的基本概念，对总线的基本概念、三类总线和总线标准做了简单介绍。第 7 章可编程接口芯片，介绍了可编程并行通信接口芯片 8255A，可编程定时器/计数器 8253，可编程中断控制器 8259A，数/模与模/数转换接口芯片 DAC0832、ADC0809 以及串行通信与可编程串行通信接口芯片 8251A。第 8 章电力系统设备中常用的微处理器，介绍了电力系统设备中常用的单片机，数字信号处理器 DSP，嵌入式系统，ARM 处理器，PowerPC 处理器的概念、特点、结构及种类等。

本书参考了部分资料和文献，在此向这些文献和资料的作者表示衷心感谢！

由于编者水平有限，疏漏之处在所难免，恳请读者提出宝贵意见！

编　者

2014 年 12 月

目　录

第 1 章　微型计算机基础 1
1.1　微型计算机的概况 1
1.1.1　微型计算机的发展概况 1
1.1.2　微处理器 2
1.1.3　微型计算机的分类 3
1.1.4　微型计算机的性能指标 4
1.2　微型计算机系统组成 5
1.2.1　微型计算机系统的一般结构 5
1.2.2　微型计算机的硬件结构 7
1.2.3　微型计算机的软件系统 8
1.2.4　微机工作过程 8
1.3　微型计算机运算基础 9
1.3.1　计算机中的数制及其转换 9
1.3.2　计算机中数值数据的编码 11
1.3.3　定点数与浮点数表示 15
1.3.4　计算机中的非数值数据的编码 16
本章小结 18
习题 18

第 2 章　8086/8088 微处理器的结构及原理 20
2.1　8086/8088 微处理器的结构 20
2.1.1　8086/8088 CPU 内部功能结构 20
2.1.2　8086/8088 的寄存器 23
2.2　8086/8088 的内存组织 27
2.2.1　8086/8088 存储空间 27
2.2.2　内存的分段 28
2.2.3　8086 内存的分体结构 31
2.2.4　堆栈操作 32
2.3　8086/8088 的引脚及功能 34
2.3.1　8088 CPU 在最小模式中引脚的定义 34
2.3.2　8088 CPU 在最大模式中引脚的定义 37
2.3.3　8086 CPU 与 8088 CPU 的区别 38
2.4　8086/8088 CPU 的时序 38
2.5　8086/8088 微处理器的系统配置 44
2.6　高档微处理器 47
2.6.1　80286 微处理器 47
2.6.2　80386 微处理器 48
2.6.3　80486 微处理器 49
2.6.4　Pentium 系列微处理器 53
本章小结 55
习题 55

第 3 章　8086 指令系统 57
3.1　寻址方式 57
3.1.1　操作数类型 57
3.1.2　8086/8088 寻址方式 58
3.2　8086/8088 指令系统概述 64
3.2.1　数据传送指令 64
3.2.2　算术运算指令 71
3.2.3　逻辑运算和移位指令 83
3.2.4　串操作指令 88
3.2.5　控制转移指令 92
3.2.6　处理器控制指令 101
本章小结 103
习题 103

第 4 章　汇编语言程序设计 107
4.1　汇编语言源程序的结构 107

	4.1.1	汇编语言源程序的	
		分段结构 107	
	4.1.2	汇编语言源程序语句的类型及	
		组成 109	
	4.1.3	名字和标号 110	
	4.1.4	助记符和定义符 ... 111	
	4.1.5	操作数中的常量、变量、	
		表达式 111	
	4.1.6	注释 117	
4.2	伪指令 117		
	4.2.1	数据定义伪指令 ... 117	
	4.2.2	符号定义伪指令 ... 118	
	4.2.3	段定义伪指令 119	
	4.2.4	过程定义伪指令 ... 121	
	4.2.5	其他伪指令 121	
4.3	DOS 和 BIOS 调用 122		
	4.3.1	DOS 模块和 ROM BIOS 的	
		关系 122	
	4.3.2	中断调用及中断服务子程序	
		返回 123	
	4.3.3	DOS 常用系统功能调用	
		举例 123	
	4.3.4	BIOS 中断功能调用 126	
4.4	8086/8088 汇编程序设计的		
	基本方法 127		
	4.4.1	顺序结构 127	
	4.4.2	分支结构 128	
	4.4.3	循环结构 130	
	4.4.4	子程序结构 133	
本章小结 135			
习题 135			
第 5 章	微机存储器 137		
5.1	微机存储器概述 137		
	5.1.1	微机存储器系统 ... 137	
	5.1.2	半导体存储器的分类 138	
	5.1.3	半导体存储器芯片的	
		一般结构 140	

	5.1.4	存储器芯片的主要	
		技术指标 141	
5.2	随机存储器 141		
	5.2.1	静态存储器 142	
	5.2.2	动态存储器 146	
5.3	只读存储器 148		
5.4	快速擦除读/写存储器 151		
5.5	存储器的扩展 152		
	5.5.1	存储容量的位扩展 152	
	5.5.2	存储容量的字扩展 154	
	5.5.3	字/位扩展 155	
5.6	存储器与 CPU 的连接 156		
5.7	高速缓冲存储器 Cache 和硬盘		
	存储器 158		
	5.7.1	高速缓冲存储器 Cache 158	
	5.7.2	硬盘存储器 159	
	5.7.3	硬盘的主要参数 ... 160	
本章小结 161			
习题 162			
第 6 章	输入/输出接口、中断与总线 163		
6.1	输入/输出接口概述 163		
	6.1.1	接口的功能 163	
	6.1.2	接口与端口 164	
	6.1.3	I/O 端口的编址方式 165	
6.2	I/O 数据传送方式 168		
	6.2.1	无条件传送方式 ... 168	
	6.2.2	查询传送方式 170	
	6.2.3	中断传送方式 172	
	6.2.4	DMA 方式 172	
6.3	中断技术 174		
	6.3.1	中断概述 174	
	6.3.2	中断处理过程 174	
	6.3.3	中断优先级 176	
	6.3.4	中断嵌套 177	
6.4	8086/8088 中断系统 177		
	6.4.1	8086/8088 的外部中断 178	
	6.4.2	8086/8088 的内部中断 179	

6.4.3 中断向量表..................180
6.4.4 8086/8088 的中断过程......182
6.4.5 中断响应时序..............183
6.5 总线..............................184
6.5.1 总线的概念................184
6.5.2 PCI 总线..................186
6.5.3 通用串行总线 USB..........187
本章小结..............................189
习题..................................189

第 7 章 可编程接口芯片..............191

7.1 可编程并行通信接口芯片 8255A....191
7.1.1 8255A 芯片的结构和引脚....191
7.1.2 8255A 的寻址方式..........193
7.1.3 8255A 的工作方式..........193
7.1.4 8255A 的编程控制字........195
7.1.5 8255A 应用举例............199
7.2 可编程定时器/计数器 8253/8254....200
7.2.1 8253 的内部结构和引脚.....201
7.2.2 8253 的工作方式...........203
7.2.3 8254 与 8253 的区别........207
7.2.4 8253 的应用举例...........208
7.3 可编程中断控制器 8259A..........210
7.3.1 8259A 的功能与引脚........210
7.3.2 8259A 的内部结构框图和
中断工作过程..............212
7.3.3 8259A 的工作方式..........214
7.3.4 8259A 的控制字格式........216
7.3.5 8259A 应用举例............222
7.4 数/模与模/数转换接口芯片........224

7.4.1 D/A 转换器 DAC0832 及
应用......................224
7.4.2 A/D 转换器 ADC0809 及
应用......................228
7.5 串行通信与可编程串行通信接口
8251A..............................232
7.5.1 串行通信基础..............232
7.5.2 串行接口..................242
7.5.3 可编程串行接口芯片
8251A.....................245
7.5.4 8251A 应用举例............254
本章小结..............................256
习题..................................256

第 8 章 电力系统设备中常用的
微处理器..............................259

8.1 单片机............................259
8.1.1 单片机基本结构............260
8.1.2 单片机的种类..............260
8.2 数字信号处理器....................264
8.3 嵌入式系统........................266
8.4 ARM 处理器........................269
8.5 PowerPC 处理器....................271
本章小结..............................272

附录 汇编语言上机实验基础............273

附录 1 汇编语言程序上机实验过程......273
附录 2 宏汇编程序 MASM..............274
附录 3 调试程序 DEBUG...............277

参考文献..............................289

第1章

微型计算机基础

1.1 微型计算机的概况

自从 20 世纪 40 年代世界第一台电子数字计算机(Electronic Numerical Integrator and Calculator，ENIAC)在美国宾夕法尼亚大学诞生后，电子计算机成为 20 世纪人类最伟大的发明之一。其问世以来，已经历了电子管、晶体管、中小规模集成电路、大规模集成电路共 4 个阶段。随着大规模集成电路的发展，计算机分别朝着巨型机、大型机和超小型机、微机两个方向发展。

1.1.1 微型计算机的发展概况

按照电子计算机采用的电子器件来进行划分，可将电子计算机的发展分为 4 个阶段，也称为四代。

(1) 第一代(1946 年到 20 世纪 50 年代后期)：电子管计算机时代。这一时期的计算机采用电子管作为基本器件，主要为了军事与国防尖端技术的需要而研制。这是计算机发展的初级阶段，体积巨大，运算速度低，耗电量大，存储容量小，主要用来进行科学计算。

(2) 第二代(20 世纪 50 年代中期到 20 世纪 60 年代中后期)：晶体管计算机时代。这一时期计算机的主要器件逐步由电子管改为晶体管，缩小了体积，降低了功耗，提高了速度和可靠性，价格不断下降，并且随着磁芯存储器的使用，使速度得到进一步提高。晶体管的使用使计算机不仅在军事与尖端技术上的应用范围进一步扩大，而且还应用于科学研究和事物处理以及工业控制等领域。

(3) 第三代(20 世纪 60 年代中期到 20 世纪 70 年代前期)：中小规模集成电路计算机时代。这一时期的计算机采用集成电路作为基本器件，功耗、体积、价格等进一步下降，而速度及可靠性则相应提高，使计算机的应用范围扩展到文字处理、企业管理、自动控制等领域。

(4) 第四代(20 世纪 70 年代以后)：大规模和超大规模集成电路计算机时代。20 世纪 70 年代初，半导体存储器问世，迅速取代了磁芯存储器，并不断向大容量、高速度的方向发展。此后，存储器芯片集成度大体上每三年翻两番(1971 年每片 1Kb，到 1984 年达到每片256Kb，1992年16Mb动态随机存储芯片上市)，从1971年包含2300个晶体管的Intel4004芯片问世，到1999年包含了750万个晶体管的PentiumⅡ处理器，这就是著名的摩尔定律。随着大规模和超大规模集成电路制造技术的发展，能把中央处理机电路集成在一片面积仅十几平方毫米的微处理器电路芯片上，微处理器的出现开创了微型计算机的新时代。随着半导体技术向大容量、高速度发展，微型计算机和计算机网络的产生及发展使计算机的应用更加普及，并深入社会的方方面面。

1.1.2 微处理器

微处理器(Microprocessor)是将传统计算机的运算器和控制器集成在一块大规模集成电路芯片上作为中央处理部件。

按照计算机CPU、字长和功能划分，微处理器经历了五代的演变。

(1) 第一代(1971—1973)：4位和8位低档微处理器，典型产品为1971年的Intel4004、1972年的Intel8008。第一代微处理器的芯片采用PMOS工艺，集成度约为2000管/片，时钟频率为1MHz，平均指令时间为20μs。

(2) 第二代(1974—1978)：8位中高档微处理器，典型产品为1974年Intel8080、1976年 Intel8085、1974年Motorola MC6800、1975年Zilog Z80。第二代微处理器的芯片采用NMOS工艺，集成度达到5000～9000管/片，微处理器的性能技术指标有明显改进，时钟频率为 2～4MHz，运算速度加快，平均指令执行时间为 1～2μs。用它构成的微型计算机在结构上已具有计算机的体系结构，有中断和DMA等功能，指令系统较为完善，软件上也配备了汇编语言、BASIC和FORTRAN语言，使用单用户操作系统。

(3) 第三代(1978—1983)：16位微处理器，典型产品为1978年的Intel 8086、1979年的Zilog Z8000、1979年的Motorola MC68000、1982年的Intel80826、1982年的Motorola 68010。第三代微处理器工艺上采用HMOS高密度集成工艺技术，集成度为2万～7万管/片，时钟频率为4～10MHz，数据总线为16位，地址总线为20位，可寻址内存空间达到1MB，运算速度比8位机提高2～5倍，具有丰富的指令系统，采用多级中断，多重寻址方式，有段寄存器结构。

(4) 第四代(1983—1992)：32位微处理器，典型产品为1985年的Intel80386、1989年的Intel80486、1989年的Motorola 68040、1983年Zilog公司的Z80000。第四代微处理器80386采用先进的高速CHMOS(HCMOS)工艺，集成度为1万～120万(管/片)，具有32位数据总线和32位地址总线，可寻址空间达到4GB，同时具有存储保护和虚拟存储功能，虚拟空间可达64TB，时钟频率达到16～33MHz，平均指令执行时间约为0.1μs，运算速度为每秒300万～600万条指令。80386使32位CPU成为PC工业的标准。1989年，Intel公司推出了高性能32位微处理器80486，集成度、速度、主频大为提高，80486的性能比80386DX的提高了4倍。

(5) 第五代(1993年始)：准64位微处理器和64位微处理器，典型产品为1993年的

Pentium、1995 年的 Pentium Pro、1997 年的 Pentium Ⅱ、1999 年的 Pentium Ⅲ、2000 年的 Pentium 4、2006 年的 Core。第五代微处理器采用亚微米(0.6～0.18μm)的 CMOS 工艺制造，集成度高达 310 万～4200 万(管/片)，采用 64 位外部数据总线，使访问内存数据的速度高达 528MB/s 以上，36 位以上的地址总线使可寻址空间达 64GB 以上。主频最初有 60MHz，后续的产品主频越来越高，达到 3.6GHz 及以上，并具有高速缓存。

1.1.3 微型计算机的分类

微型计算机(微机)：以微处理器为核心，再配上存储器、接口电路等芯片，构成微型计算机。

微机的种类繁多，系列各异，人们可以从不同角度对其进行分类。最常见的有以下 4 种分类方法。

1. 按微处理器位数分类

按微处理器的位数分为 4 位微型计算机、8 位微型计算机、16 位微型计算机、32 位微型计算机、64 位微型计算机。

(1) 4 位微型计算机：用 4 位字长的微处理器作为 CPU，其数据总线宽度为 4 位，一个字节数据要分两次来传送或处理。4 位微型计算机的指令系统简单、运算功能单一，主要用于袖珍或台式计算器、家电、娱乐产品和简单的过程控制。

(2) 8 位微型计算机：用 8 位字长的微处理器作为 CPU，其数据总线宽度为 8 位。8 位微型计算机中字长和字节是同一概念。当 8 位微处理器推出时，微型计算机在硬件和软件技术方面都已比较成熟，所以 8 位微型计算机的指令系统比较完善，寻址能力强，外围配套电路齐全，因而使 8 位微型计算机通用性强，应用范围广，广泛用于工业生产过程的自动检测和控制、通信、智能终端、教育以及家用电器控制等领域。

(3) 16 位微型计算机：用高性能的 16 位微处理器作为 CPU，数据总线宽度为 16 位。由于 16 位微处理器不仅在集成度和处理速度、数据总线宽度、内部结构等方面与 8 位微处理器有本质上的不同，而且由它们构成的微型计算机在功能和性能上也基本达到了当时的中档小型机的水平，特别是 Intel8086 CPU 的 16 位微型计算机 IBM PC/XT 不仅是当时相当长一段时间内的主流机型，而且其用户拥有量也是世界第一，以至在设计更高档次的微型计算机时，都要保持对它的兼容。

(4) 32 位微型计算机：使用 32 位的微处理器作为 CPU，这是目前的主流机型。从应用角度看，字长 32 位是较理想的，它可满足绝大部分用途的需要，包括文字、图形、表格处理及精密科学计算等方面的需要。典型产品有 Intel80386,Intel80486,MC6868030、Z80000 等。特别是 1993 年 Intel 公司推出 Pentium 微处理器之后，使 32 位微处理器技术进入了一个崭新阶段。32 位微型计算机不仅继承了其前辈的所有优点，而且在许多方面有新的突破，同时也满足了人们对图形图像、实时视频处理、语言识别、大流量客户机/服务器等应用领域日益迫切的需求。

(5) 64 位微型计算机：用 64 位的微处理器作为 CPU。在不断完善 Pentium 系列处理器的同时，Intel 公司与 HP 公司联手开发了更先进的 64 位微处理器。64 位微型计算机采用全新的结构设计，是一种采用长指令字(LIW)、指令预测、分支消除、推理装入和其他一些先进技术，从程序代码提取更多并行性的全新结构。

2. 按微机的用途分类

按微机的用途，可分为通用机和专用机两类。此处不详细介绍。

3. 按微机的档次分类

按微机的档次，可分为低档机、中档机和高档机。计算机的核心部件是它的微处理器，也可以根据所使用的微处理器档次将微机分为 8086 机、286 机、386 机、486 机、Pentium 机、PentiumⅡ机、PentiumⅢ机和 Pentium4 机等。

4. 按微机的组装形式分类

微机除了核心部件微处理器之外，还配置有相应的存储部件、I/O 端口等功能部件，因此，按照多个部件的组装形式分类，又可以分为单片机、单板机、个人计算机。

(1) 单片机：单片机是将微机的主要部件，如微处理器、存储器、输入/输出接口等集成在一片大规模集成电路芯片上形成的微机，它具有完整的微机功能。单片机的特点是集成度高、体积小、功耗低、可靠性高、使用灵活方便、控制功能强、价格低廉，利用单片机可较方便地构成一个控制系统。因此，在工业控制、智能仪器仪表、数据采集和处理、通信和分布式控制系统、家用电器等领域的应用日益广泛。典型产品有：Intel 公司的 MCS8051、8096(16 位单片机)，Motorola 公司的 MC68HC05、MC68HC11 等。

(2) 单板机：将微处理器、存储器、输入/输出接口、简单外设等部件，安装在一块印制电路板上，形成一台完整的微机。单板机具有结构紧凑、使用简单、成本低等特点，常用于简单的工业控制和实验教学等领域。

(3) 个人计算机：即 PC 机，是将一块主机板(包括微处理器、内存储器、输入/输出接口等芯片)和若干接口卡、外部存储器、电源等部件组装在一个机箱内，并配置显示器、键盘、鼠标等外部设备和系统软件构成的微机系统。PC 具有功能强、配置灵活、软件丰富、使用方便等特点，是面向普通用户需求、应用最广泛的微型计算机。

1.1.4 微型计算机的性能指标

通常用下面一些术语来描述微型计算机及其性能。

(1) 位：bit，简写为 b，是计算机中所表示的最基本、最小的数据单元，只有 0 和 1 两种状态。若干个二进制位的组合(编码)可以表示计算机中的各种数据、字符等信息。

(2) 字节：Byte，简写为 B，是计算机中通用的基本单元，由 8 个二进制位组成。

(3) 字：计算机一次可处理或运算的一组二进制数，是计算机内部进行数据处理的基本单位。不同的计算机，其字也不同。

(4) 字长：计算机在交换、加工和存放信息时的最基本长度，即字的长度(如 8086 的字长是 2B 或 16 位)，它决定着计算机的内部寄存器、加法器及数据总线的位数。有 4 位、8 位、16 位、32 位、64 位等。各种类型的微型计算机字长是不相同的，字长越长的计算机，处理数据的精度和速度越高，复杂度也越高。字长是微型计算机中最重要的指标之一。

(5) 存储空间：该微处理器构成的系统所能访问的存储单元数，以 B 为单位。

(6) 主频：也称计算机的时钟频率，是指计算机中基准时钟脉冲发生器所产生的时钟振荡频率，即激励源频率，以 Hz 为单位。

(7) 指令：规定计算机进行某种操作的命令，它是计算机自动运行的依据。计算机智能识别 0 和 1 数字组合的编码，这就是指令的机器码。

(8) 基本指令执行时间：计算机执行某种基本操作所花的时间。

(9) 可靠性：指计算机在规定时间和条件下正常工作不发生故障的概率。

(10) 兼容性：指计算机硬件设备和软件程序可用于其他多种系统的性能。

(11) 性能价格比(性价比)：衡量计算机产品优劣的综合性指标。

1.2 微型计算机系统组成

从体系结构来看，目前我们使用的单片机、微机采用的基本都是计算机的经典结构：冯·诺依曼结构，特点如下。

(1) 采用二进制数形式表示数据和计算机指令。

(2) 指令和数据存储在计算机内部存储器中，能依次自动执行指令。

(3) 控制器、运算器、存储器、输入设备、输出设备这 5 大部分组成了计算机硬件。

(4) 工作原理的核心是"存储程序"和"程序控制"。

1.2.1 微型计算机系统的一般结构

微型计算机系统由硬件系统和软件系统两大部分组成，如图 1.1 所示。

(1) 硬件系统：是由电子部件和机电装置所组成的计算机实体。硬件系统的基本功能是接收计算机程序，并在程序的控制下完成数据输入、数据处理和输出结果等任务。

(2) 软件系统：是指为计算机运行工作服务的全部技术资料和各种程序。软件系统的基本功能是保证计算机硬件的功能得以充分发挥，并为用户提供一个宽松的工作环境。

计算机的硬件和软件二者缺一不可，否则不能正常工作。

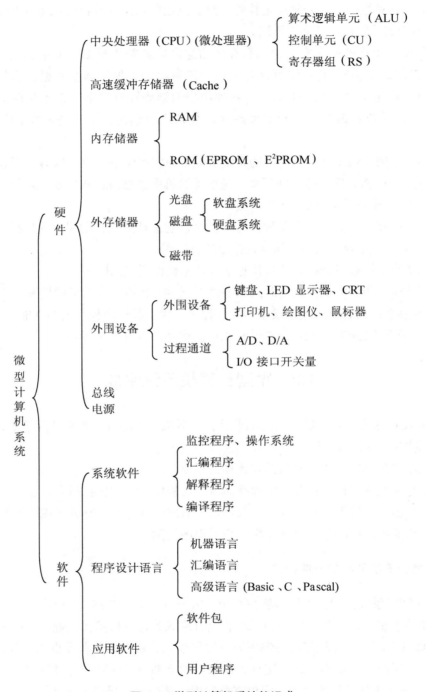

图 1.1 微型计算机系统的组成

1.2.2 微型计算机的硬件结构

微型计算机的硬件结构如图 1.2 所示。
各组成模块及其功能如下。

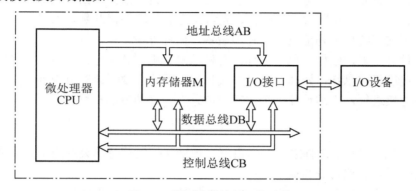

图 1.2 微型计算机的硬件结构

1. 微处理器(中央处理单元)

中央处理单元(Control Processing Unit, CPU)是微型计算机的核心部件,是包含运算器、控制器、寄存器组以及总线接口等部件的一块大规模集成电路芯片,即微处理器,微处理器结构框图如图 1.3 所示。

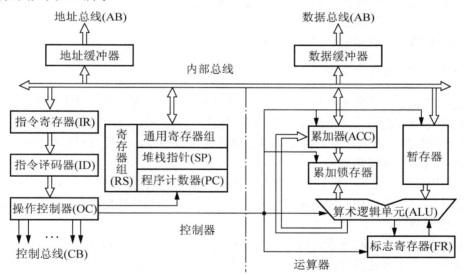

图 1.3 微处理器结构框图

2. 存储器

存储器分为内存储器和外存储器,又称内存和外存。

内存也称主存,是微型计算机中存储程序、原始数据、中间结果和最终结果等各种信息的部件。外存也称辅存,用于存放暂时不用的程序和数据。外存储器分为软磁盘、硬磁盘、光盘存储器等。

3. 输入/输出(I/O)接口电路

I/O 设备是微型计算机硬件系统的重要组成部分。微型计算机通过 I/O 设备与外部交换信息，完成指定的工作任务。常用的输入设备有键盘、鼠标、扫描仪等。常用的输出设备有显示器、打印机、绘图仪等。磁盘、光盘及它们的驱动器既是输入设备，又是输出设备。通常，把它们统称为外部设备或外围设备，简称外设。

外设的种类众多，结构、原理各异，有机械式、电子式、电磁式等。与 CPU 相比，外设的工作速度相差悬殊，处理的信息格式相异，因此，微型计算机与外设间的连接与信息交换不能直接进行，必须设计一个"接口电路"作为两者的桥梁。

4. 总线

总线是 CPU 与其他部件之间传送数据、地址和控制信息的公共通道。从微型计算机系统的角度来看，总线可分为如下几种。

(1) 片总线：又称元件级总线。根据传送内容，片总线可分成以下 3 种。

① 数据总线(Data Bus，DB)：用于 CPU 与主存储器、CPU 与 I/O 接口之间传送数据。

② 地址总线(Address Bus，AB)：用于 CPU 访问主存储器和外部设备时，传送相关的地址。

③ 控制总线(Control Bus，CB)：用于传送 CPU 对主存储器和外部设备的控制信号。

(2) 内总线：又称系统总线、微机总线或板级总线。

(3) 外总线：又称通信总线。

后两种总线，将在本书后续章节介绍。

1.2.3 微型计算机的软件系统

软件系统由系统软件和应用软件组成，它们形成层次关系，如图 1.1 所示。处在内层的软件向外层软件提供服务，外层软件必须在内层软件的支持下才能运行。

(1) 系统软件：系统软件的主要功能是简化计算机操作，充分发挥硬件功能，支持应用软件的运行并为其提供服务。

(2) 应用软件：应用软件处于软件系统的最外层，直接面向用户，为用户服务。应用软件是为了解决各类应用问题而编写的程序，包括用户编写的特定程序，以及商品化的应用软件和套装软件。

计算机语言也称为程序设计语言，是人机交流信息的一种特定语言。在编写程序时必须用指定的符号来表达语义。程序设计语言也称为高级语言，是面向问题和过程的语句，它与具体的机器无关，并接近人的自然语言，因而，高级语言更容易学习、理解和掌握。常见的有 Basic、Pascal、C 等。

1.2.4 微机工作过程

微机的工作过程就是执行程序的过程，而程序由指令序列组成，因此，执行程序的过程就是执行指令序列的过程，即逐条地执行指令。

1. 指令与程序的执行

微机每次执行一条指令分为 3 个阶段进行：取指令、分析指令和执行指令。

(1) 取指令阶段：根据程序计数器 PC 中的值从存储器读出指令送到指令寄存器 IR，然后 PC 自动加上本次取出指令的长度值，指向下一条指令地址。

(2) 分析指令阶段：将 IR 中的指令操作码译码，分析指令性质。如指令要求操作数，则应形成寻找操作数的地址。

(3) 执行指令阶段：取出操作数，执行指令规定的操作。根据指令不同还可能写操作结果到存储器。

微机的工作过程，就是不断地重复完成这 3 个阶段操作的过程。直到遇到停机指令时才结束整个程序的运行，如图 1.4 所示。

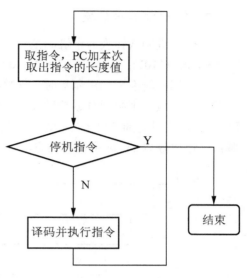

图 1.4 程序执行的过程

1.3 微型计算机运算基础

计算机内部的数据信息可分为数值数据和非数值数据。数值数据用于表示数量的大小，它有确定的数值；非数值数据没有确定的数值，它主要包括字符、汉字、逻辑数据等。

1.3.1 计算机中的数制及其转换

在日常生活中，人们习惯于采用十进制数。在计算机内部一般采用二进制数，有时也采用八进制和十六进制数。

进位记数制是指按进位的方法来进行记数，简称进位制。

在进位制中，常要用"基数"来区别不同的数制，而某进位制的基数就是表示该进位制所用字符或数码的个数。如十进制数用 0~9 共 10 个数码表示数的大小，其基数为 10。八进制数用 0~7 共 8 个数码表示，其基数为 8。十六进制数用 0~9、A、B、C、D、E、F 共 16 个数码表示数的大小，其基数为 16。

在二进制数中，表示数据的数字符号只有两个，即 0 和 1；大于 1 的数就需要两位或更多位来表示；以小数点为界向前诸位的位权依次是 2^0, 2^1, 2^2, …，向后依次为 2^{-1}, 2^{-2}, 2^{-3}, …；一个二进制数也可以通过各位数字与其位权之积的和来计算其大小。

1. 进制数的表示

二进制数用 B(Binary)或 b 结尾；八进制数用 O(Octal)表示，由于英文字母 O 容易与数字 0 误会，所以八进制数可以用 Q 来表示；十进制数可不用结尾字母，一般用 D 或 d 结尾；十六进制数用 H(Hexadecimal)或 h 结尾。

2. 各进制之间的转换

一个二进制数转换为十进制数十分简单，只要把它按位权展开相加即可。

例如：$(1101)_2 = 1×2^3+1×2^2+0×2^1+1×2^0=(13)_D$

十进制数转换为二进制数时，整数和纯小数的转化方法不同。一个既有整数部分又有小数部分的数，则必须分成整数和小数两部分分别转换。

【例 1.1】 将十进制数 56 转换为二进制数，即$(56)_D=(111000)_2$。

解：采用"除以 2，取余数"的方法，具体如图 1.5 所示。

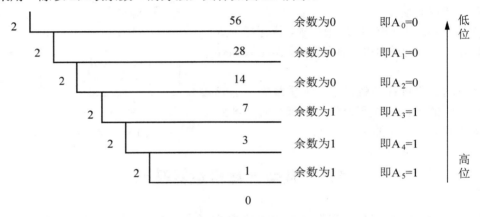

图 1.5　十进制数 56 转换为二进制数

【例 1.2】 将十进制数 0.6875 转换为二进制数，即$(0.6875)_D=(0.1011)_2$。

解：采用"乘以 2，取整"的方法，具体如图 1.6 所示。

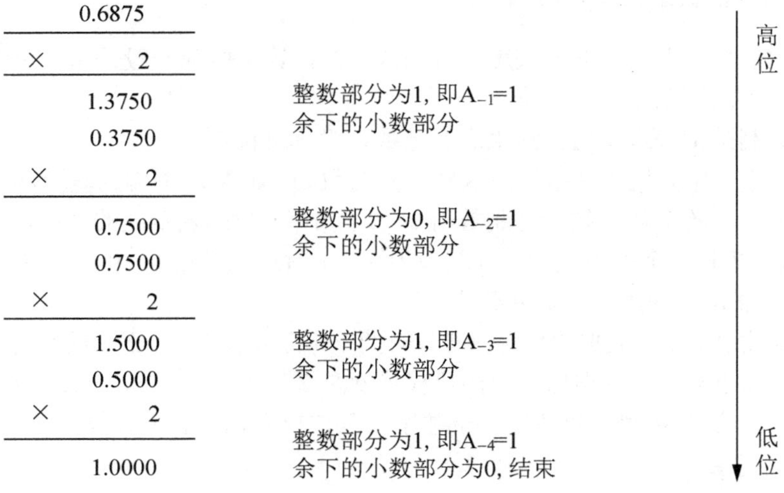

图 1.6　十进制数 0.6875 转换为二进制

【例 1.3】 将八进制数 534 转换为二进制数。

解：5→101
　　3→011
　　4→100

即 $(534)_8 = (101011100)_2$。

【例 1.4】 将二进制数 011010101 转换为八进制数。

解：011→3
　　010→2
　　101→5

即 $(011010101)_2 = (325)_8$。

【例 1.5】 将十六进制数 4B3E 转换为二进制数。

解：4→0100
　　B→1011
　　3→0011
　　E→1110

即 $(4B3E)_H = (0100101100111110)_2$。

【例 1.6】 将二进制数 110011011 转换为十六进制数。

解：0001→1
　　1001→9
　　1011→B

即 $(110011011)_2 = (19B)_H$。

1.3.2 计算机中数值数据的编码

1. 与编码相关的概念

(1) 无符号数：所有的二进制位都是数值位。N 位二进制数可以表示的无符号数范围为 $0 \sim 2^{N-1}$。如 $(33)_D = (100001)_2$。

(2) 有符号数：二进制数的最高位定义为符号位，符号位为 0 表示正数，符号位为 1 表示负数。如 $(33)_D = (0100001)_2$，$(-121)_D = (11111001)_2$。

(3) 机器数：符号被数值化了的数。一般机器数的最高位用来表示数的正、负，0 表示正数，1 表示负数。如 $(98)_D$ 的机器数是 $(01100010)_2$，$(-111)_D$ 的机器数是 $(11101111)_2$。

(4) 真值：机器数所对应的数字值。如 $(98)_D$ 的真值是 $(+1100010)_2$，$(-111)_D$ 的真值是 $(-1101111)_2$。

2. 有符号数的表示方法

在机器中表示带符号数有 3 种编码方法，分别称为原码、反码和补码，为了运算带符号数的方便，目前实际上使用的是补码；而提出原码与反码的概念是为了研究补码，下面分别介绍。

1) 原码

有符号数的原码定义为最高位为符号位，数值位是该数的绝对值。

【例 1.7】 当机器字长为 8 位二进制数时：

X＝＋1011011B　　　　　[X]原＝01011011B
Y＝－1011011B　　　　　[Y]原＝11011011B
[＋1]原＝00000001B　　　[－1]原＝10000001B
[＋127]原＝01111111B　　[－127]原＝11111111B

其中，最高位是符号位，后 7 为是数值位。

原码表示的整数范围是 $-(2^{n-1}-1) \sim +(2^{n-1}-1)$，其中 n 为机器字长。通常，8 位二进制数原码表示的整数范围是－127D～＋127D，16 位二进制数原码表示的整数是－32 767D～＋32 767D。

原码的扩展：

1 个二进制符号数的扩展是指一个数从位数较少扩展到位数较多，如从 8 位(字节)扩展到 16 位(字)，或从 16 位扩展到 32 位(双字)。原码数的扩展是将其符号位向左移至最高位，符号位移过之位即最高位与数值位间的所有位都填入 0。例如：105 用 8 位二进制数表示为 69H(01101001B)，用 16 位表示为 0069H(00000000 01101001B)；－105 用 8 位表示为 E9H(11101001B)，用 16 位表示为 8069H(10000000 01101001B)。

2) 反码

有符号数的反码定义为：对于正数而言，反码与原码相同，即最高位为符号位，数值位是其绝对值；而对于负数而言，反码是指原码的符号位不变、数值位按位取反(即 1 变 0，0 变 1)。

【例 1.8】 当机器字长为 8 位二进制数时：

X＝＋1011011B　　[X]原＝01011011B　　[X]反＝01011011B
Y＝－1011011B　　[Y]原＝11011011B　　[Y]反＝10100100B
[＋1]反＝00000001B　　　　　　[－1]反＝11111110B
[＋127]反＝01111111B　　　　　[－127]反＝10000000B

负数的反码与负数的原码有很大的区别，反码通常用作求补码过程中的中间形式。

反码的特点如下。

(1) "0" 的反码有两种表示法，即 00000000 表示＋0，11111111 表示－0。

(2) 8 位二进制反码能表示的数值为－127D～＋127D，反码表示的整数范围与原码相同。

(3) 反码的符号位是 1 时，其真值要将数值位取反再按权展开。

例如，一个 8 位二进制反码表示的数 10010100B，它是一个负数，但它并不等于－20D，而应先将其数字位按位取反，然后才能得出此二进制数反码所表示的真值：－1101011B＝$-(1\times2^6+1\times2^5+1\times2^3+1\times2^1+1\times2^0)=-(64+32+8+3)=-107D$

反码的扩展：

对于用反码表示的数，正数的扩展应该在其前面补 0，而负数的扩展，则应该在前面补 1。例如，105 用 8 位二进制数表示为 69H(01101001B)，用 16 位表示为 0069H(00000000

01101001B)；－105 用 8 位表示为 96H(10010110B)，用 16 位表示为 FF96H(11111111 10010110B)。

3) 补码

微机中都是采用补码表示法，因为用补码法以后，同一加法电路既可以用于有符号数相加，也可以用于无符号数相加，而且减法可用加法来代替。

有符号数的补码定义为：对于正数而言，补码与原码相同，即最高位为符号位，数值位是其绝对值；而对于负数而言，补码是指原码的符号位不变、数值位按位取反(即反码)再加"1"。

【例 1.9】 ①X＝＋1011011B，②Y＝－1011011B，求补码。

①根据定义有：[X]原＝01011011B　　　[X]补＝01011011B
②根据定义有：[Y]原＝11011011B　　　[Y]反＝10100100B
　　　　　　　　　　　　　　　　　　　[Y]补＝10100101B

8 位二进制数补码它有如下特点：

(1) [＋0]补＝[－0]补＝00000000B。

(2) 补码表示的整数范围是 $-2^{n-1} \sim +(2^{n-1}-1)$，其中 n 为机器字长。8 位二进制补码所能表示的数值为－128～＋127，16 位二进制补码表示的整数范围是－32768～＋32767。当运算结果超出这个范围时，就不能正确表示数了，此时称为溢出。10000000B 是－128 的补码，其中 1 既看成符号位也看成数值位。

(3) 当一个带符号数用 8 位二进制补码表示时，最高位为符号位。若符号位为"0"(即正数)时，其余 7 位即为此数的数值本身；但当符号位为"1"(即负数)时，一定要注意其余 7 位不是此数的数值，而必须将它们按位取反，且在最低位加 1，才得到它的数值。

例如，一个补码表示的数[X]补＝10011011B，它是一个负数，但它并不等于－27D，它的数值为：将数字位 0011011B 按位取反得到 1100100B，然后再加 1，即为 1100101B。

补码的扩展：

对于用补码表示的数，正数的扩展应该在其前面补 0，而负数的扩展，则应该在前面补 1。例如，105 用 8 位补码表示为 69H(01101001B)，用 16 位表示为 0069H(00000000 01101001B)；－105 用 8 位补码表示为 97H(10010111B)，用 16 位表示为 FF97H(11111111 10010111B)。

3. 补码的加减法运算

在微机中，凡是带符号数一律用补码表示，运算的结果自然也是补码。

可以证明：两个补码形式的数(无论正负)相加，只要按二进制运算规则运算，得到的结果就是其和的补码，即

$$[X+Y]_\text{补}=[X]_\text{补}+[Y]_\text{补}$$

而

$$[X-Y]_\text{补}=[X]_\text{补}+[-Y]_\text{补}$$

补码的加减运算是带符号数加减法运算的一种。其运算特点是：符号位与数字位一起参加运算，并且自动获得结果(包括符号位与数字位)。

【例 1.10】 已知 X＝＋1000000B，Y＝＋0001000B，求两数的补码之和。

由补码表示法有：[X]补＝01000000B，[Y]补＝00001000B

此和数为正，而正数的补码等于该数原码，即

$$[X+Y]_{补}=[X+Y]_{原}=01001000B$$

其真值为＋72；又因＋64＋(＋8)＝＋72，故结果是正确的。

4. 无符号数的运算

无符号数实际上是指参加运算的数均为正数，且整个数位全部用于表示数值。n 位无符号二进制数的范围为 $0 \sim (2^n-1)$。

(1) 两个无符号数相加，由于两个加数均为正数，因此其和也是正数。当和超过其位数所允许的范围时，就向更高位进位。

(2) 两个无符号数相减，被减数大于或等于减数，无借位，结果为正；被减数小于减数，有借位，结果为负。

结论：对无符号数进行加减运算，主要考虑进位位 CF 的值：CF＝1(有进位或借位)、CF＝0(无进位或借位)。

5. 溢出及其判断方法

1) 溢出

所谓溢出是指带符号数的补码运算溢出。例如，字长为 n 位的带符号数，用最高位表示符号，其余 $n-1$ 位用来表示数值。它能表示的补码运算的范围为 $-2^{n-1} \sim +2^{n-1}-1$。如果运算结果超出此范围，就叫补码溢出，简称溢出。在溢出时，将造成运算错误。

2) 判断溢出的方法

判断溢出的方法较多，利用双进位的状态是常用的一种判断方法。这种方法是利用符号位相加的进位和数值部分的最高位相加的进位状态来判断。设符号位向进位位的进位为 C_Y，数值部分向符号位的进位为 C_S，则溢出 $OF = C_Y \oplus C_S$。

当两者"异或"结果为 1，即 OF＝1，表示有溢出，当"异或"结果为 0，即 OF＝0，表示无溢出。对有符号数进行加、减(改为补码加)运算，主要考虑溢出位 OF 的值：OF＝1，有溢出；OF＝0，无溢出。

3) 溢出与进位

进位是指运算结果的最高位向更高位的进位。如有进位，则 C_Y＝1；无进位，则 C_Y＝0。当 C_Y＝1，即 D_{7C}＝1 时，若 D_{6C}＝1，则 OF＝$D_{7C} \oplus D_{6C}$＝1⊕1＝0，表示无溢出；若 D_{6C}＝0，则 OF＝1⊕0＝1，表示有溢出。当 C_Y＝0，即 D_{7C}＝0 时，若 D_{6C}＝1，则 OF＝0⊕1＝1，表示有溢出；若 D_{6C}＝0，则 OF＝0⊕0＝0，表示无溢出。可见，进位与溢出是两个不同性质的概念，不能混淆。

对于字长为 16 位的二进制数用补码表示时，其范围为 $-2^{16-1} \sim +2^{16-1}-1$，即 $-32768 \sim +32767$。判断溢出的双进位式为：$OF = D_{15c} \oplus D_{14c}$。

【例 1.11】 求以下各式的补码运算，并判断是否有溢出。

①50＋60；②70＋80；③－20－30；④－30－100。

各数的补码为：[50]补＝00110010B，[60]补＝00111100B，[70]补＝01000110B，[80]补＝

01010000B，[−20]补＝11101100B，[−30]补＝11100010B，[−100]补＝10011100B。

50＋60	70＋80	−20−30	−30−100
00110010B	01000110B	11101100B	11100010B
＋00111100B	＋01010000B	＋11100010B	＋10011100B
01101110B	10010110B	1 11001110B	1 01111110B
$C_Y=0$，$C_S=0$	$C_Y=0$，$C_S=1$	$C_Y=1$，$C_S=1$	$C_Y=1$，$C_S=0$
$OF=C_Y \oplus C_S=$	$OF=C_Y \oplus C_S=$	$OF=C_Y \oplus C_S=$	$OF=C_Y \oplus C_S=$
$0 \oplus 0=0$	$0 \oplus 1=1$	$1 \oplus 1=0$	$1 \oplus 0=1$
没有溢出	有溢出	没有溢出	有溢出

① 50＋60＝01101110B＝110，结果正确，没有溢出。

② 70＋80＝10010110B＝−106，结果不正确，有溢出，因为150超出了8位补码的表示范围上限。

③ −20−30＝11001110B＝−50，结果正确，没有溢出。

④ −30−100＝01111110B＝126，结果不正确，有溢出，因为−130超出了8位补码的表示范围下限。

1.3.3 定点数与浮点数表示

在计算机中，用二进制表示一个带小数点的数有两种方法，即定点表示和浮点表示。

1. 定点表示法

所谓定点表示法，是指计算机中小数点的位置是固定不变的。根据小数点位置的固定方法不同，又可分为定点整数表示法及定点小数表示法。前者小数点固定在数的最低位之后，后者小数点固定在数的最高位之前(不包括符号位)。设计算机的字长是8位，则上述两种表示法的格式如图1.7所示。

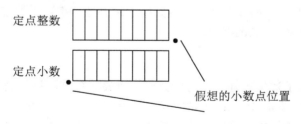

图1.7 定点表示法

2. 浮点表示法

所谓浮点表示法，是指计算机中小数点位置不是固定的，或者说是"浮动"的。

通常，对于任意一个二进制数总可以表示为纯小数或纯整数与一个2的整数次幂的乘积。例如，二进制数N可写成

$$N=2^P \times S$$

其中，S 称为数 N 的尾数；P 称为数 N 的阶码；2 称为阶码的底。尾数 S 表示了数 N 的全部有效数字，阶码 P 确定了小数点位置。

当阶码为固定值时，称这种方法为数的定点表示法。这种阶码为固定值的数称为定点数。

例如，假定 $P=0$，且尾数 S 为纯小数时，这时定点数只能表示小数；如假定 $P=0$，且尾数 S 为纯整数时，这时定点数只能表示整数。

浮点表示法在计算机中的存储格式如下。

阶 符	阶 码	尾数符号	尾 数

1.3.4 计算机中的非数值数据的编码

计算机中除了能够处理数值数据以外，还可以处理文字、语音、图像等非数值数据。非数值数据的表示(必须以二进制数形式表示)本质上是编码的过程。

1. 十进制数的编码——BCD 码

计算机中采用的二进制数书写冗长、阅读不便，在输入/输出时人们仍习惯使用十进制。采用二进制数对每一位十进制数字进行编码的方法来表示一个十进制数，这种数称为 BCD 码。由于在机内采用 BCD 码进行运算绕过了二进制数、十进制数间的复杂转化环节，从而节省了机器时间。

BCD 码有多种形式，最常用的是 8421BCD 码，它是用 4 位二进制数对十进制数的每一位进行编码，这 4 位二进制码的值就是被编码的一位十进制数的值。

1) 压缩 BCD 码

每一位数采用 4 位二进制数来表示，即一个字节表示 2 位十进制数。例如，二进制数 10001001B，采用压缩 BCD 码表示为十进制数 89D。

2) 非压缩 BCD 码

每一位数采用 8 位二进制数来表示，即一个字节表示 1 位十进制数。而且只用每个字节的低 4 位来表示 0～9，高 4 位为 0。例如：十进制数 89D，采用非压缩 BCD 码表示为二进制数是：00001000 00001001B。

2. 字符的编码

在计算机中，除了数值之外，还有一类非常重要的数据，那就是字符，如英文的大小写字母 A，B，C，…和 a，b，c，…数字符号的 0，1，2，…，9 以及其他常用符号(如?、=、%、+等)。在计算机中，这些符号都是二进制编码的形式表示的，即每一个字符被赋予一个唯一固定的二进制编码。为了统一，人们制定了编码标准。目前，一般都是采用美国标准信息交换码 ASCII(American Standard Code for Information Interchange)码，它使用 7 位二进制编码来表示一个符号。由于用 7 位码来表示一个符号，故该编码方案中共有 128 个符号($2^7=128$)，编号从 $(0000000)_2$ 到 $(1111111)_2$。

7 位 ASCII 代码能表示 $2^7=128$ 种不同的字符，其中包括数码(0～9)，英文大、小写字母，标点和控制的附加字符，见表 1-1 和表 1-2。

第 1 章 微型计算机基础

表 1-1 ASCII 表完整版

ASCII 值	控制字符	ASCII 值	控制字符	ASCII 值	控制字符	ASCII 值	控制字符	NUL	空
0	NUT	32	(space)	64	@	96	、	SOH	标题开始
1	SOH	33	!	65	A	97	a	STX	正文开始
2	STX	34	"	66	B	98	b	ETX	正文结束
3	ETX	35	#	67	C	99	c	VT	垂直制表
4	EOT	36	$	68	D	100	d	FF	走纸控制
5	ENQ	37	%	69	E	101	e	CR	回车
6	ACK	38	&	70	F	102	f	SO	移位输出
7	BEL	39	,	71	G	103	g	SYN	空转同步
8	BS	40	(	72	H	104	h	ETB	信息组传送结束
9	HT	41	)	73	I	105	i	CAN	作废
10	LF	42	*	74	J	106	j	EM	纸尽
11	VT	43	+	75	K	107	k	EOY	传输结束
12	FF	44	,	76	L	108	l	ENQ	询问字符
13	CR	45	-	77	M	109	m	ACK	承认
14	SO	46	.	78	N	110	n	BEL	报警
15	SI	47	/	79	O	111	o	BS	退一格
16	DLE	48	0	80	P	112	p	HT	横向列表
17	DCI	49	1	81	Q	113	q	LF	换行
18	DC2	50	2	82	R	114	r	SI	移位输入
19	DC3	51	3	83	S	115	s	DLE	空格
20	DC4	52	4	84	T	116	t	DC1	设备控制1
21	NAK	53	5	85	U	117	u	DC2	设备控制2
22	SYN	54	6	86	V	118	v	DC3	设备控制3
23	TB	55	7	87	W	119	w	DC4	设备控制4
24	CAN	56	8	88	X	120	x	NAK	否定
25	EM	57	9	89	Y	121	y	SUB	换置
26	SUB	58	:	90	Z	122	z	ESC	换码
27	ESC	59	;	91	[	123	{	FS	文字分隔符
28	FS	60	<	92	/	124	|	GS	组分隔符
29	GS	61	=	93	]	125	}	RS	记录分隔符
30	RS	62	>	94	^	126	~	US	单元分隔符
31	US	63	?	95	—	127	DEL	DEL	删除

表 1-2 常用字符的 ASCII 码

字　　符	ASCII 码
0～9	30H～39H
A～Z	41H～5AH
a～z	61H～7AH
Blank(space)	20H
$	24H
换行 LF	0AH
回车 CR	0DH

3. 汉字的编码

计算机要处理汉字信息，就必须首先解决汉字的表示问题。同英文字符一样，汉字的表示也只能采用二进制编码形式。目前使用比较普遍的是我国制定的汉字编码标准 GB 2312—1980，该标准共包含一、二级汉字 6763 个，其他符号 682 个，每个符号都是用 14 位(两个 7 位)二进制数进行编码，通常称为国标码，如"啊"字国标码为 1110000,1100001。新的国标汉字库已包括两万多个汉字和字符。

本 章 小 结

本章从计算机的概况开始，对微型计算机的基本概念、硬件结构、工作原理、系统组成、运算基础等各类知识做了相应的概述。

通过本章的学习，要求熟悉微型计算机的发展、系统组成以及工作原理，理解微处理器的发展演变，熟悉微型计算机硬件和软件各主要模块的功能，掌握微型计算机的数制转换、数值编码、补码运算等概念。

习　　题

1.1　什么是微处理器、微型计算机、微型计算机系统？
1.2　什么是微型计算机的三种总线？
1.3　评估微型计算机的主要技术指标有哪些？
1.4　将下列十进制数分别转换为二进制和十六进制数。
(1) 35　　　(2) 130　　　(3) 0.625　　　(4) 48.25
1.5　将下列二进制数分别转换为十进制、八进制和十六进制数。
(1) 101101B　(2) 11100110B　(3) 110110.101B　(4) 101011.011B

1.6 写出下列十进制数的原码、反码、补码(分别采用 8 位二进制和 16 位二进制表示)。
(1) 38　　　(2) 120　　　(3) −50　　　(4) −89

1.7 已知补码，求出其真值和原码。
(1) 21H　　(2) 93H　　(3) 45A6H　　(4) 0DA25H

1.8 将下列十进制数转换为压缩和非压缩格式的 BCD 码。
(1) 12　　　(2) 55　　　(3) 147　　　(4) 368

1.9 下列十进制数算术运算，试用 8 位二进制补码计算，并用十六进制数表示运算结果，判断是否有溢出。
(1) 35−45　(2) 80+50　(3) −70−60　(4) −20 +(−60)

1.10 分别写出下列字符串的 ASCII 码(十六进制表示)。
(1) 3aB8　　(2) eF10　　(3) +5(0;　　(4) How are you?

第 2 章
8086/8088 微处理器的结构及原理

微处理器(Microprocessor)也称为中央处理单元(Central Processing Unit，CPU)，是微型计算机的核心部件。计算机完成的每一件工作，都是在 CPU 的指挥和干预下完成的。CPU 是由超大规模集成电路构成的逻辑部件，包括运算器、控制器、寄存器等部分，具有一定的运算和判断能力。计算机配置的 CPU 型号实际上代表着计算机的基本性能水平。

在微处理器领域，Intel 系列 CPU 产品一直是主流地位，尽管 8086/8088 后续的 80286、80386、80486 以及 Pentium 系列 CPU 结构与功能已经发生很大的变化，但从基本概念与基本结构以及指令格式上来讲，它们仍然是经典的 8086/8088 CPU 的延续与提升。

8086/8088 是 16 位微处理器，由 Intel 公司在 20 世纪 70 年代后期推出，属于第三代微处理器。8086 有 16 根数据线和 20 根地址线，能处理 8 位或 16 位数据，可寻址 1MB 的存储单元和 64KB 的 I/O 端口。Intel 公司在推出 8086 之后不久又推出了准 16 位微处理器 8088。Intel 8088 的内部寄存器、运算器及内部数据总线都是按 16 位设计的，但外部数据总线只有 8 条。这样设计主要是为了与 Intel 原有的 8 位外部接口芯片直接兼容。8086/8088 采用 HMOS 结构，外形封装为双列直插式，有 40 个引脚。主时钟频率有 4.77MHz(8088)、5MHz、8MHz 和 10MHz 几种。运算速度比 8 位微处理器快 2～5 倍。

本章重点介绍 8086/8088 微处理器的结构、内存组织及总线操作，最后简要介绍 80x86 微处理器。

2.1 8086/8088 微处理器的结构

2.1.1 8086/8088 CPU 内部功能结构

8086 与 8088 CPU 结构相似，从功能上可分为两个部分：执行单元(Execution Unit，EU)和总线接口单元(Bus Interface Unit，BIU)。8088 CPU 的结构框图如图 2.1 所示。

1. 执行单元

1) 执行单元的组成

执行单元主要包括如下 5 个部分。

(1) 8 个通用寄存器：包括 4 个 16 位数据寄存器 AX、BX、CX、DX 和 4 个 16 位指针与变址寄存器 SP、BP、SI、DI。

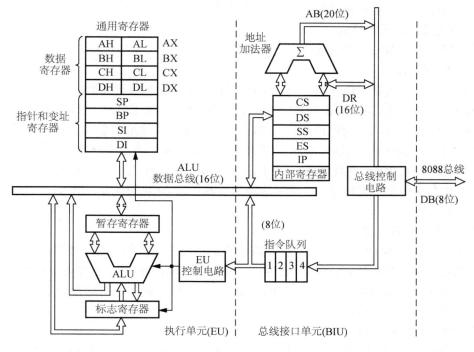

图 2.1 8088 CPU 内部结构框图

(2) 算术逻辑单元(ALU)：用于进行算术和逻辑运算。

(3) 标志寄存器 F：存放 CPU 运算的状态特征和控制标志。

(4) 数据暂存寄存器：协助 ALU 完成运算，暂存参加运算的数据。

(5) EU 控制电路：是控制、定时与状态逻辑电路，接收从 BIU 指令队列取来的指令，经过指令译码并执行，对 EU 的各个部件实现特定的定时操作。

2) 执行单元的功能

执行单元 EU 的功能就是负责指令的执行，同时向 BIU 输出数据(操作结果)，并对寄存器和标志寄存器进行管理。在 ALU 中进行 16 位运算，数据传送和处理均在 EU 控制下进行。

EU 具体工作过程为：执行指令时不断地从 BIU 的指令队列缓冲器中取指令操作码，通过译码电路分析要进行什么操作，发出相应的控制指令，控制数据经过"ALU 数据总线"的流向。如果是运算操作，操作数经暂存寄存器送入 ALU，运算结果经"ALU 数据总线"送到相应寄存器，同时标志寄存器 FR 根据运算结果改变标志位。运算结果由 BIU 保存在内存或 I/O 端口中。如果执行指令需要从外部取数据，则 EU 向 BIU 发出请求，由 BIU 通过 8086/8088"外部数据总线"访问内存或外部设备，通过 BIU 的内部通信寄存器向"ALU 数据总线"传送数据。

2. 总线接口单元

总线接口单元 BIU 是 8086/8088 CPU 与外部(内存和 I/O 端口)的接口，它提供了 16 位

(8086)、8位(8088)双向数据总线和20位地址总线,完成所有外部总线操作。

1) 总线接口单元的组成

总线接口单元 BIU 主要由如下 5 个部分组成。

(1) 段寄存器。

BIU 中的 4 个段寄存器分别存放程序代码段、数据段、堆栈段和附加数据段的段地址。

8088CPU 的寄存器都是 16 位的,而地址线为 20 位,20 位的地址可寻址范围为 $2^{20}=$ 1MB 内存空间。访问内存空间时常用 CPU 的寄存器来提供地址信息,但 16 位的寄存器无法提供 20 位的地址信号,8086/8088 采用将地址空间分段的方法来解决这个问题。

8086/8088 的 20 位内存地址由 16 位的段地址和 16 位的段内偏移位元址两个部分组成,它们分别由相关的寄存器提供,再通过地址加法器生成 20 位的地址,就可以实现对 1MB 存储空间的寻址。

(2) 指令指针寄存器。

指令指针寄存器 IP 用来存放下一条要读取的指令在代码段中的偏移地址。IP 在程序运行中能自动加 1 进行修正,从而始终指向下一条要读取的指令。程序运行时根据 CS 和 IP 的内容决定执行指令的位置。CS 和 IP 的内容是由系统根据程序的运行顺序自动装入的,不能直接用赋值指令修改。

(3) 20 位地址加法器。

8086/8088 CPU 将 16 位的段地址和 16 位的段内偏移地址通过地址加法器生成 20 位的地址。其中,把用段地址和偏移地址表示存储单元的地址称为逻辑地址,表达形式为"段地址:段内偏移地址",生成的 20 位地址称为物理地址。具体操作是:将 16 位的段地址左移 4 位加上 16 位的偏移地址,相当于十六进制数左移 1 位(或乘以 10H),就得到 20 位的物理地址。

由逻辑地址求物理地址的公式为

$$物理地址 = 段地址 \times 10H + 段内偏移地址$$

(4) 指令队列缓冲器。

指令队列缓冲器用来保存 BIU 从内存单元读入的指令。8088 的指令队列有 4B。当指令队列出现 1B 空字节时,BIU 就自动执行一次取指令周期,将下一条要执行的指令从内存单元读入指令队列供 EU 使用。指令采用"先进先出"原则顺序存放,并按顺序读取到 EU 中去执行。

(5) 总线控制电路。

发出总线控制信号。

2) 总线接口单元的功能

总线接口单元 BIU 负责从内存或 I/O 端口取指令、取操作数和保存运算结果。

当 EU 从指令队列中取走指令,指令队列出现空字节时,BIU 就自动执行一次取指令周期,将下一条要执行的指令从内存单元读入指令队列。如果 EU 执行了跳转、子程序调用或返回指令,BIU 就使指令队列复位,并从指令给出的新地址开始取指令,再将新取的第一条指令直接经指令队列送 EU 执行,随后取来的指令送入指令队列缓冲器。当指令队列为空时,EU 处于等待状态,直到有指令为止。

若 EU 需要从内存或外设端口读取操作数，BIU 将根据 EU 给出的地址从内存或外设端口读取数据给 EU。EU 的运算结果由 BIU 送往指定的内存单元或外设端口。

EU 和 BIU 并行工作，互不影响，所以当 BIU 取指令时，不影响 EU 的执行。BIU 事先取好 EU 将要执行的指令代码，放入指令队列等待，使得 EU 能连续不断地从指令队列中取到要执行的指令，从而减少了 CPU 为取指令而等待的时间，大大提高了 CPU 的执行速度。

2.1.2　8086/8088 的寄存器

8086/8088 CPU 内部寄存器是它的重要组成部分，位于 CPU 芯片内部的寄存器的存取速度比内存快得多。寄存器可以用来存放运算过程中所需要的操作数地址、操作数及中间结果。

8086/8088 CPU 内部有 14 个 16 位的寄存器，按功能可分为：通用寄存器(4 个)、段寄存器(4 个)和控制寄存器(2 个)，结构如图 2.2 所示。

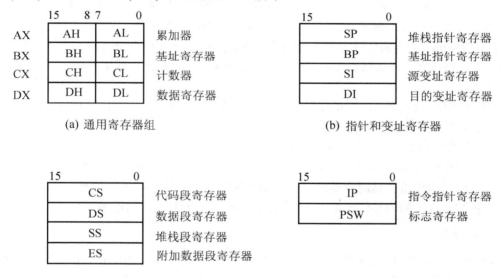

图 2.2　8086/8088CPU 寄存器组

1. 通用寄存器组

EU 中有 4 个 16 位的通用寄存器，即数据寄存器 AX、BX、CX、DX。

4 个数据寄存器都可以参与用户操作，用来暂时存放参与运算的操作数或中间运算结果。有了这些寄存器，程序在执行过程中不必频繁地到内存中存取数据，缩短了指令的执行时间。

4 个数据寄存器都为 16 位，但又可将高、低 8 位分开，作为 8 个独立的 8 位寄存器来用：AX→AH、AL；BX→BH、BL；CX→CH、CL；DX→DH、DL。

其中，H 表示高 8 位，L 表示低 8 位。这样的使用方法，使得编程时既可以处理 16

位数据，也可以处理 8 位数据。

数据寄存器 AX、BX、CX、DX 一般用来存放数据，但它们都有各自的特定用途。

(1) AX(Accumulator)：累加器，是最常用的寄存器。它常用来存放算术逻辑运算中的操作数，而且一些操作要在 AX 中完成，如乘法操作和除法操作。此外，所有的 I/O 指令都使用累加器与外设端口交换信息。

(2) BX(Base)：基址寄存器。它常用来存放操作数在内存中数据段内的基地址。

(3) CX(Counter)：计数器。在设计循环程序时一般使用该寄存器存放循环次数，可以使程序指令简化，有利于提高程序的运行速度。

(4) DX(Data)：数据寄存器。在寄存器间接寻址的 I/O 指令中存放 I/O 端口地址；在做双字长乘、除法运算时，DX 与 AX 一起存放一个双字长操作数，其中 DX 存放高 16 位数。

2. 指针和变址寄存器

8086/8088 CPU 中有一组 4 个 16 位寄存器，堆栈指针寄存器 SP，它们是基址指针寄存器 BP，源变址寄存器 SI，目的变址寄存器 DI。这组寄存器存放的内容是某一段地址的偏移量，用来形成操作数地址，主要在堆栈操作和变址运算中使用。

(1) SP(Stack Pointer)：堆栈指针寄存器，在使用堆栈操作指令(PUSH 或 POP)对堆栈进行操作时，每执行一次进栈或出栈操作，系统会自动将 SP 的内容减 2 或加 2，以使其始终指向栈顶。

(2) BP(Base Pointer)：基址指针寄存器，作为通用寄存器，它可以用来存放数据，但更多用于存放操作数在堆栈段内的基地址。

(3) SI(Source Index)：源变址寄存器。

(4) DI(Destination Index)：目的变址寄存器。通常与 DS 一起使用，为访问现行数据段提供段内地址偏移量。这两个寄存器在字符串操作时存放操作数的偏移地址，其中 SI 存放源串在数据段内的偏移位元址，DI 存放目的串在附加数据段内的偏移地址。

3. 段寄存器

8086/8088 有 20 位地址总线，一共可以寻址 1MB 的空间。而所有内部寄存器都是 16 位的，只能直接寻址 64KB，因此采用分段技术来解决。将 1MB 的存储空间分成若干逻辑段，每段最长 64KB，这些逻辑段在整个存储空间中可以浮动。

8086/8088 定义了 4 个独立的逻辑段，分别为代码段、数据段、堆栈段和附加数据段，将程序代码或数据分别放在这 4 个逻辑段中。每个段大小不固定，最多可达 64K(2^{16})个存储单元。每个逻辑段的段地址分别放在对应的段寄存器中，代码或资料在段内的偏移地址由相关寄存器或立即数给出。

8086/8088 的 4 个段寄存器分别如下。

(1) CS(Code Segment)：代码段寄存器，用来存储程序当前使用的代码段的段地址(起始地址)。指令指针寄存器 IP 的内容为段内的偏移地址，由 CS 和 IP 的内容就得到下一条要读取的指令在内存中的物理地址。

(2) DS(Data Segment)：数据段寄存器，用来存放程序当前使用的数据段的段地址。

由 DS 提供的段地址和按各种寻址方式得出的偏移地址可以得到数据段相应数据的物理地址。

(3) SS(Stack Segment)：堆栈段寄存器，用来存放程序当前所使用的堆栈段的段地址。堆栈是内存中开辟的按先进后出原则组织的一个特殊存储区，主要用于调用子程序或在执行中断服务程序时保护断点和现场。

(4) ES(Extra Segment)：附加数据段寄存器，用来存放程序当前使用的附加数据段的段地址。与数据段相同的是，其段内偏移地址可以通过各种寻址方式得到，但在偏移地址前要加上段超越前缀"ES："。串操作时将该段作为目的数据段，即该寄存器用来存放字符串操作时的目的字符串。

表 2-1 给出了 8086/8088 段寄存器与提供段内移地址的寄存器之间的默认组合。

表 2-1 8086/8088 段寄存器与提供段内移地址的寄存器之间的默认组合

段寄存器	提供段内偏移地址的寄存器	段寄存器	提供段内偏移地址的寄存器
CS	IP	SS	SP 或 BP
DS	BX、SI、DI 或一个 16 位数	ES	DI(用于字符串操作指令)

4. 指令指针寄存器

IP(Instruction Pointer)：指令指针寄存器，用来存放预取指令在代码段内的偏移地址。CPU 所读取的指令的物理地址由 CS 提供的段基地址和 IP 提供的偏移地址组成，当 CPU 从内存单元中取出指令的一个位组后，IP 会自动加 1，指向指令代码的下一字节。用户程序不能直接访问 IP。

5. 标志寄存器

F(FLAGS)：标志寄存器，是一个 16 位的寄存器，其中只用了 9 位。分别为 6 个状态标志位和 3 个控制标志位，如图 2.3 所示。

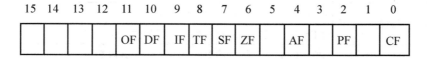

控制标志位： TF、IF、DF
状态标志位： CF、PF、AF、ZF、SF、OF

图 2.3 8086/8088 的标志寄存器

1) 状态标志位

状态标志位用来反映算术和逻辑运算结果的一些特征，如结果是否为"0"，是否有进位、借位、溢出等。不同指令对状态标志位的影响是不同的。下面分别介绍这 6 个状态标志位的功能。

(1) CF(Carry Flag)：进位标志位。当进行加减运算时，若最高位发生进位或借位则 CF＝1，否则 CF＝0。

(2) PF(Parity Flag)：奇偶标志位。当运算结果的低 8 位中含有偶数个 1 时，PF=1，否则 PF=0。

(3) AF(Auxiliary Flag)：辅助进位标志位。加法或减法运算时，若结果的低字节的低 4 位向高 4 位有进位或借位，则 AF=1，否则 AF=0。

(4) ZF(Zero Flag)：零标志位。若当前的运算结果为 0，则 ZF=1，否则 ZF=0。

(5) SF(Sign Flag)：符号标志位。与运算结果的最高位相同，当运算结果的最高位为 1 时，SF=1，否则为 0。

(6) OF(Overflow Flag)：溢出标志位。当运算结果超出了带符号数的范围，即溢出时，OF=1，否则 OF=0。溢出标志位主要用来判断带符号数运算结果是否溢出。8 位有符号数的范围是-128～+127，16 位有符号数的范围是-32 768～+32 767。

2) 控制标志位

控制标志位有 3 个，用来设置控制条件来控制 CPU 的操作，由程序设置或清除。

(1) TF(Trap Flag)：跟踪标志位。测试程序时，若将 TF 设置为 1，则 8086/8088CPU 处于单步工作方式，否则将正常执行程序。单步工作方式为计算机每执行一条指令自动产生一次单步中断，可以方便地逐条检查程序。

(2) IF(Interrupt Flag)：中断允许标志位。用来控制可屏蔽中断的控制标志。若 IF=1，允许 CPU 接受可屏蔽中断请求；若 IF=0，则禁止 CPU 回应可屏蔽中断请求。IF 的状态对非屏蔽中断及内部中断没有影响。

(3) DF(Direction Flag)：方向标志位。控制串操作指令用的标志，若 DF=1，串操作按减地址方式进行，即从高地址开始，每操作一次地址自动递减 1(或减 2)；若 DF=0，则串操作按增地址方式进行，即每操作一次地址自动递增 1(或增 2)。

标志寄存器各个标志位的总结见表 2-2。

表 2-2 标志寄存器的标志位及其设置

标志寄存器			设 置
状态标志位	CF(进位标志位)	CF=1	最高位发生进位或借位
		CF=0	最高位没有发生进位或借位
	PF(奇偶标志位)	PF=1	指令执行结果的低 8 位中含有偶数个 1
		PF=0	指令执行结果的低 8 位中含有奇数个 1
	AF(辅助进位标志位)	AF=1	加法或减法运算中，结果的低字节的低 4 位向高 4 位有进位或借位
		AF=0	结果的低字节的低 4 位向高 4 位没有进位或借位
	ZF(零标志位)	ZF=1	运算结果为 0
		ZF=0	运算结果不为 0
	SF(符号标志位)	SF=1	运算结果的最高位为 1
		SF=0	运算结果的最高位为 0
	OF(溢出标志位)	OF=1	运算结果超出了带符号数的范围，溢出
		OF=0	运算结果没有超出带符号数的范围，没有溢出

续表

标志寄存器		设 置	
控制标志位	TF(跟踪标志位)	TF=1	CPU 单步工作方式
		TF=0	CPU 正常执行程序
	IF(中断允许标志位)	IF=1	允许 CPU 回应可屏蔽中断请求
		IF=0	禁止 CPU 回应可屏蔽中断请求
	DF(方向标志位)	DF=1	串操作按减地址方式进行
		DF=0	串操作按增地址方式进行

在调试程序 debug 中,提供了测试标志位的方法,它用符号来表示标志位的值。表 2-3 说明了各标志位在 debug 中的符号表示(TF 在 debug 中不提供符号)。

表 2-3 debug 中标志位的符号表示

标 志 名		标志为 1	标志为 0
OF	溢出(是/否)	OV	NV
DF	方向(减/增量)	DN	UP
IF	中断(允许/关闭)	EI	DI
SF	符号(负/正)	NG	PL
ZF	零(是/否)	ZR	NZ
AF	辅助进位(是/否)	AC	NA
PF	奇偶(偶/奇)	PE	PO
CF	进位(是/否)	CY	NC

2.2 8086/8088 的内存组织

2.2.1 8086/8088 存储空间

8086/8088 有 20 条地址总线,可直接对 1MB(2^{20})个存储单元进行访问。每个存储单元有唯一的 20 位内存地址与其对应,地址范围通常用十六进制表示,为 00000H~FFFFFH。

一个存储单元中存放的信息称为该存储单元的内容。每个存储单元都有 8 位的存储空间,即每个存储单元能存放一个字节(1B)数据。另外,内存存放的数据类型还可以是字、双字。下面分别加以说明。

1. 字节数据

字节数据的位数为 8 位,1 字节数据对应一个内存地址,即存放在一个内存单元中。存放或读取数据时,只需根据地址对其所指的单元进行操作即可。

【例 2.1】 字节数据 23H 存放在内存地址为 10000H 的单元,则记为(10000H)=23H。存储情况如图 2.4(a)所示。

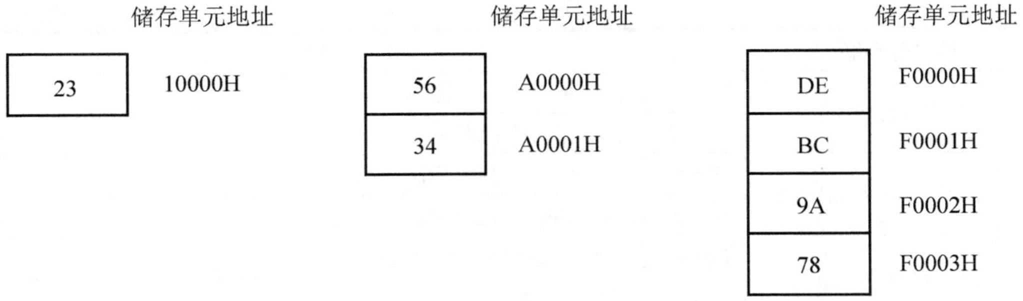

储存单元地址		储存单元地址		储存单元地址	
23	10000H	56	A0000H	DE	F0000H
		34	A0001H	BC	F0001H
				9A	F0002H
				78	F0003H

(a) 字节数据存储　　　　(b) 字数据存储　　　　(c) 双字数据存储

图 2.4　数据的存储情况

2. 字数据

字数据的位数为 16 位，一个字数据对应两个连续的内存地址，存放在两个连续的内存单元中。存放数据时，规定字数据的低 8 位存放在低地址，高 8 位存放在高地址。同时规定将低 8 位的地址作为这个字的地址。读取数据时，只需给出数据类型及低 8 位的地址即可，CPU 自动读取给出地址所指的单元及下一个存储单元的内容。

【例 2.2】 字数据 3456H 存放在从地址 A0000H 开始的两个连续单元，则记为(A0000H)＝3456H。存储情况如图 2.4(b)所示。

3. 双字数据

双字数据的位数为 32 位，地址指针内容为双字数据，其低 16 位是被寻址地址的偏移量，高 16 位是被寻址地址所在段的段地址。一个双字数据存放在 4 个连续的内存单元中。同样，低字节存放在低地址单元，高字节存放在高地址单元。

【例 2.3】 双字数据 789ABCDEH 存放在从地址 F0000H 开始的 4 个连续单元，则记为(F0000H)＝789ABCDEH。存储情况如图 2.4(c)所示。

如果此双字数据表示的是某数在内存中的逻辑地址，则 0BCDEH(为区分数值和字符，通常在 A、B、C、D、E、F 开头的数值前加 0)为此数的偏移量，789AH 是段地址。逻辑地址可以用段地址和偏移地址量来表示：

$$段地址：偏移地址＝789AH：0BCDEH$$

2.2.2　内存的分段

前文提到，8086/8088 CPU 有 20 位地址总线，可寻址 1MB 的存储单元，而在 8086/8088 CPU 中，用来存放地址的寄存器如 IP、SP 等都是 16 位的，故只能直接寻址 2^{16}＝64K 个单元。为了对 1MB 的存储单元进行寻址，8086/8088 采用了将内存分段的管理方法。

1. 内存的分段

8086/8088 将整个内存分为若干个逻辑段，这些逻辑段可以设置为代码段、数据段、堆栈段和附加数据段。每个逻辑段最大为 64KB，最小为 16B，这样设计主要是方便用寄存器对段内各单元的 16 位相对寻址。各个逻辑段允许在整个存储空间中浮动，逻辑段与段之间可以是连续的，整个内存空间分成 16 个逻辑段，如图 2.5(a)所示，也可以是分开、部分重叠或完全重叠的，如图 2.5(b)所示。每个逻辑段的地址称为段地址。内存分段后，在每个段内某一地址相对于段首地址(段地址)的偏移量称为偏移地址。IBM PC 机对段的首地址有限制，规定必须从每小段(paragraph)的首地址开始，每 16 字节为一段，所以段起始地址必须能被 16 整除才行。

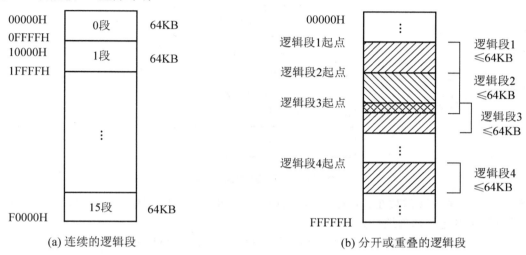

图 2.5 内存分段示意图

一个程序可以同时使用一个或多个逻辑段。例如，将指令代码存放在代码段中，原始数据、中间结果和结果数据存放在数据段或附加数据段中，程序执行时要传递的参数、要保存的数据或状态信息存放在堆栈段中。各逻辑段的段地址存储在相应的段寄存器中，如代码段段地址存储在 CS 中，数据段段地址存储在 DS 中，堆栈段段地址存储在 SS 中，附加数据段段地址存储在 ES 中。指令或数据在段内的偏移地址可由对应的地址寄存器或立即数给出。指令或数据的 16 位段地址和 16 位段内偏移地址经过某种运算后得到 20 位的物理地址，CPU 就可以根据 20 位的物理地址对内存任意一个单元进行访问。

2. 物理地址的形成

8086 系统将段地址放在段寄存器中，称为"段基址"。有 4 个段寄存器，分别为 CS、DS、ES、SS。段内"偏移地址"指出了从段地址开始的相对偏移位置，它可以放在指令指针寄存器 IP 中，也可以放在 16 位通用寄存器中。

物理地址是内存的绝对地址，从 00000H～FFFFFH，是 CPU 访问内存的实际寻址地址，它由逻辑地址变换而来。内存的任一个逻辑地址由段基址和偏移地址组成，都是无符号的 16 位二进制数，程序设计时采用逻辑地址。

物理地址＝段基址×16＋偏移地址，因为段基址指每段的起始地址，它必须是每小段的首地址，其低 4 位一定为 0，所以在实际工作时，是从段寄存器中取出段基址，将其左移 4 位，再与 16 位偏移地址相加，就得到了物理地址，此地址在 CPU 的总线接口部件 BIU 的地址加法器中形成，如图 2.6 所示。

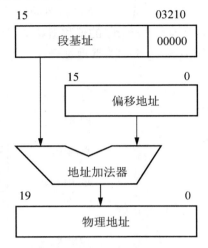

图 2.6 内存物理地址计算

【例 2.4】 如果某操作数在数据段内的段基址为 2000H，偏移地址为 1111H，则该操作数所在存储单元的物理地址为

段基址×10H＋段内偏移地址＝2000H×10H＋1111H＝21111H

3．逻辑地址来源

在 8086/8088 CPU 中，系统设计时对不同类型内存的访问所使用的段寄存器和相应的偏移地址的来源做了规定，程序员编程时必须遵守这些约定。基本约定见表 2-4。

表 2-4 逻辑地址来源

操 作 类 型	隐含段地址	替换段地址	偏 移 地 址
取指令	CS	无	IP
堆栈操作	SS	无	SP
BP 为基址存取操作数	SS	CS，DS，ES	有效地址 EA
存取操作数	DS	CS，ES，SS	有效地址 EA
源字符串	DS	CS，ES，SS	SI
目标字符串	ES	无	DI

由于访问内存的操作类型不同，BIU 所使用的逻辑地址来源也不同，取指令时，自动选择 CS 寄存器值为段基址，偏移地址由 IP 来指定，计算出取指令的物理地址。当堆栈操作时，段基址自动选择 SS 寄存器值，偏移地址由 SP 来指定。当进行读/写内存操作数或访问变量时，则自动选择 DS 或 ES 寄存器值作为段基址(必要时修改为 CS 或 SS)，此时，偏移位元址要由指令所给定的寻址方式来决定，可以是指令中包含的直接地址，可以是地址寄存器中的值，也可以是地址寄存器的值加上指令中的偏移量。需要注意的是，当用 BP 作为基地址寻址时，段基址由堆栈寄存器 SS 提供，偏移地址从 BP 中取得。

2.2.3 8086 内存的分体结构

内存内部是按字节进行组织的,两个相邻的字节被称为一个"字"。在一个字中每个字节用一个唯一的地址表示。存放的信息以字节为单位,在内存中按顺序排列存放;若存放的数据为一个字,则将该字的低字节(即低 8 位数据)存放在低地址单元中,高字节(即高 8 位数据)存放在高地址单元中,并以低地址作为该字的地址。

在 8086 CPU 内存中,如果一个字是从偶地址开始存放,称为规则字或对准字。如果一个字从奇地址开始存放,称为非规则字或非对准字。对规则字的存取可在一个总线周期内完成,非规则字的存取则需要两个总线周期。

8086 CPU 内存的 1MB 的存储空间被分成两个 512KB 的存储体,分别叫高位库和低位库。低位库固定与 8086 CPU 的低位字节数据线 $D_7 \sim D_0$ 相连,称为低字节存储体,该存储体中的每个地址均为偶地址。高位库与 8086 CPU 的高位字节数据线 $D_{15} \sim D_8$ 相连,称为高字节存储体,该存储体中的每个地址均为奇地址。两个存储体之间采用字节交叉编址方式,如图 2.7 和图 2.8 所示。

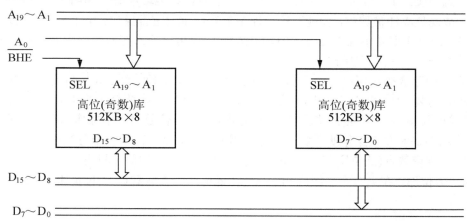

图 2.7 8086 内存高、低位库的连接

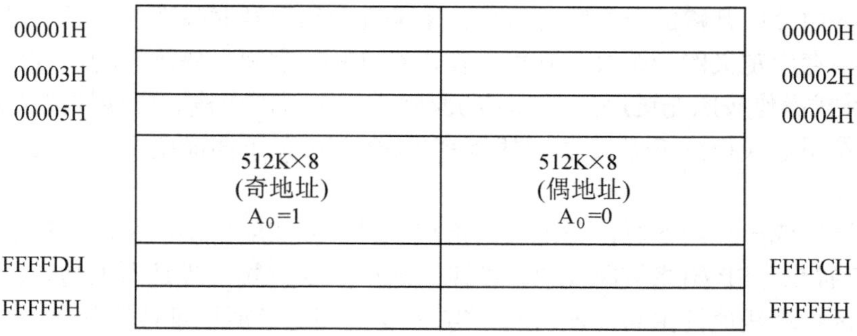

图 2.8 8086/8088 内存的分体结构

对于任何一个存储体,只需要 19 位地址码 $A_{19} \sim A_1$ 就够了,最低位地址码 A_0 用以区分当前访问哪一个存储体。$A_0=0$,表示访问偶地址存储体;$A_0=1$,表示访问奇地址存储体。

8086 系统设置了一个总线高位有效控制信号 $\overline{BHE}$。$\overline{BHE}$ 与 A_0 相互配合，使得 8086 CPU 可以访问两个存储体中的一个字节或字信息。$\overline{BHE}$ 和 A_0 的组合控制作用见表 2-5。

表 2-5　$\overline{BHE}$ 和 A_0 的代码组合对应的存取操作

$\overline{BHE}$	A_0	操作功能	数据总线
0	0	同时访问两个存储体，读/写一个对准字信息	$D_{15} \sim D_0$
0	1	只访问奇地址存储体，读/写高字节信息	$D_{15} \sim D_8$
1	0	只访问偶地址存储体，读/写低字节信息	$D_7 \sim D_0$
1	1	无操作	

当在偶数地址中存取一个数据字节时，CPU 从低位库中经数据线 $D_7 \sim D_0$ 存取资料。由于被寻址的是偶数地址，所以地址位 $A_0=0$，由于 A_0 是低电平，所以才能在低位库中实现数据的存取。而指令中给出的是在偶地址中存放一个字节，$\overline{BHE}$ 信号应为高电平，故不能从高位库中读取数据。相反，当在奇数地址中存取一个字节数据时，应经数据线的高 8 位($D_{15} \sim D_8$)传送。此时，指令应指出是从高位地址(奇数地址)寻址，$\overline{BHE}$ 信号为低电平有效状态，故高位库能被选中，即能对高位库中的存储单元进行操作。由于是高位地址寻址，故 $A_0=1$，低位库存储单元不会被选中。8086 CPU 也可以一次在两个库中同时各存取一个字节，完成一个字的存取操作。

规则字的存取操作可以在一个总线周期中完成。由于地址线 $A_{19} \sim A_1$ 是同时连接在两个库上的，只要 $\overline{BHE}$ 和 A_0 信号同时有效，就可以一次实现在两个字库中对一个字(高低两字节)完成存取操作。对字的存取操作所需的 $\overline{BHE}$ 和 A_0 信号是由字操作指令给出的。

对非规则字的存取操作就需要两个总线周期才能完成：在第一个总线周期中，CPU 是在高位库中存取数据(低位字节)，此时 $A_0=1$，$\overline{BHE}=0$。然后再将内存地址加 1，使 $A_0=1$，选中低位库；在第二个总线周期中，是在低位库中存取数据(高位位组)，此时 $A_0=0$，$\overline{BHE}=1$。

2.2.4　堆栈操作

堆栈是在内存中开辟的一个特定区域，用来存放需要暂时保存的数据。堆栈段是由段定义语句在内存中定义的一个段，它可以在内存 1MB 空间内任意浮动，堆栈容量小于等于 64KB。堆栈操作按照先进后出(FILO)的原则进行，每次压栈和出栈均以字为单位。

堆栈操作用进栈指令 PUSH 和出栈指令 POP 完成，下面简要介绍进栈和出栈操作的过程。

在执行进栈或出栈操作时，段地址由堆栈段寄存器 SS 提供，段内偏移地址由堆栈指针寄存器 SP 提供。SP 始终指向栈顶，堆栈的地址增长方式一般是向上增长，栈底设在内存的高地址区，堆栈地址由高向低增长。SP 的初值规定了所用堆栈区的大小。

假如当前 SS=2000H，堆栈段<64KB，SP=1000H，则当前栈顶在内存中的地址为 21000H，如图 2.9(a)所示。用入栈指令 PUSH 和出栈指令 POP 可将数据压入堆栈或从堆栈中弹出数据，栈顶指针 SP 的变化由 CPU 自动管理。堆栈以字为单位进行操作，堆栈中的

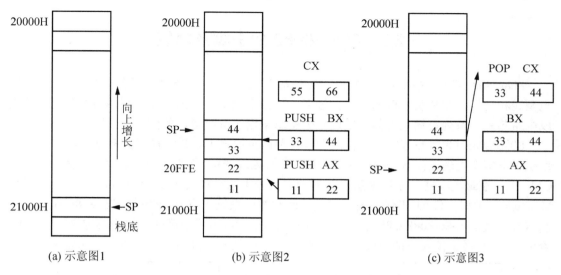

图 2.9 堆栈操作示意图

数据项以低字节在偶地址，高字节在奇地址的次序存放。当执行 PUSH 指令时，CPU 自动修改指针 SP−2→SP。使 SP 指向新栈顶，然后将低位数据压入 SP 单元，高位数据压入 SP+1 单元。当执行 POP 指令时，CPU 先将当前栈顶 SP(低位数据)和 SP+1(高位数据)中的内容弹出，然后再自动修改指标，使 SP+2→SP，SP 指向新栈顶。

假如 SS=2000H，SP=1000H，若 AX=1122H，BX=3344H，CX=5566H，执行指令 PUSH AX，PUSH BX，再执行指令 POP CX，此时堆栈中的内容发生什么变化，AX，BX，CX 中的内容是什么？

执行指令 PUSH AX，则 SP−2→SP，栈顶 SP 指向内存地址 20FFEH，数据 1122H 分别压入堆栈单元 20FFFH 和 20FFEH 之中，如图 2.9(b)所示。再执行指令 PUSH BX，此时栈顶 SP 指向 20FFCH，数据 3344H 分别压入堆栈单元 20FFDH 和 20FFCH 之中，如图 2.9(b)所示。如果再执行指令 POP CX，数据 3344H 弹到 CX 中，则栈顶指标指向 20FFEH，如图 2.9(c)所示。

堆栈的作用如下。

(1) 存放程序运行过程中需要保护的数据。程序运行时，会产生一些重要数据，为了保护这些数据不被修改，需要放入堆栈。读取时由 SS(堆栈段寄存器)和 SP(堆栈指针寄存器)提供逻辑地址。

(2) 保护断点和现场。这是堆栈的主要功能。保护断点是指主程序在调用子程序或执行中断服务程序时，为了使执行完子程序或中断服务程序后能顺利返回主程序，必须把断点处的有关信息(如代码段寄存器 CS 的内容、指令指针寄存器 IP 的内容以及标志寄存器 F 的内容等)压入堆栈，执行完子程序或中断服务程序后按"先进后出"的原则将其弹出堆栈，以恢复有关寄存器的内容，从而使主程序能从断点处继续往下执行。

保护现场是指将在子程序或中断服务程序中用到的寄存器的内容压入堆栈，在返回主程序之前再将其弹出堆栈，以恢复寄存器原有的内容，从而使其返回后主程序能继续正确执行。

2.3 8086/8088 的引脚及功能

8086/8088 CPU 根据其基本性能，应包括 20 条地址线，16 条数据线，加上控制信号、电源线和地线，芯片所需要的引脚比较多。但由于制造工艺的限制，采用 40 个引脚的集成电路芯片，双列直插式封装，因此部分引脚采用了分时复用的方式。

8086/8088 CPU 都可以工作在最大模式和最小模式下。最大模式为多处理器方式，即系统中有多个处理器(主处理器 8086/8088 和协处理器)。当 33 号引脚 MN/$\overline{\text{MX}}$＝0 时，CPU 工作在最大模式，系统中所需要的控制信号由总线控制器 8288 提供。当 33 号引脚 MN/$\overline{\text{MX}}$＝1 时，CPU 工作在最小模式，此时微机系统中只有一个处理器 8086/8088，控制信号直接从 8086/8088 CPU 引出。图2.10(a)给出了 8086 最小模式下的引脚定义，图 2.10(b)给出了 8088 最小模式下的引脚定义，24 脚～31 脚括号内为最大模式下的引脚定义。

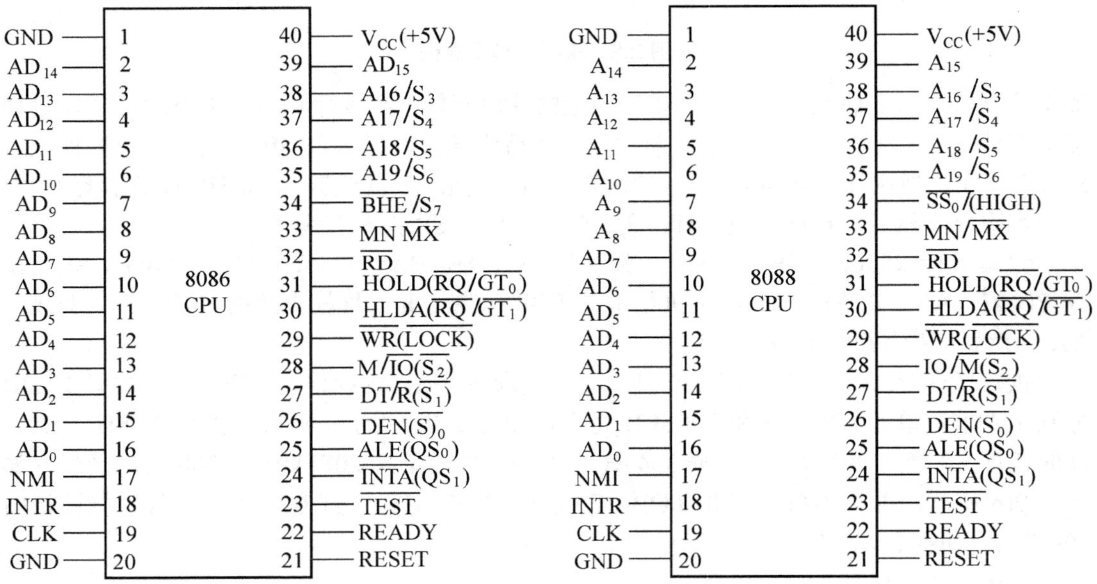

GND — 1	40 — V_{CC}(+5V)		GND — 1	40 — V_{CC}(+5V)
AD_{14} — 2	39 — AD_{15}		A_{14} — 2	39 — A_{15}
AD_{13} — 3	38 — $A16/S_3$		A_{13} — 3	38 — A_{16}/S_3
AD_{12} — 4	37 — $A17/S_4$		A_{12} — 4	37 — A_{17}/S_4
AD_{11} — 5	36 — $A18/S_5$		A_{11} — 5	36 — A_{18}/S_5
AD_{10} — 6	35 — $A19/S_6$		A_{10} — 6	35 — A_{19}/S_6
AD_9 — 7	34 — $\overline{BHE}/S_7$		A_9 — 7	34 — $\overline{SS_0}$(HIGH)
AD_8 — 8	33 — MN/$\overline{MX}$		A_8 — 8	33 — MN/$\overline{MX}$
AD_7 — 9 (8086 CPU)	32 — $\overline{RD}$		AD_7 — 9 (8088 CPU)	32 — $\overline{RD}$
AD_6 — 10	31 — HOLD($\overline{RQ}/\overline{GT_0}$)		AD_6 — 10	31 — HOLD($\overline{RQ}/\overline{GT_0}$)
AD_5 — 11	30 — HLDA($\overline{RQ}/\overline{GT_1}$)		AD_5 — 11	30 — HLDA($\overline{RQ}/\overline{GT_1}$)
AD_4 — 12	29 — $\overline{WR}$(LOCK)		AD_4 — 12	29 — $\overline{WR}$(LOCK)
AD_3 — 13	28 — M/$\overline{IO}$(S_2)		AD_3 — 13	28 — IO/$\overline{M}$(S_2)
AD_2 — 14	27 — DT/$\overline{R}$(S_1)		AD_2 — 14	27 — DT/$\overline{R}$(S_1)
AD_1 — 15	26 — $\overline{DEN}$(S_0)		AD_1 — 15	26 — $\overline{DEN}$(S_0)
AD_0 — 16	25 — ALE(QS_0)		AD_0 — 16	25 — ALE(QS_0)
NMI — 17	24 — $\overline{INTA}$(QS_1)		NMI — 17	24 — $\overline{INTA}$(QS_1)
INTR — 18	23 — $\overline{TEST}$		INTR — 18	23 — $\overline{TEST}$
CLK — 19	22 — READY		CLK — 19	22 — READY
GND — 20	21 — RESET		GND — 20	21 — RESET

(a) 8086CPU 的引脚　　　　　　　　　　(b) 8088CPU 的引脚

图 2.10　8086/8088CPU 的引脚

2.3.1　8088 CPU 在最小模式中引脚的定义

1. 电源线和地线(V_{CC}、GND)。

(1) V_{CC}(第 40 引脚)：电源线，输入，接+5V 电源。

(2) GND(第 1、20 引脚)：地线，输入，两条地线均接地。

2. 地址/数据(状态)引脚($AD_7 \sim AD_0$、$A_{15} \sim A_8$、$A_{19}/S6 \sim A_{16}/S3$)

(1) $A_{15} \sim A_8$(第 2～8、39 引脚)：地址线，输出。

(2) $AD_7 \sim AD_0$(第 9～16 引脚):地址/数据分时复用引脚,传送地址时单向输出,传送数据时双向输入或输出。

(3) $A_{19}/S_6 \sim A_{16}/S_3$(第 35～38 引脚):地址状态分时复用引脚,输出,三态总线。采用分时输出,即在 T1 状态作地址线用,T2～T4 状态输出状态信息。当访问内存时,T1 状态输出 $A_{19} \sim A_{15}$;CPU 访问 I/O 端口时,不使用这 4 个引脚,$A_{19} \sim A_{16}$ 保持为 0。状态信息中的 S_6 为 0 用来表示 8088 CPU 当前与总线相连,所以在 T2～T4 状态,S_6 总为 0,表示 CPU 当前连在总线上;S_5 表示中断允许标志位 IF 的当前设置,IF=1 时,S_5 为 1,否则为 0;S_4 与 S_3 用来指示当前正在使用哪个段寄存器,见表 2-6。

表 2-6 S4 与 S3 指示的当前使用的段寄存器

S4	S3	当前使用的段寄存器
0	0	ES
0	1	SS
1	0	CS 或未使用任何段寄存器(I/O,INT)
1	1	DS

3. 中断请求和响应信号(NMI、INTR、$\overline{INTA}$)

(1) NMI(Non-Maskable Interrupt)(第 17 引脚):非屏蔽中断请求信号,输入,上升沿触发。此请求不能软件屏蔽,只要此信号一出现,CPU 在当前指令执行结束后立即进行中断处理。

(2) INTR(Interrupt Request)(第 18 引脚):可屏蔽中断请求信号,输入,高电平有效。终端信号能用软件屏蔽。CPU 在每个指令周期的最后一个时钟周期会检查该信号是否有效,若此信号为高电平,表明有外设提出了中断请求,若此时 IF=1,则当前指令执行完后立即响应中断;若 IF=0,则中断被软件屏蔽,外设发出的中断请求将不被回应。

(3) $\overline{INTA}$(Interrupt Acknowledge)(第 24 引脚):输出。是对 INTR 信号的中断响应信号,低电平有效。该信号用于对外设的中断请求(经 INTR 引脚送入 CPU)回应。

4. 总线保持信号(HOLD、HLDA)

(1) HOLD(Hold Request)(第 31 引脚):总线保持请求信号,输入,高电平有效。当某总线主设备要求占用总线时,通过该引脚向 CPU 发一个请求信号,通知 CPU 此设备需要使用总线。

(2) HLDA(Hold Acknowledge)(第 30 引脚):总线保持响应信号,输出,高电平有效。当 CPU 接收到 HOLD 信号后,如果 CPU 允许让出总线,就在当前总线周期完成时响应请求信号,此时 HLDA 信号为高电平。随后,CPU 把总线使用权让给发出 HOLD 请求的总线主设备。

5. 控制和状态引脚(CLK、RESET、READY、$\overline{TEST}$、ALE、$\overline{DEN}$ 等)

(1) CLK(Clock)(第 19 引脚):系统时钟,输入。

(2) RESET(第 21 引脚):复位信号,输入,高电平有效。8086/8088 的复位脉冲宽度至少为 4 个时钟周期，来使 CPU 完成复位操作。系统正常运行时，RESET 保持低电平。复位信号使处理器立刻结束当前操作，并将标志寄存器、IP、DS、SS、ES 及指令队列清零，将 CS 设置为 FFFFH，重新启动 CPU。

(3) READY(第 22 引脚)：数据"准备好"信号线，输入，高电平有效。它是外部内存或 I/O 端口发来的数据准备就绪信号。若为高电平，说明内存或 I/O 端口已准备好；若为低电平，说明内存或 I/O 端口还没有准备好。

(4) $\overline{\text{TEST}}$(第 23 引脚)：等待测试信号，输入。当 CPU 执行 WAIT 指令时，每隔 5 个时钟周期测试一次 $\overline{\text{TEST}}$ 引脚。若为高电平，CPU 就仍处于空转状态进行等待，直到 $\overline{\text{TEST}}$ 引脚变为低电平，CPU 结束等待状态，执行下一条指令，以使 CPU 与外部硬件同步。

(5) ALE(Address Latch Enable)(第 25 引脚)：地址锁存允许信号，输出，高电平有效。是 8086/8088 给地址锁存器的控制信号。高电平时，表示当前地址/数据复用总线上输出的是地址信息，可将地址 $A_0 \sim A_{19}$ 锁存到地址锁存器中。

(6) $\overline{\text{DEN}}$ (Data Enable)(第 26 引脚)：数据允许信号，输出低电平有效。该信号决定数据总线上的数据是否有效。$\overline{\text{DEN}}$ 为高电平时，数据总线上数据为无效数据，当 $\overline{\text{DEN}}$ 为低电平时，数据总线上数据为有效数据。

(7) DT/$\overline{\text{R}}$ (Data Transmit/Receive)(第 27 引脚)：数据发送/接收信号，输出。该信号用来控制数据的传送方向。当 DT/$\overline{\text{R}}$ 为高电平时，8086 CPU 通过数据总线收发器进行数据发送；低电平时，则进行数据接收。在 DMA 方式下，它被置为高阻状态。

(8) IO/$\overline{\text{M}}$ (Memory/Input and Output)(第 28 引脚)：内存 I/O 端口控制信号，输出。该信号用来区分 CPU 是进行内存访问还是 I/O 端口访问。当该信号为高电平时，表示 CPU 正在和内存进行数据传送；若为低电平，表明 CPU 正在和输入/输出设备进行数据传送。在 DMA 方式下，该引脚被浮置为高阻状态。

(9) $\overline{\text{WR}}$ (Write)(第 29 引脚)：写信号，输出，低电平有效。为低电平时，表示 CPU 当前正在进行内存或 I/O 写操作。

(10) $\overline{\text{RD}}$ (Read)(第 32 引脚)：读控制信号，输出，低电平有效。当 $\overline{\text{RD}}$=0 时，表示 CPU 正对内存或 I/O 端口进行读操作。

(11) MN/$\overline{\text{MX}}$ (Minimum/Maximum Mode Control)(第 33 引脚)：最小/最大方式控制信号，输入。MN/$\overline{\text{MX}}$ 引脚接高电平时，8086/8088 CPU 工作在最小模式，在此方式下，全部控制信号由 CPU 提供；MN/$\overline{\text{MX}}$ 引脚接低电平时，8086/8088 工作在最大模式。

(12) $\overline{\text{SS}}_0$ (第 34 引脚)：系统状态信号输出。与 IO/$\overline{\text{M}}$ 信号和 DT/$\overline{\text{R}}$ 信号一起用来决定最小模式下当前总线周期的状态。在 8088 中，只能进行 8 位数据传输，$\overline{\text{BHE}}$ 信号不需要了，改为 $\overline{\text{SS}}_0$，与 DT/$\overline{\text{R}}$ 和 IO/$\overline{\text{M}}$ 一起决定最小模式中的总线周期操作。

表 2-7 指出了具体的组合关系。

表 2-7　8088 CPU 中 IO/$\overline{\text{M}}$、DT/$\overline{\text{R}}$、$\overline{\text{SS}}_0$ 组合关系

IO/$\overline{\text{M}}$	DT/$\overline{\text{R}}$	$\overline{\text{SS}}_0$	含　义
0	0	0	取指令

续表

IO/$\overline{M}$	DT/$\overline{R}$	$\overline{SS_0}$	含 义
0	0	1	读内存
0	1	0	写内存
0	1	1	无源状态
1	0	0	发中断相应信号
1	0	1	读 I/O 端口
1	1	0	写 I/O 端口
1	1	1	暂停

2.3.2　8088 CPU 在最大模式中引脚的定义

当 33 号引脚 MN/$\overline{MX}$ = 0 时，8088 CPU 工作在最大模式。最大模式和最小模式相比，除 24～34 引脚外，其他引脚完全相同。下面简要介绍 8088 CPU 在最大模式下的 24～34 引脚。

(1) $\overline{S_2}$、$\overline{S_1}$、$\overline{S_0}$ (第 28～26 引脚)：状态信号(输出，三态)。8088 在最大模式下没有对内存和 I/O 端口进行读/写操作的直接控制信号输出。输出这些读/写操作信号时，将 8088 提供的这 3 个状态信号输入总线控制器 8288，由 8288 解码后输出。3 个状态信号与 CPU 所执行的操作见表 2-8。

表 2-8　状态信号与对应的操作

$\overline{S_2}$	$\overline{S_1}$	$\overline{S_0}$	操　　作
0	0	0	发中断回应
0	0	1	读 I/O 端口
0	1	0	写 I/O 端口
0	1	1	暂停(HALT)
1	0	0	取指令
1	0	1	读内存
1	1	0	写内存
1	1	1	无操作

(2) $\overline{RQ}/GT_0$、$\overline{RQ}/GT_1$ (Request/Grant) (第 30～31 引脚)：请求/允许信号(输入/输出)，低电平有效，是最大模式下的 DMA 请求/允许信号。双向信号，CPU 的总线请求信号与 CPU 的总线允许信号均由请求/允许信号线传送。$\overline{RQ}/GT_0$ 的优先权高于 $\overline{RQ}/GT_1$，若 $\overline{RQ}/GT_0$ 和 $\overline{RQ}/GT_1$ 同时有总线请求，则 $\overline{RQ}/GT_0$ 的请求首先被允许。这两条引线的内部都有一个上拉电阻，在不使用时可以悬空。

(3) $\overline{LOCK}$ (第 29 引脚)：锁定信号(输出，三态)，低电平有效。当其有效时，CPU 控制总线，不允许别的总线设备取得对系统总线的控制权。该信号被送到总线仲裁电路使在此信号有效期间的指令执行过程中不发生总线控制权的转让，保证这条指令连续地执行完。

(4) QS1、QS0(Queue Status)(第 24～25 引脚)：队列状态信号(输出)。用于提供 8088 指令队列状态，根据状态信号，可以跟踪 CPU 内部的指令。QS_1、QS_0 的编码见表 2-9。

表 2-9　QS_1、QS_0 的组合及对应的操作

QS_1	QS_0	操　作
0	0	无操作
0	1	队列中操作码的首字节
1	0	队列空
1	1	队列中操作码的非首字节

(5) HIGH(第 34 引脚)，在最大模式下始终为高电平输出。

(6) $\overline{RD}$ (第 32 引脚)：引脚在最大模式下不再使用。

2.3.3　8086 CPU 与 8088 CPU 的区别

8086 CPU 和 8088 CPU 引脚定义基本类似，都是 16 位 CPU、20 位地址总线。不同的是 8086 CPU 内、外部的数据总线(DB)都为 16 位，而 8088 为准 16 位 CPU，内部数据总线为 16 位，外部为 8 位，16 位数据要分两次传送。另外，两者第 28 脚和 34 脚定义也有所不同。

8086 CPU 与 8088 CPU 的区别主要有以下 4 个方面。

(1) 内部结构。

8086 的指令队列有 6B，而 8088 仅有 4B。它们的执行单元 EU 完全相同，而总线接口单元 BIU 却不完全相同。8086 CPU 内、外部的数据总线(DB)都为 16 位，8088 内部数据总线为 16 位，外部为 8 位。

(2) 引出线和内存组织。

8086 有一条高 8 位数据总线允许引出线 $\overline{BHE}$，它可以看成是一条附加的地址线，用来访问内存的高字节。

(3) 地址/数据复用线。

8086 的地址/数据复用线是 16 位 AD_{15}～AD_0；而 8088 仅有 AD_7～AD_0 复用，A_8～A_{15} 仅作为地址线使用。

(4) 内存与 I/O 接口选通信号电平。

内存与 I/O 接口选通信号电平不同：8086 为 M/$\overline{IO}$，即高电平进行存储器操作，低电平进行 I/O 操作；而 8088 则相反，为 IO/$\overline{M}$。

2.4　8086/8088 CPU 的时序

计算机工作过程是执行指令的过程，8086 CPU 的操作是在时钟脉冲 CLK 的统一控制

下进行的。程序放到内存的某个区域,运行时 CPU 发出读指令的命令,从指定的地址(由 CS 和 IP 给定)读出指令,送到指令寄存器中,再经过指令译码器分析指令,并发出一系列控制信号,以执行指令规定的全部操作,控制各种信息在机器(或系统)各部件之间传送。简单地说,每条指令的执行由取指令、译码、执行构成。由于 CPU 内有总线接口部分 BIU 和执行部分 EU,所以在 EU 中执行一条指令的同时,BIU 就可以取下一条指令,它们在时间上是重叠的。上述的这些操作都是在时钟脉冲 CLK 的统一控制下进行的,它们都需要一定的时间,这些时间的长短可以用指令周期、总线周期、机器周期和时钟周期来度量。

1. 时钟周期、机器周期、总线周期和指令周期的概念

(1) 时钟周期:又称为 T 周期或 T 状态,由时钟发生器产生。时钟周期是计算机内部最小的时间单位,由计算机的主频决定。例如,8086/8088 的时钟频率(或主频)为 5MHz,故时钟周期(或 1 个 T 状态)为 200ns。

(2) 机器周期:计算机完成一个基本操作所花费的时间。在计算机中,为了便于管理,常把一条指令的执行过程划分为若干个阶段,每一阶段完成一项工作。例如,取指令、读内存、写内存等,每一项工作称为一个基本操作,完成一个基本操作所需要的时间称为机器周期。机器周期一般由若干个时钟周期组成,如图 2.11 所示。

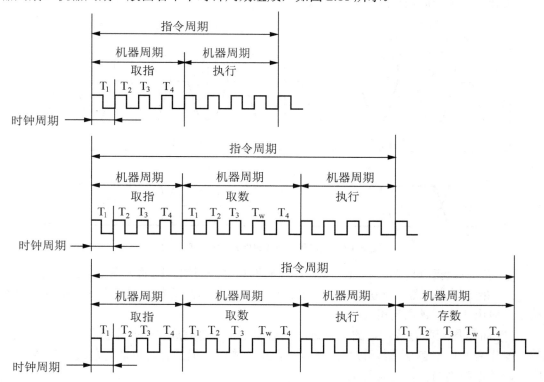

图 2.11 时钟周期、机器周期、指令周期的组成

(3) 总线周期:CPU 访问(或读/写)一次内存或 I/O 接口的时间称为一个总线周期。8086/8088 CPU 和外部交换信息是通过 BIU 总线接口单元来完成的,每当 CPU 要从内存

或 I/O 接口存取一个字节或一个字时,就需要一个总线周期。8086/8088 CPU 的总线周期通常包含 4 个时钟周期,分别以 T_1、T_2、T_3、T_4 表示,如图 2.12 所示。在 T_1 状态 CPU 把要读/写的存储单元的地址或 I/O 端口的地址放到地址总线上。若是"写"总线周期,CPU 从 T_2 起到 T_4,把数据送到总线上,并写入内存单元或 I/O 端口;若是"读"总线周期,CPU 则从 T_3 起到 T_4 从总线上接收数据,T_2 状态时总线浮空,允许 CPU 有个缓冲时间把输出地址的写方式转换成输入数据的读方式。另外,快速的 CPU 与慢速的内存和 I/O 接口交换信息时,为了防止丢失数据,通常会在总线周期的 T_3 和 T_4 之间插入一些必要的等待状态 T_w(图 2.11),用来给予必要的时间延时。在等待状态期间,总线上的信息保持不变,其他一些控制信号也都保持不变。

(4) 指令周期:执行一条指令所需要的时间称为指令周期。指令周期包括取指令、译码和执行指令等操作所需的所有时间。

8088 中不同指令的指令周期是不等长的。因为,一方面一条指令的长短有所不同,大部分指令是 2 字节,最短的指令只有 1 字节,最长的指令可能要 6 字节;另一方面,指令执行的时间也不一样,指令的最短执行时间是两个时钟周期,一般的加、减、比较、逻辑操作是几十个时钟周期,最长的为 16 位数乘除法指令,约要 200 个时钟周期。指令周期一般由若干个机器周期组成,如图 2.12 所示。

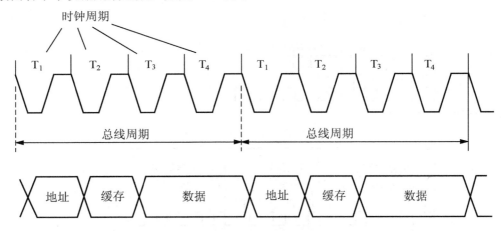

图 2.12 典型的 8086/8088 总线周期序列

总的来说,指令周期、机器周期、总线周期和时钟周期之间的关系如下。

(1) 指令周期由若干个机器周期组成,而机器周期时间又包含若干个时钟周期,总线周期一般由 4 个时钟周期组成。

(2) 机器周期和总线周期的关系是:机器周期指的是完成一个基本操作的时间,这个基本操作有时可能包含总线读/写,因而包含总线周期,但是有时可能与总线读/写无关,所以,并无明确的相互包含关系。

2. 8086/8088 CPU 最小模式下的主要工作时序

1) 系统的复位和启动

8086/8088 CPU 通过 RESET 引脚上的至少维持 4 个时钟周期的高电平。

当 RESET 信号变成高电平时，8086/8088 CPU 结束现行操作，各个内部寄存器复位成初值，见表 2-10。

表 2-10 复位时各内部寄存器的值

标志寄存器	清 零
指令指针 IP	0000H
CS 寄存器	FFFFH
其他寄存器	0000H
指令队列	变空

其中，代码段寄存器 CS 为 FFFFH，指令指针 IP 为 0000H，所以 8086/8088 CPU 在复位之后重新启动时，从内存的 FFFF0H 处开始开始执行指令。因此，在 FFFF0H 处存放了一条无条件转移指令，转移到系统引导程序的入口处，这样系统启动后就自动进入系统程序。

2) 最小模式下的总线操作

8086/8088 CPU 在与内存或 I/O 端口交换数据时需要启动一个总线周期。按照数据的传送方向来分，总线周期可分为"读"总线周期(CPU 从内存或 I/O 端口读取数据)和"写"总线周期(CPU 将数据写入内存或 I/O 端口)。

(1) 读总线周期，如图 2.13 所示。

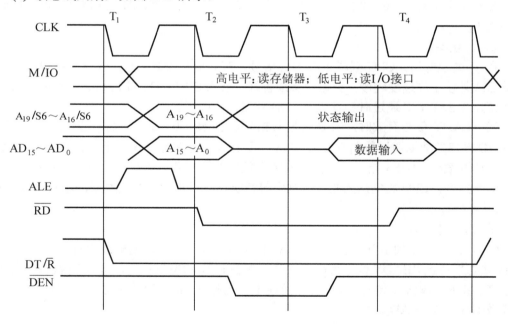

图 2.13 8086 读(M/$\overline{IO}$)总线周期

一个基本的读总线周期包含 4 个 T 状态，即 T_1、T_2、T_3 和 T_4，在存储器和外设速度较慢时，在 T_3 后可插入 1 个或几个等待状态 T_W。

① T_1 状态。

M/$\overline{IO}$ 信号在 T_1 状态有效，指出 CPU 是从内存还是从 I/O 端口读取数据。M/$\overline{IO}$ 为低，从 I/O 端口读；M/$\overline{IO}$ 为高，从存储器读。M/$\overline{IO}$ 信号的有效电平一直保持到总线周期结束的 T_4 状态。

T_1 状态开始，20 位地址信号通过多路复用总线输出，指出要读取的存储器或 I/O 端口的地址。高 4 位地址从 $A_{19}/S_6 \sim A_{16}/S_3$ 地址/状态线送出，低 16 位从 $AD_{15} \sim AD_0$ 地址/数据线送出。

ALE 引脚上输出一个正脉冲作地址锁存信号。在 T_1 状态结束时，M/$\overline{IO}$ 信号及地址信号均已有效，ALE 的下降沿用作锁存器 8282 的锁存控制信号，使地址锁存，这样在总线周期的其他状态信号才可分时复用这些引脚传送数据或状态信息。

系统中若接有数据总线收发器 8286 时，在 T_1 状态，DT/$\overline{R}$ 端输出低电平，表示本总线周期为读周期，用 DT/$\overline{R}$ 去控制 8286 接收数据。

② T_2 状态。

地址信号消失，$A_{19}/S_6 \sim A_{16}/S_3$ 引脚上输出状态信息 $S_6 \sim S_3$，指出当前正在使用的段寄存器及中断允许情况。

低位地址线 $AD_{15} \sim AD_0$ 进入高阻状态，为读取数据做准备。

$\overline{RD}$ 信号有效，送到所有的存储器和 I/O 端口，但只选通地址有效的存储单元和 I/O 端口，使之能读出数据。

若系统中接有 8286，$\overline{DEN}$ 信号在 T_2 状态有效，作为 8286 的选通信号，使数据通过 8286 传送。

③ T_3 状态。

在 T_3 的上升沿，CPU 采样 READY 信号，若此信号为低电平，表示系统中所连接的存储器或外设工作速度较慢，数据没有准备好，要求 CPU 在 T_3 和 T_4 状态之间再插入一个 T_W 状态。READY 是通过时钟发生器 8284 传送给 CPU 的。

当 READY 信号有效时，CPU 读取数据。在 $\overline{DEN}=0$、DT/$\overline{R}=0$ 的控制下，内存单元或 I/O 端口的数据通过数据收发器 8286 送到数据总线 $AD_{15} \sim AD_0$ 上。CPU 在 T_3 周期结束时，读取数据。S4S3 指出了当前访问哪个段寄存器，若 S4S3=10，表示访问 CS 段，读取的是指令，CPU 将它送入指令队列中等待执行，否则读取的是数据，送入 ALU 进行运算。

④ T_W 状态。

CPU 在每个 T_W 的上升状态沿对 READY 信号采样，若为低电平继续插入 T_W 状态。当在 T_W 状态采样到 READY 信号为高电平时，在当前 T_W 状态执行完，进入 T_4 状态。在最后一个 T_W 状态，数据肯定已出现在数据总线上，此时 T_W 状态的动作与 T_3 状态一样。CPU 采样数据线 $AD_{15} \sim AD_0$。

⑤ T_4 状态。

CPU 在 T_3 与 T_4 状态的交界处采样数据。然后在 T_4 状态的后半周期，数据从数据总线上撤除，各个控制信号和状态信号进入无效状态，$\overline{DEN}$ 无效，总线收发器不工作，一个读总线周期结束。

(2) 写总线周期，如图 2.14 所示。

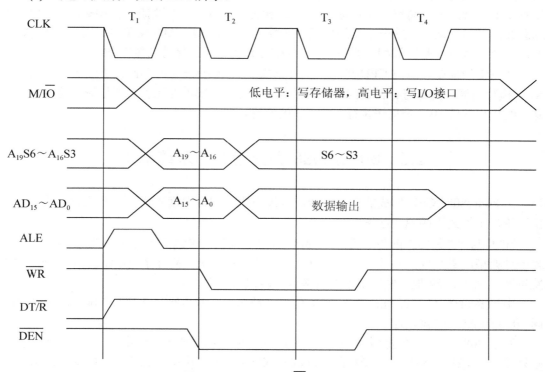

图 2.14　8086 写(M/$\overline{\text{IO}}$)总线周期

8086CPU 写总线周期时序与读总线周期时序有以下相似之处。

① 在 T_1 状态，M/$\overline{\text{IO}}$ 信号有效，指出 CPU 将数据写入内存还是 I/O 端口；CPU 给出写入存储单元或 I/O 端口的 20 位物理地址；地址锁存信号 ALE 有效，选存储体信号 $\overline{\text{BHE}}$、A_0 有效，DT/$\overline{\text{R}}$ 变高电平，表示本总线周期为写周期。

② 在 T_2 状态，地址撤销，S6～S3 状态信号输出；数据从 CPU 送到数据总线 AD_{15}～AD_0，$\overline{\text{WR}}$ 写信号有效；$\overline{\text{DEN}}$ 信号有效，作为数据总线收发器 8286 的选通信号。

③ 在 T_3 状态，CPU 采样 READY 线，若 READY 信号无效，插入一个至几个 T_W 状态，直到 READY 信号有效，存储器或 I/O 设备从数据总线上取走数据。

④ 在 T_4 状态，从数据总线上撤销数据，各控制信号和状态信号变成无效；$\overline{\text{DEN}}$ 信号变成高电平，总线收发器不工作。

它们的几点不同之处如下。

① 在 T_1 状态，DT/$\overline{\text{R}}$ 信号为高电平，表示本总线周期为写周期，即 CPU 将数据写入存储单元或 I/O 端口。

② 在 T_2 状态，地址信号发出去后，CPU 立即向地址/数据总线 AD_{15}～AD_0 发出数据，数据信号保持到 T_4 状态的中间，使存储器或外设一旦准备好即可从数据总线取走数据。

③ 写信号为 $\overline{\text{WR}}$，在 T_2 状态有效，维持到 T_4 状态，选通存储器或 I/O 端口的写入。

(3) 总线空操作

只有在 CPU 和存储器或 I/O 接口之间传输数据时，CPU 才执行总线周期，当 CPU 不执行总线周期时(指令队列 6 个字节已装满,EU 未申请访问存储器),总线接口部件不和总线打交道,就进入了总线空闲周期 T_i。此时状态信息 S6～S3 和前一个总线周期一样,数据总线上信号不同,若前一个总线周期是读周期,则 AD_{15}～AD_0 在 T_i 状态处于高阻状态,若前一个总线周期是写周期,则 AD_{15}～AD_0 在 T_i 状态继续保持数据有效。

在空闲周期中,虽然 CPU 对总线进行空操作,但是 CPU 内部操作仍然进行。例如,ALU 执行运算、内部寄存器之间的数据传输等,即 EU 部件在工作。所以说,总线空操作是总线接口部件 BIU 对总线执行部件 EU 的等待。

2.5 8086/8088 微处理器的系统配置

由 8086/8088 CPU 构成的微机系统,有最小模式和最大模式两种系统配置方式。本书仅讨论最小模式下的系统配置。

8086 与 8088 构成的最小模式系统区别很小,现以 8086 最小模式系统为例。图 2.15 为一种典型的最小模式系统的基本配置。它除了 8086 CPU 及内存外,还包括 8284A 时钟发生器,三片 8282 地址锁存器及两片 8286 总线驱动器。

由于要锁存 20 位地址信息及 $\overline{BHE}$ 信号,故需要三片 8282。8282 的输入选通端 STB 同 8086 的 ALE 引脚相连。

对于 8086 系统,数据线为 16 位,需要两片 8286;对于 8088 系统,数据线为 8 位,则只需一片 8286。8286 的 T 端同 8086/8088 CPU 的 $DT/\overline{R}$ 引脚相连,以控制传送方向。8286 的 $\overline{OE}$ 端与 8086/8088 的 $\overline{DEN}$ 引脚相连,使得只有在 CPU 访问内存或 I/O 端口时,才能允许数据通过 8286,否则 8286 在两个方向上都处于高阻状态。

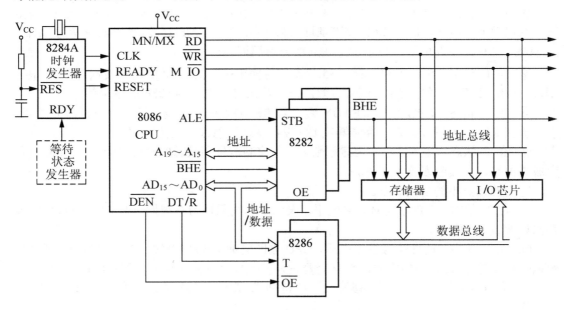

图 2.15　8086 最小模式系统的基本配置

1. 时钟发生器 8284A

8284A 是用于 8086(或 8088)系统的时钟发生器/驱动器芯片,它为 8086(或 8088)及其外设芯片提供所需要的时钟信号。8284A 功能和引脚如图 2.16 所示。

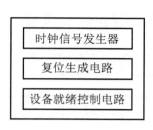
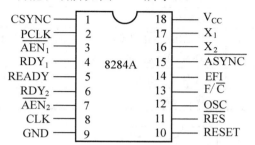

图 2.16 8284A 功能和引脚

(1) 时钟信号发生器。提供系统所需要的时钟信号,有两个来源:一个是在 X_1 和 X_2 引脚间接上晶体,由晶体振荡器产生时钟信号;另一个是由 EFI 引脚加入的外接振荡信号产生时钟信号,两者由 $F/\overline{C}$ 端信号控制。$F/\overline{C}$ 为低电平,表示由外接振荡器产生。

如果晶体振荡器的工作频率为 14.318 18MHz,则该时钟脉冲(OSC)经 3 分频后得到 4.77MHz 的时钟脉冲 CLK,即微处理器(如 8086)所需的时钟信号(占空比为 1:3)。CLK 再经 2 分频后产生外设时钟 PCLK,其频率为 2.385MHz(占空比为 1:2)。

(2) 复位生成电路。输入信号 $\overline{RES}$ 在 8284A 延迟和同步后产生系统复位信号 RESET,高电平有效,使系统初始化。

(3) 设备就绪控制电路。就绪控制电路有两组输入信号,每一组都有允许信号 $\overline{AEN}$ 和设备就绪信号 RDY,$\overline{AEN}$ 是低电平有效信号,用以控制其对应的 RDY 信号的有效。这种工作方式用于能保证满足 RDY 建立时间要求的同步设备中。

2. 地址锁存器和数据收发器

1) 地址锁存器和数据收发器的作用

由于 8086 的 $AD_{15} \sim AD_0$ 为分时复用的地址/数据线,即在 T_1 状态用来输出地址,从 T_2 状态开始改为传送数据,而内存及 I/O 设备需要在整个总线操作周期中地址线上都保持有稳定的地址信号,所以需要在地址信号消失前将其锁存。

对于数据信号,它不必锁存,但由于总线负载能力有限,当挂接部件过多时,就需要接入信号放大器,提高总线的负载能力,这种信号放大器称为数据收发器。

2) 地址锁存器与数据收发器芯片

8086 系统中使用 8282/8283 作为地址锁存器,8282 锁存器的输入和输出不是反相的,8283 是反相的,其余功能相同。8282 是一种通用的三态输出的 8 位锁存器,可用于数据的锁存、缓冲或信号的多路传输。其引脚信号及功能分别如图 2.17 和表 2-11 所示。8086 系统中采用 8286 或 8287 作为数据收发器,它们均是双向、三态输出的收发器,8287 除了输出与输入反相外,其余功能均与 8286 相同。8286 的引脚信号及功能分别如图 2.18 和表 2-12 所示。

表 2-11 8282 引脚功能

引脚	功能
$DI_7 \sim DI_0$	数据输入
$DO_7 \sim DO_0$	数据输出
$\overline{OE}$	允许输出,$\overline{OE}$ 为低电平时,允许锁存数据从 $DO_7 \sim DO_0$ 输出;$\overline{OE}$ 为高电平时,输出端 $DO_7 \sim DO_0$ 呈高阻状态
STB	选通输入,当其上信号由高变低时,将 $DI_7 \sim DI_0$ 上的数据锁存起来
GND、V_{CC}	地线、电源

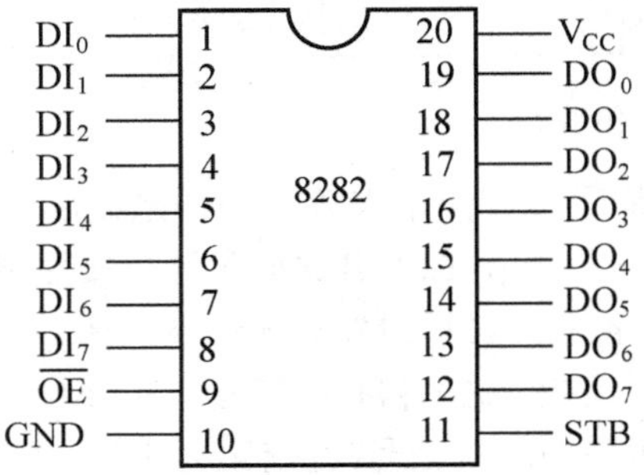

图 2.17 8282 引脚图

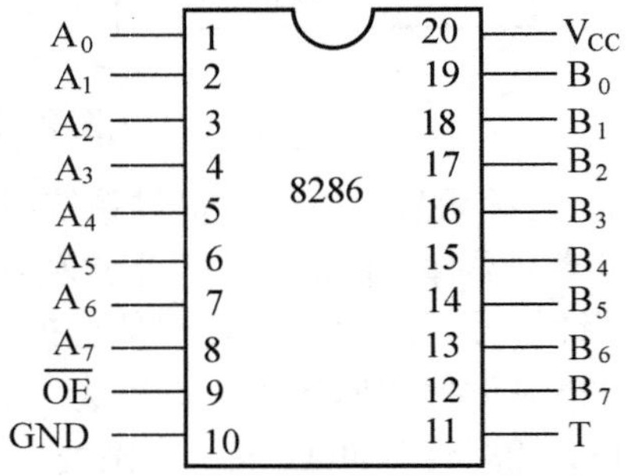

图 2.18 8286 引脚图

表 2-12 8286 引脚功能

引脚	功能
$A_7 \sim A_0$	数据输入/输出
$B_7 \sim B_0$	数据输入/输出
$\overline{OE}$	允许输出,$\overline{OE}$ 为低电平时,允许输出;$\overline{OE}$ 为高电平时,所有输出呈高阻状态
T	方向控制:T 为高电平时,由 A 向 B 传输;T 为低电平时,由 B 向 A 传输
GND、V_{CC}	地线、电源

3. 8086 的地址锁存与数据收发逻辑

图 2.15 是 8086 利用 8282 锁存地址信号和利用 8286 驱动数据总线。在总线周期的 T_1 状态,当 ALE 信号由高变低时,8282 将地址信号锁存,使得从 T_2 开始 CPU 撤销地址信号后,地址总线上还能保持地址输出。

当 8086 与存储器或 I/O 设备交换数据时,$\overline{DEN}$ 段产生一个低电平信号,使 8286 的 $\overline{OE}$ 端为 0。8286 的发送数据控制端 T 连接在 8086 的数据发送/接收端 $DT/\overline{R}$ 上,写操作时,$DT/\overline{R}$ 为高电平,控制数据传送方向是从 CPU 流向存储器或 I/O 设备;在读操作时,$DT/\overline{R}$ 为低电平,数据的传送方向是从存储器或 I/O 设备流向 CPU。在较小的 8086 系统中,也可以不用 8286 数据收发器,这时,多路复用的地址/数据总线直接与存储器或 I/O 设备的数据线相连。

2.6 高档微处理器

Intel 公司在 8086 之后推出的 80x86 高档微处理器主要有 80286、80386 和 80486，后来推出了 Pentium 系列微处理器。

2.6.1 80286 微处理器

1982 年，Intel 公司在 8086 的基础上，研制出了 80286 微处理器。该芯片相比 8086 和 8088 有了飞跃式发展，虽然它仍是 16 位结构，但在 CPU 内部含有 13.4 万个晶体管，时钟频率由最初 6MHz 逐步提高到 20MHz。内部和外部数据总线皆为 16 位，地址总线 24 位，可寻址 16MB 内存。80286 兼容了 8086 所有功能，并且是 8086 的向上兼容的微处理器，使 8086 的汇编语言程序可以不做任何修改地在 80286 上运行。同时，80286 的推出也是实模式和保护模式 CPU 的分水岭。80286 有 68 条引脚，封装成 PGA 和 PLCC 两种形式。PGA 是源于 PLCC 的便宜封装，它有一块内部和外部固体插脚，如图 2.19 所示。

1. 80286 的特点

与 8086 相比，80286 有如下特点。

(1) 地址总线 24 位，最多可寻址 16MB 的实际存储空间和 64KB 的 I/O 地址空间。

(2) 内、外部数据传输均为 16 位。地址总线和数据总线完全分离，提高了数据访问的速度。

(3) 80286 可工作于两种模式：一种称为实模式(相当于与 MS DOS 兼容，具有 8086 与 8088 芯片的限制)；另一种称为保护模式(增加了微处理器的功能)。

图 2.19 80286 CPU 芯片

在实模式下，微处理器可以访问的内存总量限制在 1MB；在保护模式之下，80286 可直接访问 16MB 的内存。在保护模式之下，80286 还提供保护机制，可以保护操作系统，使之不像实模式或 8086 等不受保护的微处理器那样在遇到异常应用时会使系统停机。在保护模式下，80286 的存储管理仍然分段进行，每个逻辑段的最大长度仍为 64KB，但增加了许多管理功能，其中最重要的功能就是虚拟存储。

2. 80286 的功能结构

80286 内部结构由 4 个功能部件组成，分别是执行部件 EU、指令部件 IU、总线部件 BU 和地址部件 AU。80286 将 8086/8088 的 BIU 分为 AU、IU 和 BU。通过 4 个部件的并行操作，进一步提高了 CPU 的工作速度，其系统的整体性能要比 5MHz 的 8086 系统提高很多。

为了兼容 8086，80286 包容 8086 的所有寄存器结构和全套的指令系统。

3. 80286 的寄存器结构

80286 的寄存器结构有如下特点。

(1) 通用寄存器为 AX、BX、CX、DX，地址寄存器为 SI、DI、BP、SP，这 8 个寄存器与 8086 完全相同。

(2) 段寄存器(CS、SS、DS、ES)扩展为 64 位，包括段选择器域(16 位)、存取权域(8 位)、基地址域(24 位)和段界限域(16 位)。

(3) 在实模式下，只使用其 16 位的"段选择器域"，用以提供段的基地址(20 位)，其用法与 8086 中段寄存器的用法完全相同。在保护模式下，4 个域全部使用。

(4) 扩展了 4 个系统表寄存器，分别为全局描述符表寄存器 GDTR、局部描述符表寄存器 LDTR、中断描述符表寄存器 IDTR 和任务状态段寄存器 TR。其中，LDTR、TR 的长度为 64 位，与段寄存器有着相同的域，GDTR、IDTR 的长度为 40 位，由 24 位基地址域和 16 位段界限域构成。

(5) 状态控制寄存器新增为 3 个，即标志寄存器 PSW(新增 3 个有效位)、任务寄存器 TR 和新增的机器状态字寄存器 MSW。

标志寄存器 PSW 中新增了 NT 和 IOPL 两个标志。NT 是任务嵌套标志。若 NT＝1，表示当前执行的是子任务，它嵌套于别的任务中，待执行完毕时应返回原来的任务。IOPL 是 I/O 特权级标志，共两位，编码表示 4 个特权级别，用来指定任务的 I/O 操作处于 4 个特权级别的哪一层。

机器状态字寄存器 MSW 是 16 位寄存器，只用低 4 位表示状态，分别为 PE、MP、EM 和 TS。PE 是保护模式允许位，当 PE＝1 时，80286 进入保护模式。MP 是协处理器监督位，若 MP＝1，表明系统中有协处理器 80287 存在。EM 是仿真协处理器位，当 MP＝0 时，若 EM＝1，表示将由软件来仿真协处理器的操作，此时若 80286 执行 ESC 指令，将引起一个中断，由该中断来对 80287 的操作进行仿真。TS 是任务切换位，若 TS＝1，表示当前协处理器处理的内容属于原来的任务。

任务寄存器 TR 是一个 64 位的寄存器，只能在保护模式下使用，存放当前正在执行的任务的状态。

8086～80286 这个时代是个人计算机起步的时代，当时在国内使用甚至见到过 PC 的人很少，PC 在人们心中是一个神秘的东西。到 20 世纪 90 年代初，国内才开始普及计算机。

2.6.2 80386 微处理器

1985 年，Intel 公司推出了 80386 CPU 芯片，如图 2.20 所示。它是 80x86 系列中的第一种 32 位微处理器。80386 内部含有 27.5 万个晶体管，时钟频率为 12.5MHz，后提高到 20MHz、25MHz 和 33MHz。80386 的内部和外部数据总线都是 32 位，地址总线也是 32 位，可寻址高达 4GB 内存。它除具有实模式和保护模式外，还增加了一种称为虚拟 86 的工作方式，可以通过同时模拟多个 8086 处理器来提供多任务能力。

除了标准的 80386 芯片，Intel 又陆续推出了一些其他类型的 80386 芯片：80386SX、

80386SL、80386DL 等。1988 年推出的 80386SX 是市场定位在 80286 和 80386DX 之间的一种芯片，它与 80386DX 的不同之处在于外部数据总线和地址总线都与 80286 相同，分别是 16 位和 24 位（即寻址能力为 16MB）。1990 年推出的 80386SL 和 80386DL 都是低功耗、节能型芯片，主要用于便携机和节能型台式机。80386SL 与 80386DL 的不同在于前者是基于 80386SX 的，后者是基于 80386DX 的，但两者皆增加了一种新的工作方式：系统管理方式(SMM)。当进入系统管理方式后，CPU 就自动降低运行速度、控制显示屏和硬盘等其他部件使其暂停工作，甚至停止运行，进入"休眠"状态，以达到节能目的。

图 2.20 80386 CPU 芯片

2.6.3 80486 微处理器

Intel 80486 是 Intel 公司 1989 年推出的 32 位微处理器。它采用了 1μm 制造工艺，内部集成了 120 万个晶体管。内部和外部数据总线都是 32 位，地址总线也是 32 位，可寻址 4GB 的存储空间，支持虚拟存储管理技术，虚拟存储空间为 64TB。片内集成有浮点运算部件和 8KB 的 Cache(L1 Cache)，同时也支持外部 Cache(L2 Cache)。整数处理部件采用精简指令集 RISC 结构，提高了指令的执行速度。此外，80486 微处理器还引进了时钟倍频技术和新的内部总线结构，从而使主频可以超出 100MHz，如图 2.21 所示。

图 2.21 80486 CPU 芯片

1. 80486 CPU 的内部结构

80486 CPU 内部包括总线接口部件、指令预取部件、指令译码部件、控制和保护测试单元部件、整数执行部件、浮点运算部件、分段部件和分页部件以及高速缓存(Cache)管理部件。

1) 总线接口部件

总线接口部件(BIU)与外部总线连接，用于管理访问外部存储器和 I/O 端口的地址、数据和控制总线。对处理器内部，BIU 主要与指令预取部件和 Cache 管理部件交换信息，将预取指令存入指令代码队列。

BIU 与 Cache 部件交换数据有三种情况：一是向 Cache 填充数据，BIU 一次从片外总线读取 16 个字节到 Cache；二是如果 Cache 的内容被处理器内部操作修改了，则修改的内容也由 BIU 写回到外部存储器中去；三是如果一个读操作请求所要访问的存储器操作数不在 Cache 中，则这个读操作便由 BIU 控制总线直接对外部存储器进行操作。

在预取指令代码时，BIU 把从外部存储器取出的指令代码同时传送给代码预取部件和内部 Cache，以便在下一次预取相同的指令时，可直接访问 Cache。

2) 指令预取部件

80486 CPU 内部有一个 32 字节的指令预取队列，在总线空闲周期，指令预取部件 (pre-fetcher) 形成存储器地址，并向 BIU 发出预取指令请求。预取部件一次读取 16 个字节的指令代码存入预取队列中，指令队列遵循先进先出 FIFO(First in First Out) 的原则，自动地向输出端移动。如果 Cache 在指令预取时命中，则不产生总线周期。当遇到跳转、中断、子程序调用等操作时，预取队列被清空。

3) 指令译码部件

指令译码部件 IDU(Instruction Decode Unit) 从指令预取队列中读取指令并译码，将其转换成相应控制信号。译码过程分两步：首先确定指令执行时是否需要访问存储器，若需要则立即产生总线访问周期，使存储器操作数在指令译码后能准备好；然后产生对其他部件的控制信号。

4) 控制和保护测试单元部件

控制和保护测试单元部件 CPTU(Control and Protection Test Unit) 对整数执行部件、浮点运算部件和分段管理部件进行控制，使它们执行已译码的指令。

5) 整数执行部件

整数执行部件 IU(Integer Data-path Unit) 包括四个 32 位通用寄存器、两个 32 位间址寄存器、两个 32 位指针寄存器、一个标志寄存器、一个 64 位桶形移位寄存器和算术逻辑运算单元等。它能在一个时钟周期内完成整数的传送、加减运算、逻辑操作等。80486 CPU 采用了 RISC 技术，并将微程序逻辑控制改为硬件布线逻辑控制，缩短了指令的译码和执行时间，一些基本指令可在一个时钟周期内完成。

两组 32 位双向总线将整数单元和浮点单元联系起来，这些总线合起来可以传送 64 位操作数。这组总线还将处理器单元与 Cache 联系起来，通用寄存器的内容通过这组总线传向分段单元，并用于产生存储器单元的有效地址。

6) 浮点运算部件

80486 CPU 内部集成了一个增强型 80487 数学协处理器，称为浮点运算部件 FPU(floating Point Unit)，用于完成浮点数运算。由于 FPU 与 CPU 集成封装在一个芯片内，而且它与 CPU 之间的数据通道是 64 位的，所以当它在内部寄存器和片内 Cache 取数时，运行速度会极大提高。

7) 分段部件和分页部件

80486 CPU 设置了分段部件 SU(Segmentation Unit) 和分页部件 PU(Paging Unit)，实现存储器保护和虚拟存储器管理。分段部件将逻辑地址转换成线性地址，采用分段 Cache 可以提高转换速度。分页部件用来完成虚拟存储，把分段部件形成的线性地址进行分页，转换成物理地址。为提高页转换速度，分页部件中还集成了一个转换后援缓冲器 TLB (Translation Look-aside Buffer)。

8) Cache 管理部件

80486 CPU 内部集成了一个数据/指令混合型 Cache 称为高速缓冲存储器管理部件 CU (Cache Unit)。在绝大多数的情况下，CPU 都能在片内 Cache 中存取数据和指令，减少了 CPU 的访问时间。在与 80486 DX 配套的主板设计中，采用 128~256KB 的大容量二级 Cache

来提高 Cache 的命中率，片内 Cache(L1 Cache)与片外 Cache(L2 Cache)合起来的命中率可达 98%。CPU 片内总线宽度高达 128 位，总线接口部件将以一次 16 个字节的方式在 Cache 和内存之间传输数据，大大提高了数据处理速度。80486 CPU 中的 Cache 部件与指令预取部件紧密配合，一旦预取代码未在 Cache 中命中，BIU 就对 Cache 进行填充，从内存中取出指令代码，同时送给 Cache 部件和指令预取部件。

2. 80486 的寄存器分类

80486 微处理器的寄存器按功能可分为四类：基本寄存器、系统寄存器、调试和测试寄存器以及浮点寄存器。

80486 CPU 的寄存器总体上可分为程序可见和不可见两类。在程序设计期间要使用的、并可由指令来修改其内容的寄存器，称为程序可见寄存器。在程序设计期间，不能直接寻址的寄存器，称为程序不可见寄存器，但是在程序设计期间可以被间接引用。程序不可见寄存器用于保护模式下控制和操作存储器系统。

下面对基本寄存器(Base Architecture Registers)进行简单介绍。

基本寄存器包括 8 个通用寄存器 EAX、EBX、ECX、EDX、EBP、ESP、EDI 和 ESI；一个指令指针寄存器 EIP；6 个段寄存器 CS、DS、ES、SS、FS 和 GS；一个标志寄存器 EFLAGS。80486 CPU 的基本寄存器都是程序可见寄存器。

(1) 通用寄存器(General Purpose Registers)。

通用寄存器包括 EAX、EBX、ECX、EDX、EBP、ESP、EDI 和 ESI。

EAX、EBX、ECX、EDX 都可以作为 32 位寄存器、16 位寄存器或者 8 位寄存器使用。EAX 可作为累加器用于乘法、除法及一些调整指令，对于这些指令，累加器常表现为隐含形式。EAX 寄存器也可以保存被访问存储器单元的偏移地址。EBX 常用于地址指针，保存被访问存储器单元的偏移地址。ECX 经常用作计数器，用于保存指令的计数值。ECX 寄存器也可以保存访问数据所在存储器单元的偏移地址。用于计数的指令包括重复的串指令、移位指令和循环指令。移位指令用 CL 计数，重复的串指令用 CX 计数，循环指令用 CX 或 ECX 计数。EDX 常与 EAX 配合，用于保存乘法形成的部分结果，或者除法操作前的被除数，它还可以保存寻址存储器数据。

EBP 和 ESP 是 32 位寄存器，也可作为 16 位寄存器 BP、SP 使用，常用于堆栈操作。EDI 和 ESI 常用于串操作，EDI 用于寻址目标数据串，ESI 用于寻址源数据串。

(2) 指令指针寄存器。

指令指针寄存器 EIP(Extra Instruction Pointer)存放指令的偏移地址。微处理器工作于实模式下，EIP 为 16 位寄存器。80486 CPU 工作于保护模式时 EIP 为 32 位寄存器。EIP 总是指向程序的下一条指令(即 EIP 的内容自动加 1，指向下一个存储单元)。EIP 用于微处理器在程序中顺序地寻址代码段内的下一条指令。当遇到跳转指令或调用指令时，指令指针寄存器的内容需要修改。

(3) 标志寄存器 EFR。

EFR(Extra Flags Register)包括状态标志位、控制标志位和系统标志位，用于指示微处理器的状态并控制微处理器的操作。

① 状态标志位：包括进位标志 CF、奇偶标志 PF、辅助进位标志 AF、零标志 ZF、符号标志 SF 和溢出标志 OF。

② 控制标志位：包括陷阱标志(单步操作标志)TF、中断标志 IF 和方向标志 DF。80486 CPU 标志寄存器中的状态标志位和控制标志位与 8086 CPU 标志寄存器中的状态标志位和控制标志位的功能完全一样，这里就不再赘述。

③ 系统标志位和 IOPL 字段：在 EFR 寄存器中的系统标志和 IOPL 字段，用于控制操作系统或执行某种操作。它们不能被应用程序修改。

IOPL(I/OPrivilege Level Field)：输入/输出特权级标志位。它规定了能使用 I/O 敏感指令的特权级。在保护模式下，利用这两位编码可以分别表示 0、1、2、3 这四种特权级，0 级特权最高，3 级特权最低。在 80286 以上的处理器中有一些 I/O 敏感指令，如 CLI(关中断指令)、STI(开中断指令)、IN(输入)、OUT(输出)。IOPL 的值规定了能执行这些指令的特权级。只有特权高于 IOPL 的程序才能执行 I/O 敏感指令，而特权低于 IOPL 的程序，若企图执行敏感指令，则会引起异常中断。

NT(Nested Task Flag)：任务嵌套标志。在保护模式下，指示当前执行的任务嵌套于另一任务中。当任务被嵌套时，NT＝1，否则 NT＝0。

RF(Resume Flag)：恢复标志。与调试寄存器一起使用，用于保证不重复处理断点。当 RF＝1 时，即使遇到断点或故障，也不产生异常中断。

VM(Virtual 8086 Mode Flag)：虚拟 8086 模式标志。用于在保护模式系统中选择虚拟操作模式。VM＝1，启用虚拟 8086 模式；VM＝0，返回保护模式。

AC(Alignment Check Flag)：队列检查标志。如果在不是字或双字的边界上寻址一个字或双字，队列检查标志将被激活。

(4) 段寄存器。

80486 微处理器包括 6 个段寄存器，分别存放段基址(实模式)或选择符(保护模式)，用于与微处理器中的其他寄存器联合生成存储器单元的物理地址。

① 代码段寄存器 CS。代码段是一个用于保存微处理器程序代码(程序和过程)的存储区域。CS 存放代码段的起始地址。在实模式下，它定义一个 64KB 存储器段的起点。在保护模式下工作时，它选择一个描述符，这个描述符描述程序代码所在存储器单元的起始地址和长度。在保护模式下，代码段的长度为 4GB。

② 数据段寄存器 DS。数据段是一个存储数据的存储区域，程序中使用的大部分数据都在数据段中。DS 用于存放数据段的起始地址。可以通过偏移地址或者其他含有偏移地址的寄存器，寻址数据段内的数据。在实模式下工作时，它定义一个 64KB 数据存储器段的起点。在保护模式下，数据段的长度为 4GB。

③ 堆栈段寄存器 SS。SS 用于存放堆栈段的起始地址，堆栈指针寄存器 ESP 确定堆栈段内当前的入口地址。EBP 寄存器也可以寻址堆栈段内的数据。

④ 附加数据段寄存器 ES。ES 用于存放附加数据段的起始地址，常用于存放数据段的段基址或者在串操作中作为目标数据段的段基址。

⑤ 附加数据段寄存器 FS 和 GS。FS 和 GS 是附加的数据段寄存器，作用与 ES 相同，以便允许程序访问两个附加的数据段。

在保护模式下,每个段寄存器都含有一个程序不可见区域。这些寄存器的程序不可见区域通常称为描述符的高速缓冲存储器(Descriptor Cache),因此它也是存储信息的小存储器。这些描述符高速缓冲存储器与微处理器中的一级或二级高速缓冲存储器不能混淆。每当段寄存器中的内容改变时,基地址、段限和访问权限就装入段寄存器的程序不可见区域。例如,当一个新的段基址存入段寄存器时,微处理器就访问一个描述符表,并把描述符表装入段寄存器的程序不可见的描述符高速缓冲存储器区域内。这个描述符一直保存在此处,并在访问存储器时使用,直到段号再次改变。这就允许微处理器在重复访问一个内存段时,不必每次都去查询描述符表,因此称为描述符高速缓冲存储器。

2.6.4 Pentium 系列微处理器

Pentium 是继 8086/8088、80286、80386、80486 之后,Intel 公司推出的第 5 代微处理器。1993 年正式取名 Pentium,中文名字为"奔腾",用以表示并非 80486 的延续,而是 Intel 公司的创新。下面简要介绍 Pentium 系列微处理器。

1. Pentium

Intel 公司在 1993 年推出了全新一代的高性能处理器 Pentium。CPU 市场的激烈竞争使 Intel 公司提出了商标注册,由于在美国的法律里面规定不能用阿拉伯数字注册,因此,Intel 公司用拉丁文去注册商标。Pentium 在拉丁文里面是"五"的意思,Intel 公司于是使用"Pentium"注册商标。Intel 公司还给它起了一个相当好听的中文名字——奔腾。奔腾的厂家代号是 P54C。

Pentium 内部含有的晶体管数量高达 310 万个,时钟频率由最初推出的 60MHz 和 66MHz 提高到后来的 200MHz。单是最初版本的 66MHz 的 Pentium 微处理器其运算性能就比 33MHz 的 80486 DX 提高了 3 倍多,而 100MHz 的 Pentium 则比 33MHz 的 80486 DX 要快 6~8 倍。由于 Pentium 的制造工艺优良,整个系列的 CPU 的浮点性能也是各种各样性能的 CPU 中最强的,可超频性能最大,因此赢得了 586 级 CPU 的大部分市场。Pentium 家族里面的频率有 60/66/75//90/100/120/133/150/166/200,CPU 的内部频率从 60MHz 到 66MHz 不等。

2. Pentium Pro

Intel 公司在 1995 年推出的 Pentium Pro 微处理器是第 6 代微处理器的第一个产品,其芯片如图 2.22 所示。Pentium Pro 比 Pentium 更先进,Pentium Pro 微处理器有 64 位数据线、36 位地址线。

Pentium Pro 的内部有高达 550 万个晶体管,内部时钟频率为 133MHz,处理速度几乎是 100MHz 的 Pentium 的两倍。Pentium Pro 的一级(片内)缓存为 8KB 指令和 8KB 数据。值得注意的是,在 Pentium Pro 的一个封装中除 Pentium Pro 芯片外还包含一个 256KB 的二级缓存芯片,两个芯片之

图 2.22 Pentium Pro CPU 芯片

间用高频宽的内部通信总线互连，处理器与高速缓存的连接线路也被安置在该封装中，这样就使高速缓存能更容易地运行在更高的频率上。Pentium Pro 200MHz CPU 的 L2 Cache 就运行在 200MHz，也就是工作在与处理器相同的频率上。这样的设计令 Pentium Pro 达到了最高的性能。而 Pentium Pro 最引人注目的地方是它具有一项称为"动态执行"的创新技术，这是继 Pentium 在超标量体系结构上实现突破之后的又一次飞跃。Pentium Pro 系列的工作频率是 150/166/180/200，一级缓存都是 16KB，而前三者都有 256KB 的二级缓存，至于频率为 200MHz 的 CPU 还分为 3 种版本，不同就在于它们的内置的缓存分别是 256KB、512KB 和 1MB。

3. Pentium Ⅱ

Intel 公司在 1997 年正式推出了 PentiumⅡ微处理器，也称为奔腾二代，简称 PⅡ，是第 6 代微处理器。它是 Pentium Pro 的改进型产品。

第一代 PentiumⅡ的核心称为 Klamath。作为 PentiumⅡ的第一代芯片，它运行在 66MHz 总线上，主频分 233MHz、266MHz、300MHz 和 333MHz 四种，接着又推出了 100MHz 总线的 PentiumⅡ，频率有 300MHz、350MHz、400MHz 以及 450MHz。PentiumⅡ采用了与 Pentium Pro 相同的核心结构，从而继承了原有 Pentium Pro 处理器优秀的 32 位性能，但它加快了段寄存器写操作的速度，并增加了 MMX 指令集，以加速 16 位操作系统的执行速度。由于配备了可重命名的段寄存器，因此 PentiumⅡ可以猜测地执行写操作，并允许使用旧段值的指令与使用新段值的指令同时存在。在 PentiumⅡ里面，Intel 公司将 750 万个晶体管压缩到一个 $203mm^2$ 的印模上。PentiumⅡ比 Pentium Pro 大 $6mm^2$，却比 Pentium Pro 多容纳了 200 万个晶体管。由于使用只有 $0.28\mu m$ 的扇出门尺寸，因此加快了这些晶体管的速度，从而达到了 80x86 前所未有的时钟速度。

在接口技术方面，为了获得更大的内部总线带宽，PentiumⅡ首次采用最新的 slot1 接口标准。它采用了一块带金属外壳的印制电路板，该印制电路板不但集成了处理器部件，还包括 32KB 的一级缓存。如要将 PentiumⅡ处理器与单边插接卡(也称 SEC 卡)相连，只需将该印制电路板(PCB)直接卡在 SEC 卡上。SEC 卡的塑料封装外壳称为单边插接卡盒，其上带有 PentiumⅡ的标志和 PentiumⅡ印模的彩色图像。

PentiumⅡCPU 内部集合了 32KB 片内 L1 高速缓存(16K 指令/16K 数据), 57 条 MMX 指令，8 个 64 位的 MMX 寄存器。750 万个晶体管组成的核心部分，是以 $203mm^2$ 的工艺制造出来的。处理器被固定到一个很小的印制电路板(PCB)上，对双向的 SMP 有很好的支援。

4. Pentium Ⅲ

1999 年 Intel 公司正式推出了 Pentium Ⅲ(PⅢ，奔腾Ⅲ)微处理器芯片。

PⅢ制造工艺为 0.25mm 或 0.18mm 的 CMOS 技术，有 950 万个晶体管，主频为 450MHz、500MHz 和 550MHz，最高可达 850MHz 以上。与 PⅡ相比，PⅢ还有一些不同之处。

PⅢ 处理器的前端总线时钟频率最少为 100MHz。PⅢ 具有片内 32KB 的一级高速缓存和 512KB 的片外二级高速缓存。PⅢ 对高速缓存和主存的存取操作以及内存管理更趋合理。

为了提高 CPU 处理数据的功能，PⅢ 增加了被称为 SSE 的新指令集。SSE 指的是 Streaming SIMD Extension (流水式单指令多数据扩展)。新增加的 70 条 SSE 指令分成以下 3 组不同类型的指令：8 条内存连续数据流优化处理指令，50 条单指令多数据浮点运算指令，12 条新的多媒体指令。

PⅢ 首次设置了处理器序列号 PSN，可以标识处理器和系统，以便加强资源跟踪和安全管理。

本 章 小 结

本章首先讲述了 8086/8088 微处理器的结构，包括 8086/8088 CPU 内部功能结构和外部引脚及其功能，然后介绍了 8086/8088 微处理器的总线操作及时序，最后简要介绍了 80x86 微处理器。通过对本章的学习，重点掌握 8086/8088 CPU 内部功能结构，掌握各个寄存器的使用方法，掌握逻辑地址和物理地址的概念及相互关系，熟悉 8086/8088 的外部引脚及其功能，熟悉总线结构及工作时序，了解 80x86 微处理器。

习 题

2.1　8086 CPU 内部由哪两部分组成？它们的主要用途是什么？

2.2　8086/8088 CPU 有哪些寄存器？各有什么用途？

2.3　8086/8088 CPU 中标志寄存器有几位状态位？有几位控制位？其含义各是什么？

2.4　Intel 8086 CPU 和 8088 CPU 的主要区别有哪些？

2.5　逻辑地址和物理地址指的是什么？如果已知逻辑地址为 1200:0ABCDH，其物理地址为多少？

2.6　若 CS 为 3000H，试说明现行代码段可寻址的存储空间的范围。

2.7　设现行数据段位于存储器 10000H 到 1FFFFH 的存储单元，DS 段寄存器内容为多少？

2.8　设双字节 12345678H 的起始地址是 1000H，试说明这个双字在存储器中如何存放。

2.9　已知堆栈段寄存器 SS＝4000H，堆栈指针 SP＝0100H，试将数据 56789ABCH 推入堆栈，画出进栈示意图。最后栈顶 SP 为多少？

2.10　试求出下列运算后的各个状态标志。

(1) 1234H＋6789H；　　　(2) 23A5H－65C2H。

2.11　8088 CPU 工作在最小模式时：
(1) 当 CPU 访问存储器时，要利用哪些信号？
(2) 当 CPU 访问 I/O 时，要利用哪些信号？
2.12　简要说明 8086/8088 的指令周期、总线周期、机器周期和时钟周期有何不同。
2.13　什么情况下插入 T_W 等待周期？插入多少 T_W 取决于什么因素？
2.14　什么情况下会出现总线的空闲周期？

第 3 章

8086 指令系统

计算机指令是指计算机硬件执行各种操作的命令，一条指令对应着一种操作。指令系统是微处理器(CPU)所能执行的指令的集合，它与微处理器有密切的联系，不同的微处理器有不同的指令系统。8086 CPU 的指令系统是 80x86 CPU 共同的基础，Intel 后续微处理器的指令系统都是在此基础上扩充和新增形成的。

3.1 寻址方式

8086 的指令往往由两部分组成，一部分是指令的操作码，规定了指令执行什么样的操作，如传送数据、数学运算或逻辑运算等；另一部分是指令的操作数，它提供了操作数本身或者操作数的地址，告诉计算机从哪里获取操作数以及运算结果送往何处。

8086/8088 指令的一般格式如下。

操作码　　目标操作数，源操作数

对于数据操作数，有的指令有两个操作数，一个为源操作数，另一个为目标操作数。有的指令只有一个操作数，有的指令没有操作数。

3.1.1 操作数类型

指令中操作的对象称为操作数。8086/8088 指令系统中，操作数分为两大类：数据操作数和转移地址操作数。

1. 数据操作数

这类操作数与数据有关，即指令中操作的对象是数据。数据操作数又分为如下几种。

1) 立即数操作数

指令中要操作的数据在指令中，只要取出该指令进行操作，就会寻到紧随其后的操作数。

2) 寄存器操作数

指令中要操作的数据存放在某一内部寄存器中，指令中的操作数是寄存器名。

3) 存储器操作数

操作数位于存储器数据区或堆栈区的某个单元中，指令中以不同的方式给出了存储单元的地址，指令中要操作的数据存放在指定的存储单元中。

4) I/O 操作数

指令中以直接或间接的方式给出 I/O 端口的地址，只要知道 I/O 端口的地址就可以寻到 I/O 端口操作数。

注意：立即数操作数和存储器操作数也可以是一个表达式。表达式由运算对象及运算符组成，在汇编时由汇编程序对它进行运算，运算结果作为一个语句中的操作数去使用。运算对象可以是常数、变量或标号，得到的运行结果可以是一个常数，也可以是一个存储器的地址。

2. 转移地址操作数

这类操作数与程序转移地址有关，即指令中要操作的对象不是数据，而是要转移的目标地址，可分为立即数操作数、寄存器操作数、存储器操作数，即要转移的地址包含在指令中、存放在寄存器中或存放在指定的存储单元中。

对于转移地址操作数，指令只有一个目标操作数，它是一个程序需转移的目标地址。

3.1.2　8086/8088 寻址方式

指令中提供操作数或操作数地址的方法称为寻址方式，即如何找到操作数的方法。根据操作数的种类，8086/8088 指令系统的寻址方式分为两大类：数据寻址方式和转移地址寻址方式。

1. 数据寻址方式

根据操作数位于计算机中的不同地方，常用的寻址方式为：立即数寻址、寄存器寻址、存储器寻址和 I/O 端口寻址。其中存储器寻址方式又包括直接寻址、寄存器间接寻址，寄存器间接寻址又包括基址寻址、变址寻址和基址加变址寻址方式，如图 3.1 所示。

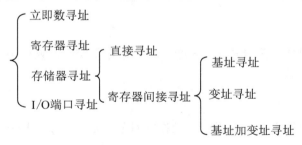

图 3.1　寻址方式分类

1) 立即数寻址方式

立即数寻址方式的特点是操作数直接包含在指令中，紧跟在操作码之后，它作为指令的一部分。立即数可以是 8 位的，也可以是 16 位的。如果是 16 位数，则高位字节存放在高地址中，低位字节存放在低地址中。

【例 3.1】

```
MOV CL,60H
MOV AX,1000H
```

则指令执行情况如图 3.2 所示。执行结果为：(CL)=60H，(AX)=1000H。

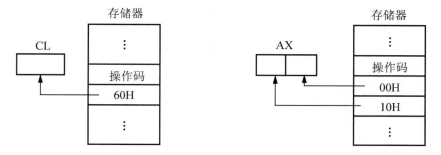

图 3.2　立即数寻址方式

立即数寻址方式只能作为源操作数，主要用来给寄存器或存储单元赋值。但是段寄存器与标志寄存器除外，为了给段寄存器传送数据，应先将立即数赋给一个通用寄存器，然后再由通用存储器传送给段寄存器。

【例 3.2】

```
MOV AX,2000H    ;AX ← 2000H
MOV DS,AX       ;DS ← AX
```

2) 寄存器寻址方式

寄存器寻址方式的操作数存放在指令规定的 CPU 内部寄存器中，寄存器的名字在指令中给出。对于 16 位操作数，寄存器可以是 AX、BX、CX、DX、SI、DI、SP、BP。对于 8 位操作数，寄存器可以是 AH、AL、BH、BL、CH、CL、DH、DL。

【例 3.3】

```
MOV CL,DL
MOV AX,BX
```

如果 DL=12H，BX=1000H，则执行结果为：CL=12H，AX=1000H。

寄存器寻址方式由于操作数就在寄存器中，操作在 CPU 内部，因而可以获得较高的运行速度。

3) 存储器寻址方式

存储器寻址方式的操作数存放在存储单元中，在指令中可以直接或间接给出存放操作数的地址，以达到存取操作数的目的。

(1) 直接寻址方式。

直接寻址的有效地址 EA(16 位偏移地址)在指令的操作码后面直接给出，它与指令的操作码一起存放在存储器的代码段中，也是高位字节存放在高地址中，低位字节存放在低地址中。但是，操作数本身一般存放在存储器的数据段中。

【例 3.4】

```
MOV AL,[1064H]
```

如果 DS＝2000H，则指令执行情况如图 3.3 所示。执行结果为：AL＝45H。

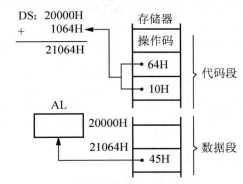

图 3.3　直接寻址方式指令的执行情况

该指令的作用是将有效地址为 1064H 存储单元的内容传送到 AL 寄存器，存储单元的物理地址为

$$DS \times 16 + EA = 2000H \times 16 + 1064H = 21064H$$

如果没有特殊指明，直接寻址方式的操作数一般在存储器的数据段，即隐含的段寄存器是 DS。但是 8086/8088 也允许段超越，即允许使用 CS、SS 或 ES 作为段寄存器，此时需要在指令中特别标明。方法是在有关操作数的前面写上超越的段寄存器的名字，再加上冒号。

【例 3.5】若以上指令使用 ES 作为段寄存器，则指令应表示成以下形式：

```
MOV AX,ES:[1000H]
```

将 ES 段中偏移地址为 1000H 和 1001H 的两单元的内容送到 AX 中，其中 1000H 单元内容送到 AL，1001H 单元内容送到 AH。

需要注意直接寻址与立即寻址的区别，直接寻址中的数值不是操作数本身，而是操作数所在的存储单元的 16 位偏移地址。为了区分直接寻址与立即寻址，规定偏移地址必须用方括号"[ ]"括起来。

在汇编语言指令中，可用符号地址代替数值地址。

【例 3.6】

```
MOV AL,TABLE
```

或

```
MOV AL,[TABLE]
```

此时 TABLE 字符是一个代表符号(TABLE 实际上是一个变量，需要在数据段定义)，为存放操作数单元的符号地址。

(2) 寄存器间接寻址方式。

寄存器间接寻址是将操作数的有效地址(EA)存放在 16 位的寄存器中，寄存器间接寻址方式可用的寄存器有 4 个：SI、DI、BX 和 BP，作为间址寄存器使用时必须加上方括号，避免与一般的寄存器寻址方式混淆。

若选择其中不同的间址寄存器，默认的段寄存器有所不同：若选择 SI、DI、BX 寄存器，则存放操作数的段寄存器默认为 DS；若选择 BP 寄存器，则存放操作数的段寄存器默认为 SS。

操作数的物理地址计算方法如下。

对数据段
$$物理地址 = DS \times 16 + BX/SI/DI$$

对堆栈段
$$物理地址 = SS \times 16 + SP$$

根据所采用的寄存器不同，间接寻址方式可分为以下 3 种。

① 基址寻址方式。

基址寻址是指操作数的有效地址由基址寄存器(BX 或 BP)的内容和指令中给出的地址位移量(0 位、8 位或 16 位)之和来确定。

【例 3.7】

```
MOV [BX],AL
```

如果 DS=3000H，BX=1000H，AL=64H，指令执行情况如图 3.4 所示，执行结果为：(31000H)=64H。

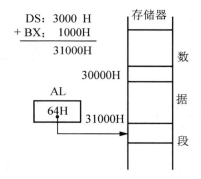

图 3.4　基址寻址方式指令的执行情况

不论用 BX 还是 BP 作为间址寄存器，都允许段超越。

【例 3.8】

```
MOV ES:[BX],AX
MOV DX,DS:[BP]
```

【例 3.9】

```
MOV CX,[BX+COUNT]
```

如果 DS=3000H，BX=1000H，COUNT=1050H，则指令执行情况如图 3.5 所示。执行结果为：CX=4030H。

8 位或 16 位偏移量是用补码表示的带符号数。若偏移量为 8 位，计算有效地址时符号位自动扩展为 16 位。

基址寻址方式的操作数在汇编语言中书写时，可以是下述形式之一。

```
MOV AL,[BP+DISP]
MOV AL,[BP]+DISP
MOV AL,DISP[BP]
```

以上 3 条指令实质上代表同一条指令。

② 变址寻址方式。

变址寻址是指操作数的有效地址由变址寄存器(SI 或 DI)的内容和指令中给出的地址位移量(0 位、8 位或 16 位)之和来确定。

【例 3.10】

```
MOV [SI+10H],AX
```

如果 DS=3000H，SI=2000H，AX=4050H，则指令执行情况如图 3.6 所示。执行结果为：(32010H)=4050H。

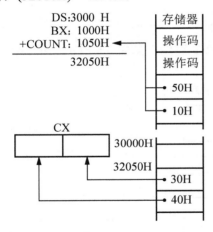

图 3.5　基址寻址方式指令的执行情况

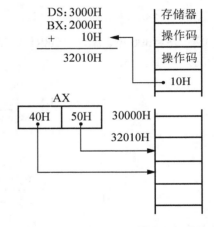

图 3.6　变址寻址方式指令的执行情况

③ 基址加变址寻址方式

基址加变址寻址方式的有效地址(EA)是由指令中指定的地址位移量(0 位、8 位或 16 位)、一个基址寄存器内容和一个变址寄存器内容之和。

同样，当基址寄存器为 BP 时，操作数在堆栈段中，也允许段超越。

【例 3.11】

```
MOV AH,[BX+DI+1122H]
MOV [BP+SI+DATA],CX
```

若 DS=7000H，SS=8000H，BX=2000H，DI=1000H，BP=2000H，SI=1050H，CX=2030H，DATA=1000H，(74122H)=90H，则指令执行结果为：AH=90H，(84050H)=30H，(84051H)=20H。

基址加变址寻址方式也可以表示成以下几种不同的形式。

```
MOV AX,[BX+SI+DISP]
MOV AX,DISP[BX][SI]
MOV AX,[BX+DISP][SI]
MOV AX,[BX]DISP[SI]
MOV AX,[BX+SI]DISP
MOV AX,DISP[SI][BX]
```

4) I/O 端口寻址方式

I/O 端口寻址方式有两种：直接端口寻址和间接端口寻址。

(1) 直接端口寻址方式。

对这种寻址方式，端口地址用 8 位立即数(0~255)表示。例如：

```
IN AL,21H
```

此指令表示从 I/O 端口地址为 21H 的端口中读取数据送到 AL 中。

(2) 间接端口寻址方式。

此时 I/O 端口的地址应事先存放在规定的 DX 寄存器中(0~65535)。例如：

```
MOV DX,1000H
OUT DX,AL
```

前一条指令是将端口地址 1000H 送到 DX 寄存器，后一条指令表示将 AL 中的内容输出到由 DX 寄存器内容所指定的端口中。

【例 3.12】 设 BX=1234H，DI=2000H，SI=5000H，DS=3000H，试指出下列指令的源操作数的寻址方式，并写出其操作数的有效地址和物理地址。

```
① MOV AL,[5678H]
② MOV AL,[BX]
③ MOV AL,[SI+5678H]
④ MOV AL,[BX+DI]
⑤ MOV AL,[BX+DI+5678H]
```

解：

① 直接寻址。

有效地址=5678H，物理地址=30000H+5678H=35678H。

② 基址寻址。

有效地址=1234H，物理地址=30000H+1234H=31234H。

③ 变址寻址。

有效地址=5000H+5678H=0A678H，物理地址=30000H+0A678H=3A678H。

④ 基址加变址寻址。

有效地址=1234H+2000H=3234H，物理地址=30000H+3234H=33234H。

⑤ 基址加变址寻址。

有效地址＝1234H＋2000H＋5678H＝88ACH，物理地址＝30000H＋88ACH＝388ACH。

2. 转移地址的寻址方式

在 8086/8088 系统中，由于存储器采用分段结构，因此转移类指令有段内转移和段间转移之分。所有的条件转移指令只允许实现段内转移，而且是段内短转移，即只允许转移的地址范围在－128～＋127 字节内，由指令中直接给出 8 位地址位移量。

对于无条件转移和调用指令又可分为段内短转移、段内直接转移、段内间接转移、段间直接转移和段间间接转移几种不同的寻址方式。

此外，有些指令的操作数是固定且隐含的，如加法的调整指令 AAA，规定被调整的数总是位于 AL 中，乘法指令 MUL S，其目的操作数是 AL 或 AX。

3.2　8086/8088 指令系统概述

指令系统是计算机执行的全部指令的集合，是汇编语言程序设计的基础。8086/8088 的指令系统按功能大致分为 6 种类型。

(1) 数据传送指令。
(2) 算术运算指令。
(3) 逻辑运算和移位指令。
(4) 串操作指令。
(5) 程序控制指令。
(6) 处理器控制指令。

3.2.1　数据传送指令

数据传送指令是将数据、地址或立即数传送到寄存器或存储单元中。8086/8088 有通用数据传送指令、输入输出指令、目的地址传送指令和标志传送指令，见表 3-1。

表 3-1　数据传送指令

通用数据传送指令	
MOV	字节或字的传送
PUSH	入栈指令
POP	出栈指令
XCHG	交换字或字节
XLAT	表转换
输入输出指令	
IN	输入
OUT	输出

续表

目的地址传送指令	
LEA	装入有效地址
LDS	装入数据段寄存器
LES	装入附加数据段寄存器
标志传送指令	
LAHF	标志寄存器低字节装入 AH
SAHF	AH 内容装入标志寄存器低字节
PUSHF	标志寄存器入栈指令
POPF	出栈,并送入标志寄存器

数据传送指令对状态标志位不发生影响,除 SAHF 和 POPF 外,下面分别介绍。

1. 通用数据传送指令

1) 数据传送指令
指令格式:

```
MOV d,s
```

指令功能:d 为目标操作数,s 为源操作数,指令实现的操作是将源操作数传送到目标操作数地址。这种传送实际上是进行数据的"复制",源操作数保持不变。

在 MOV 指令中,源操作数可以是寄存器、存储器、段寄存器和立即数;目标操作数可以是寄存器(不能为 IP)、存储器、段寄存器(不能为 CS)。除了源操作数和目标操作数不能同时为存储器、段寄存器、立即数送段寄存器外,可任意搭配。数据传送的方向如图 3.7 所示:

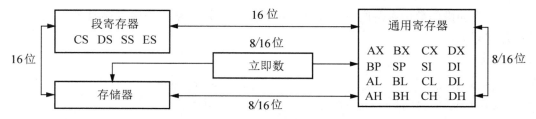

图 3.7 MOV 指令的数据传送方向

注意:

(1) 对于 CS、指针寄存器 IP 和标志寄存器 F,不可用传送指令改变其内容。

(2) 立即数不能是目标操作数。

(3) 源操作数与目标操作数不能同时为存储器寻址方式,即两个内存单元之间不能直接传送数据。

(4) 立即数不能直接送段寄存器,即段寄存器只能通过寄存器或存储单元传送数据。

(5) 两个段寄存器之间不允许直接传送数据。

(6) 源操作数和目标操作数必须字长相等。
(7) MOV 指令不影响标志位。
2) 堆栈操作指令
堆栈操作指令是实现寄存器或存储单元与堆栈间的数据传送。
(1) 压入堆栈指令。
指令格式：

```
PUSH s
```

指令功能：指令完成的操作是"先减后压"，先将指针 SP 减 2，然后再将操作数 s 压入由 SP 指出的栈顶中。

指令中的操作数可以是通用寄存器、段寄存器、存储器，但不能是立即数。

【例 3.13】

```
PUSH AX           ; SP←SP-2,(SP+1)←AH,(SP)←AL
PUSH [1000H]      ; SP←SP-2,(SP+1)←(1001H)存储单元内容,
                  ; (SP)←(1000H)存储单元内容
PUSH [SI]         ; SP←SP-2,(SP+1)←(SI+1)存储单元内容,
                  ; (SP)←(SI)存储单元内容
```

(2) 弹出堆栈指令。
指令格式：

```
POP d
```

指令功能：先将堆栈指针 SP 所指示的栈顶存储单元的 16 位数据弹出到操作数 d 中，然后再将堆栈指针 SP 加 2。

指令中的操作数可以是通用寄存器、存储器、段寄存器(代码段寄存器 CS 除外)，但不能是立即数。

【例 3.14】

```
POP BX            ; BH←(SP+1),BL←(SP),SP←SP+2
POP ES            ; ES←(SP+1)、(SP) ,SP←SP+2
POP MEM[DI]       ; (DI+MEM+1)←(SP+1),(DI+MEM)←(SP),SP←SP+2
```

堆栈指令操作示意图解可参考图 2.9。

注意：
(1) 堆栈指令中操作数一定是字操作数(16 位)，且遵循高(字节)对高(地址)，低(字节)对低(地址)原则。
(2) PUSH 指令是先修改堆栈指针再操作，POP 指令是先操作，再修改堆栈指针。
(3) 堆栈指令的操作数不能是立即数，POP 指令的操作数不能使用 CS、IP 寄存器。
(4) 堆栈指令不影响标志位。

3) 数据交换指令

指令格式:

```
XCHG d,s
```

这是一条交换指令,它的操作是使源操作数与目标操作数进行交换,即不仅将源操作数传送到目标操作数,而且同时将目标操作数传送到源操作数。

交换指令的源操作数与目标操作数均可以是通用寄存器、存储器,但不能同时为存储器。

【例 3.15】 设 AX=2000H,DS=3000H,BX=1800H,(31A00H)=1995H,执行下面指令:

```
XCHG  AX,[BX+200H]
```

它把内存中的一个字与 AX 中的内容进行交换,源操作数的物理地址=3000×10H+1800H+200H=31A00H,该地址处存放的字数据为 1995H。因此,指令执行后,(AX)=1995H,(31A00H)=2000H。

4) 字节转换指令

指令格式:

```
XLAT                ;不写操作数
```

或

```
XLAT    OPR         ;写操作数
```

指令功能:XLAT 指令是字节查表转换指令,将 AL 的内容替换成存储单元中的一个数。

使用 XLAT 指令之前必须建立一个表格,并将转换表的起始地址装入 BX 寄存器中,表中第一个元素的序号为 0,然后依次是 1,2,3,…。AL 中事先也要送一个初值,这个值等于表头地址与要查找的某一项之间的位移量。执行 XLAT 指令后,表中指令序号的存储单元内容存于 AL。

由于借助了 AL 寄存器进行,所以被寻址的表的最大长度为 255 个字节。利用 XLAT 指令实现不同数制或编码系统之间的转换十分方便。

【例 3.16】 内存的数据段有一个十六进制的 ASCII 码表,其首地址为 table,如图 3.8 所示,要查出第 15 个元素即"F"的 ASCII 码,实现方法如下。

```
table   DB  30H,31H,32H,33H,34H,35H,36H,37H,38H,39H
        DB  41H,42H,43H,44H,45H,46H
        …
        MOV  BX,OFFSET  table       ;BX←表首址
        MOV  AL,15                  ;AL←序号
        XLAT                        ;查表转换,(AL)=46H
        (或 XLAT table)
```

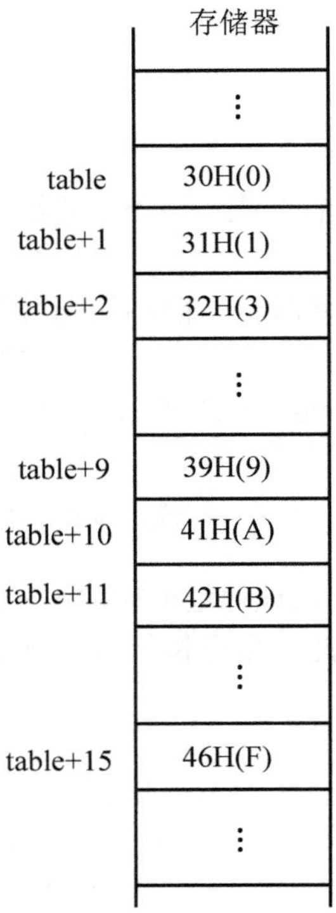

结果 AL 中为"F"的 ASCII 码值,即(AL)=46H。

2. 输入输出指令

输入输出指令共有两条。输入指令 IN 用于从外设端口接收数据,输出指令 OUT 则向端口发送数据。无论是接收到的数据或是准备发送的数据都必须在累加器 AL(字节)或 AX(字)中,所以这是两条累加器专用指令。

输入输出指令可以分为两大类:一类是端口直接寻址的输入输出指令;另一类是端口通过 DX 寄存器间接寻址的输入输出指令。在直接寻址的指令中只能寻址 256 个端口(0~255),而间接寻址的指令中可寻址 65536 个端口(0~65535)。

1) 输入指令

(1) 直接寻址的输入指令。

指令格式:

```
IN AL,port
IN AX,port
```

指令功能:将 8/16 位数据直接经输入端口 port(地址 0~255)送入 AL/AX 累加器中。

(2) 间接寻址的输入指令。

存储器	
table	30H(0)
table+1	31H(1)
table+2	32H(3)
⋮	⋮
table+9	39H(9)
table+10	41H(A)
table+11	42H(B)
⋮	⋮
table+15	46H(F)
⋮	⋮

图 3.8　十六进制数的 ASCII 码表

指令格式:

```
IN AL,DX
IN AX,DX
```

指令功能:从 DX 寄存器内容指定的端口中,将 8/16 位数据送入 AL/AX 累加器中。这种寻址方式的端口地址由 16 位地址表示,执行此指令前应将 16 位地址存入 DX 寄存器中。

2) 输出指令

(1) 直接寻址的输出指令。

指令格式:

```
OUT port, AL
OUT port, AX
```

指令功能:从 AL(8 位)或 AX(16 位)累加器输出 8/16 位数据到指令指定的 I/O 端口中。

(2) 间接寻址的输出指令。

指令格式:

```
OUT DX, AL
OUT DX, AX
```

指令功能：从 AL(8 位)或 AX(16 位)累加器中输出 8/16 位数据到由 DX 寄存器内容指定的 I/O 端口中。

【例 3.17】 下面是用输入输出指令的几个例子。

```
        IN    AL,  0B5H           ;AL←从 B5H 端口读入一个字节
        IN    AX,  80H            ;AL←80H 口的内容,AH←81H 口的内容
        MOV   DX,  100H           ;端口地址 100H 先送入 DX 中
        IN    AX,  DX             ;AL←100H 口的内容,AH←101H 口的内容
        OUT   63H, AL             ;63H 端口←AL 内容
        MOV   DX,  0F003H
        OUT   DX,  AL             ;0F003H 端口←AL 内容
        MOV   DX,  0B000H
        OUT   DX,  AX             ;0B000H 端口←AL 内容,0B001H 端口←AH 内容
```

3. 目的地址传送指令

8086/8088 有 3 条把地址指针写入寄存器或寄存器对的指令，它们可以用来写入近地址指针和远地址指针。

1) LEA 取有效地址指令

指令格式：

```
LEA reg16,mem
```

指令功能：取源操作数地址的偏移量，并把它传送到目标操作数所在单元。

指令中的目标操作数必须是一个 16 位通用寄存器，源操作数必须是一个存储器操作数，指令的执行结果是把源操作数的有效地址，即 16 位的偏移地址源传送到目标寄存器。

【例 3.18】

```
        LEA  BX,TABLE             ;BX←TABLE 的偏移地址
        LEA  BX,[SI]              ;SI 寄存器中的值赋值给 BX
        LEA  BX,5[DX]             ;(BX) ←(DX)+5
```

注意 LEA 指令与 MOV 指令的区别，比较下面两条指令：

```
LEA BX,BUFFER
MOV BX,BUFFER
```

前者将存储器 BUFFER 的有效地址送到 BX，而后者是将 BUFFER 的内容送到 BX。

以下两条指令功能相同：

```
LEA BX, TABLE
MOV BX, OFFSET TABLE
```

其中 OFFSET TABLE 表示存储器 TABLE 的偏移地址。

2) LDS 将双字指针装入寄存器和 DS 指令
指令格式：

```
LDS reg16,mem32
```

指令功能：从源操作数指定的存储单元中，取出一个变量的 4 字节地址指针，送进一对目的寄存器。其中，前两个字节(表示变量的偏移地址)送到指令中指定的目的寄存器中，后两个字节(表示变量的段地址)送入 DS 寄存器。

LDS 指令和下面即将介绍的 LES 指令都是用于写入远地址指针，源操作数可以是任意存储器，目标操作数是任意 16 位通用寄存器。LDS 传送 32 位远地址指针，前者送指定寄存器，后者送数据段寄存器 DS。

【例 3.19】

```
LDS SI,[1000H]
```

设原来 DS＝E000H，而有关存储单元的内容为(E1000H)＝12H，(E1001H)＝34H，(E1002H)＝00H，(E1003H)＝20H，则执行以上指令后，SI 寄存器的内容为 3412H，段寄存器 DS 的内容为 2000H。

3) LES 地址指针装入 ES 指令
指令格式：

```
LES reg16,mem32
```

指令功能：这条指令与 LDS 指令的操作基本相同，所不同的是将源操作数所指向的地址指针中的段地址部分送到 ES 寄存器中，而不是 DS 寄存器，目标操作数常用 DI 寄存器。

LES 指令与 LDS 类似，也是装入一个 32 位的远地址指针，偏移量送到指定寄存器，段基址送到附加段寄存器 ES。

目的地址传送指令常常用于在串操作时建立初始的地址指针。

4. 标志传送指令

标志传送指令共四条，均是单字节指令，指令的操作数以隐含的形式存在(隐含的操作数是 AH 寄存器)。

1) 取标志指令
指令格式：

```
LAHF
```

指令功能：把标志寄存器 SF、ZF、AF、PF 和 CF 分别传送到 AH 寄存器的位 7、6、4、2 和 0，位 5、3、1 的内容未定义，可以是任意值。执行这条指令后，标志位本身并不受影响。操作示意如图 3.9 所示。

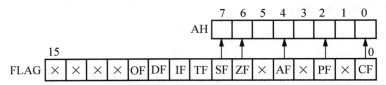

图 3.9　LAHF 指令操作示意图

2) 置标志指令
指令格式：

```
SAHF
```

指令功能：把 AH 内容存入标志寄存器。SAHF 指令的传送方向与 LAHF 相反,将 AH 寄存器中的第 7、6、4、2、0 位分别传送到标志寄存器对应位的状态,但其余状态标志位即 OF、DF、IF 和 TF 不受影响。

3) 标志压入堆栈指令
指令格式：

```
PUSHF
```

指令功能：把整个标志寄存器的 FLAG 的内容(16 位)压入堆栈,同时修改堆栈指针,使 SP←SP－2,这条指令执行后对标志位无影响。

4) 标志弹出堆栈指令
指令格式：

```
POPF
```

指令功能：POPF 指令的操作与 PUSHF 相反,把当前堆栈指针 SP 所指的一个字,传送给标志寄存器,然后 SP 加 2。POPF 指令对状态标志位有影响。

PUSHF 和 POPF 指令可用于保护调用过程以前标志寄存器的值,过程返回以后再恢复这些标志状态,或用来修改标志寄存器中相应标志位的值。

3.2.2 算术运算指令

8086/8088 的算术运算指令包括二进制数的运算和十进制数的运算指令,用来执行加、减、乘、除等算术运算。可处理 4 种类型的数：无符号的二进制数、带符号的二进制数、无符号压缩十进制数(压缩 BCD 码)、无符号非压缩十进制数(非压缩 BCD 码)。压缩十进制数只有加/减运算,其他类型的数均可进行加、减、乘、除运算。

8086/8088 提供了各种调整操作指令,因此除了可以对二进制数进行算术运算以外,也可以方便地进行压缩的或非压缩的十进制数的算术运算。

算术运算类指令共有 20 条,包括加、减、乘、除运算,符号扩展和 BCD 码调整指令,除了符号扩展指令,其余均影响标志位。表 3-2 列出了各种算术运算指令的符号和意义。

表 3-2　算术运算指令

	加　　法
ADD	加法
ADC	带进位的加法
INC	增量
AAA	加法的 ASCII 调整
DAA	加法的十进制调整

续表

	减 法	
	SUB	减法
	SBB	带借位的减法
	DEC	减量
	NEG	取负
	CMP	比较
	AAS	减法的 ASCII 调整
	DAS	减法的十进制调整
	乘 法	
	MUL	无符号数乘法
	IMUL	整数乘法
	AAM	乘法的 ASCII 调整
	除 法	
	DIV	无符号数除法
	IDIV	整数除法
	AAD	除法的 ASCII 调整
	CBW	把字节转换成字
	CWD	把字转换成双字

下面对表 3-2 所列的算术运算指令一一进行介绍。

1. 加法指令

加法指令包括不带进位加法指令、带进位加法指令和加 1 指令。

1) 加法指令

指令格式：

```
ADD d,s
```

指令功能：将目标操作数与源操作数相加，结果存入目标操作数。

影响标志寄存器，ADD 指令的操作数类型与 MOV 指令类似，但段寄存器不参与运算。

2) 带进位加法指令

指令格式：

```
ADC d,s
```

指令功能：将目标操作数与源操作数相加，再加上进位标志 CF 的内容，然后将结果送目标操作数。

操作数的类型与 ADD 指令相同，而且 ADC 指令同样也可以进行字节操作或字操作。

【例 3.20】 列举上述两种加法指令的实例，以说明它们的用法。

```
ADD  AL,10H              ;AL←AL+10H
```

```
ADC  CX,BX              ;CX←CX+BX+CF
ADC  CL,9               ;CL←CL+9+CF
ADD  AL,BUFFER[BX]      ;将 AL 和物理地址=DS:(BX+BUFFER)的存储字节相加,
                        ;结果送到 AL 中
ADC  BUFFER[BX],CL      ;将物理地址=DS:(BX+BUFFER)的存储字节、CL 和进位
                        ;CF 相加,结果送回存储单元中
```

这两条指令影响的标志位为：CF、OF、PF、SF、ZF 和 AF。

带进位加法指令主要用于多字节数据的加法运算。如果低字节相加时产生进位，则在下一次高字节相加时将这个进位加进去。

3) 加 1 指令

指令格式：

```
INC d
```

指令功能：将目标操作数当作无符号数，完成加 1 操作后，结果仍保留在目标操作数中。

指令影响 SF、ZF、AF、PF、OF，但对 CF 没影响。INC 指令的目标操作数可以是寄存器或存储器，但不能是段寄存器。其类型为字节操作或字操作。

【例 3.21】

```
INC AX                  ;AX 寄存器中内容增 1
INC SI                  ;SI 寄存器中内容增 1
INC BYTE PTR [SI]       ;内存字节单元内容增 1
INC WORD PTR [DI]       ;内存字单元内容增 1
```

指令中的 BYTE PTR 或 WORD PTR 分别指定随后的存储器操作数的类型是字节还是字。INC 指令常常用于在循环程序中修改地址。

2. 减法指令

减法指令包括不带借位减法指令、带借位减法指令、减 1 指令、求补指令和比较指令。

1) 减法指令

指令格式：

```
SUB d,s
```

指令功能：将目标操作数减源操作数，结果送回目标操作数。该指令对状态标志位有影响。

操作数的类型：目标操作数可以是寄存器或存储器，源操作数可以是立即数、寄存器或存储器，但不允许两个存储器相减。既可以字节相减，也可以字相减。

【例 3.22】

```
MOV AX,1030H
MOV BX,2000H
```

```
MOV CX,3000H
SUB AL,12H          ;(AL)=1EH
SUB CX,BX           ;CX=1000H
SUB AX,BUFFER       ;AX←101EH-BUFFER
SUB BUFFER1[BX],AL  ;物理地址=DS:2000H+BUFFER1 内存单元内容减去 1EH,结果存
                     入物理地址=DS:2000H+BUFFER1 内存单元
```

2) 带借位的减法指令

指令格式：

```
SBB d,s
```

指令功能：SBB 指令是将目标操作数减源操作数，然后再减进位标志 CF，并将结果送回目标操作数。SBB 指令对标志的影响与 SUB 指令相同。

目标操作数及源操作数的类型也与 SUB 指令相同。8 位或 16 位数均可运算。

【例 3.23】

```
SBB AL,CL           ;AL←AL-CL-CF
```

带借位减指令主要用于多字节的减法。

3) 减 1 指令

指令格式：

```
DEC d
```

指令功能：对指定的目标操作数减 1，结果送回此操作数。

指令对状态标志位 SF、ZF、AF、PF 和 OF 有影响，但不影响进位标志 CF。操作数与 INC 一样，可以是寄存器或存储器(段寄存器除外)，字节操作或字操作均可。

4) 求补指令

指令格式：

```
NEG d
```

指令功能：对目标操作数取负操作，即用"0"减去目标操作数，结果送回原来的目标操作数。

NEG 指令对状态标志位有影响。可以对 8 位数或 16 位数求补，实际为求负。

【例 3.24】

```
MOV AX,1234H
DEC AL              ;(AL)=33H
NEG AX              ;(AX)=0EDCDH
```

利用 NEG 指令可以得到负数的绝对值。

【例 3.25】 内存数据段存放了 50 个带符号字节型数据，首地址为 BUFFER1，要求将各数取绝对值后存入以 BUFFER2 为首址的内存区。

由于 50 个带符号数中可能既有正数，又有负数，因此先要判断正负。如为正数，可

以原封不动地传送到另一内存区；如为负数，则需先求补得到负数的绝对值，然后再传送。程序如下。

```
        LEA SI,BUFFER1      ;SI 为源地址指针
        LEA DI,BUFFER2      ;DI 为目的地址指针
        MOV CX,50           ;CX 为循环次数
CXQS:   MOV AL,[SI]         ;取一个带符号数到 AL
        OR AL,AL            ;AL 内容不变,但使之影响标志
        JNS NEXT            ;若(SF)=0,则转 NEXT
        NEG AL              ;否则求补
NEXT:   MOV [DI],AL         ;传送到目的地址
        INC SI              ;源地址加 1
        INC DI              ;目的地址加 1
        DEC CX              ;循环次数减 1
        JNZ CXQS            ;如不等于零,则转 CXQS
        HLT                 ;停止
```

5) 比较指令

指令格式：

```
CMP d,s
```

指令功能：将目标操作数减源操作数，但结果不送回目标操作数，仅将结果反映在标志位上，接着可用跳转指令决定程序的方向。

因此，执行比较指令 CMP 后，被比较的两个操作数内容均保持不变，而比较结果反映在标志寄存器中。这是 CMP 比较指令与 SUB 区别所在；比较指令目标操作数可以是寄存器或存储器，源操作数可以是立即数、寄存器或存储器，但不能同时为存储器。可以进行字节比较，也可以进行字比较。

【例 3.26】

```
CMP AL,13H              ;寄存器与立即数比较
CMP CX,AX               ;寄存器与寄存器比较
CMP AX,BUFFER           ;寄存器与存储器比较
CMP [BX+12H],SI         ;存储器与寄存器比较
CMP [1000H],34          ;存储器与立即数比较
```

【例 3.27】 比较 AL 中内容数值大小。

```
        CMP AL,100      ;(AL)-100
        JB  BELOW       ;(AL)<100,转到 BELOW 处执行
        SUB AL,100      ;(AL)≥100,(AL)=(AL)-100
        ...
BELOW:...
```

3. 乘法指令

8086/8088 指令系统中乘法指令可对字节、字进行操作，实现无符号数的乘法和带符号数的乘法，它们只有源操作数，隐含目标操作数。CPU 在执行乘法时，一个操作数始终放在累加器中(8 位 AL；16 位 AX)，这是隐含的。8 位数相乘的结果为 16 位，存放在 AX 中，16 位数相乘结果为 32 位，存放在 DX 和 AX 中。乘法运算的操作数及运算结果示意图如图 3.10 所示。

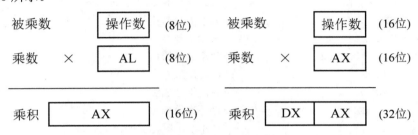

图 3.10　乘法运算的操作数及运算结果示意图

1) 无符号数乘法指令
指令格式：

```
MUL s
```

指令功能：把源操作数和累加器中的数都当成无符号数，然后将两数相乘，源操作数可以是字节或者字。

如果源操作数是一个字节，它与累加器 AL 中的内容相乘，乘积为双倍长的 16 位数，高 8 位送到 AH，低 8 位送 AL。即：AX←AL×(s)

如果源操作数是一个字，则它与累加器 AX 中的内容相乘，结果为 32 位数，高位字放在 DX 寄存器中，低位字放在 AX 寄存器中。即：DX：AX←AX×(s)

MUL 指令对状态标志位 CF、OF 有影响，如果结果的高半部分(字节操作为 AH、字操作为 DX)不为零，表明其内容是结果的有效位，则 CF 和 OF 均置 1。否则，CF 和 OF 均清 0。通过测试这两个标志，可检测并去除结果中的无效前导零。MUL 指令对状态标志位 SF、ZF、AF、PF 的影响不确定。

【例 3.28】

```
MUL AL                  ;AL 乘 AL
MUL CX                  ;AX 乘 CX
MUL BYTE PTR [DI]       ;AL 乘存储器(8 位)
MUL WORD PTR [2000H]    ;AX 乘存储器(16 位)
```

两个 8 位数相乘，乘积可能有 16 位，结果存放在 AX 中；两个 16 位数相乘，乘积可能有 32 位，高 16 位存放在 DX 中，低 16 位存放在 AX 中，如果运算结果高位(AH 或 DX)为零，则状态标志位 CF=OF=0，否则 CF=OF=1，此时表示 AH 或 DX 中包含乘积的有效位。

【例 3.29】

```
MOV AL,55H          ;AL=55H
MOV BL,14H          ;BL=14H
MUL BL              ;AX=06A4H,CF=OF=1
```

本例中结果的高半部分 AH=1，因此，状态标志位 CF=OF=1。

2) 带符号数的乘法

指令格式：

```
IMUL s
```

指令功能：把源操作数和累加器中的数都当成带符号数，然后将两数相乘，源操作数可以是字节或者字。

存放结果的方式与 MUL 相同。IMU 指令对状态标志位的影响以及操作过程均与 MUL 指令相同。但 IMUL 指令进行带符号数乘法，指令将两个操作数均认作带符号数。

【例 3.30】

```
MOV AL, 0D8H        ;(AL)=-28H
MOV BL, 59H         ;(BL)=59H
IMUL BL             ;(AX)=0F218H=-3560,(CF)=1,(OF)=1
```

结果 AH 包含着乘积的有效数字，故标志位(CF)=(OF)=1。

4. 除法指令

8086/8088 除法指令的除数只能是被除数的一半字长。当被除数为 16 位时，除数应为 8 位，被除数为 32 位时，除数应为 16 位，并规定如下。

(1) 当被除数为 16 位，应存放于 AX 中。除数为 8 位，可存放在寄存器/存储器中。而得到的 8 位商放在 AL 中，8 位余数放在 AH 中。

(2) 当被除数为 32 位，应存放于 DX 和 AX 中。除数为 16 位，可存放在寄存器/存储器中。

而得到的 16 位商放在 AX 中，16 位余数放在 DX 中。

8086/8088 指令系统中有两条除法指令，它们是无符号数除法指令和带符号数的除法指令。

1) 无符号数除法指令

指令格式：

```
DIV s
```

指令功能：对两个无符号数进行除法操作。

源操作数可以是字或字节。字节除法中，AX 除以 s，被除数为 16 位，除数为 8 位。执行 DIV 指令后，商在 AL 中，余数在 AH 中；字除法中，DX、AX 除以 s，被除数为 32 位，除数为 16 位，执行 DIV 指令后，商在 AX 中，余数在 DX 中。执行 DIV 指令时，如果除数为 0，或字节除法时，AL 寄存器中的商大于 FFH，或字除法时，AX 寄存器中的商大于 FFFFH，CPU 立即自动产生类型号为 0 的中断。

DIV 指令对状态标志位 CF、OF、SF、ZF、AF、PF 的影响不确定。

【例 3.31】

```
DIV BL                      ;AX 除以 BL
DIV CX                      ;(DX:AX) 除以 CX
DIV WORD PTR [1000H]        ;(DX:AX) 除以存储器
```

【例 3.32】 写出实现无符号数 7A86H/04H 运算的程序段。

```
MOV AX,7A86H
MOV BL,04H
DIV BL
```

7A86H/04H 的商 1EA1H 大于 AL 中能表示的最大无符号数 FFH，结果将产生除法出错中断。

除法指令规定了必须用一个 16 位数除以一个 8 位数，或用一个 32 位数除以一个 16 位数，而不允许两个字长相等的操作数相除。如果被除数和除数的字长相等，可以在用 DIV 指令进行无符号数除法之前，将被除数的高位扩展 8 个零或 16 个零。

2) 带符号除法指令

指令格式：

```
IDIV s
```

指令功能：该指令执行的操作与 DIV 相同，但操作数都必须是带符号数，商和余数也都是带符号数，而且规定余数的符号和被除数的符号相同。

执行 IDIV 指令时，如果除数为 0，或字节除法时，AL 寄存器中的商超出 −128～+127 范围，或字除法时，AX 寄存器中的商超出 −32 768～+32 767 范围，CPU 立即自动产生类型号为 0 的中断。

IDIV 指令对状态标志位 CF、OF、SF、ZF、AF、PF 的影响不确定。

例如：如果被除数和除数字长相等，则在用 IDIV 指令进行带符号数除法中，用扩展指令 CBW 或 CWD 将被除数的符号位扩展，使之成为 16 位数或 32 位数。IDIV 指令对非整数商舍去尾数，而余数的符号总是与被除数的符号相同。

【例 3.33】 写出实现有符号数 1000H/300H 运算的程序段。

```
MOV AX,1000H      ;AX=1000H
CWD               ;将 AX 中的 16 位数扩展成为 32 位,结果在 DX:AX
MOV BX,300H       ;BX=300H
IDIV BX           ;AX=5(商),DX=0100H(余数),余数的符号与被除数相同
```

5. 符号扩展指令

在除法指令中，被除数必须是除数的双倍字长。因此，如果被除数、除数两个操作数的字长相等，需要将被除数从一个 8 位数扩展成为 16 位，或者从一个 16 位数扩展成为 32 位。

对于无符号数,扩展字长比较简单;只需添上足够个数的 0 即可。

【例 3.34】

```
MOV AL,0F6H      ;AL=11110110B
MOV AH ,0        ;AH=00000000B
```

以上两条指令是将 AL 中的一个 8 位无符号数扩展成为 16 位,存放在 AX 中。

对于带符号数,扩展字长时正数与负数的处理方法不同,正数的符号位为 0,而负数的符号位为 1,因此,扩展字长时,应分别在高位添上相应的符号位,这样才能保证原数据的大小和符号不变。符号扩展指令就是用来对带符号数字长的扩展。

1) 字节扩展指令
指令格式:

```
CBW
```

指令功能:把寄存器 AL 中字节的符号位扩充到 AH 的所有位,这时 AH 被称为是 AL 的符号扩充。

若 AL 中的 $D_7=0$,就将这个 0 扩展到 AH 中去,使 AH=00H;若 AL 中的 $D_7=1$,就将这个 1 扩展到 AH 中去,使 AH=0FFH。指令对状态标志位没有影响。

2) 字扩展指令
指令格式:

```
CWD
```

指令功能:把 AX 中字的符号位扩充到 DX 寄存器的所有位中去。

CWD 指令将一个字(16 位)按其符号扩展成双字(32 位),它是隐含操作数指令,隐含的操作数为寄存器 AX 和 DX 中的值。CWD 指令与 CBW 一样,对状态标志位没有影响。

CBW 和 CWD 指令在带符号数的乘法(IMUL)和除法(IDIV)运算中十分有用,常常在字节或字的运算之前,将 AL 和 AX 中数据的符号位进行扩展。

【例 3.35】 编程求−55/4 的商和余数。

```
MOV   AL,11001001B     ;被除数-55
MOV   CH,00000100B     ;除数+4
CBW                    ;将 AL 符号扩展到 AH 中,使 AX=11111111 11001001B
IDIV  CH               ;AX/CH,AL=11110101B=-13(商)
                       ;AH=11111101B=-3(余数)
```

6. 十进制数(BCD 码)运算指令

在计算机中,十进制数是用 BCD 码来表示的。BCD 码有两类:压缩十进制数(压缩 BCD 码)和无符号非压缩十进制数(非压缩 BCD 码),8086/8088 用 BCD 码的运算指令算出结果,然后再用专门的指令对结果进行修正(调整),使之转变为 BCD 码表示的正确结果。

下面通过几个例子说明 BCD 码运算为什么要调整以及怎样进行调整。

【例 3.36】 12＋34＝46。

```
    0001  0010      12 的 BCD 码
+   0011  0100      34 的 BCD 码
    ─────────
    0100  0110      46 的 BCD 码
```

结果正确，这时调整指令不需要做什么。

【例 3.37】 17＋39＝56。

```
    0001  0111      17 的 BCD 码
+   0011  1001      39 的 BCD 码
    ─────────
    0101  0000      50 的 BCD 码
```

结果不正确，因为在进行二进制加法运算时，低 4 位向高 4 位有一个进位，这个进位是按十六进制进行的，即低 4 位逢十六才进一，而十进制数应是逢十进一。因此，比正确结果少 6，这时，调整指令应在低 4 位上加 6，即：

```
    0001  0111      17 的 BCD 码
+   0011  1001      39 的 BCD 码
    ─────────
    0101  0000      中间结果 AF=1
+   0000  0110      加 06H 调整
    ─────────
    0101  0110      正确结果
```

【例 3.38】 57＋46＝103。

```
    0101  0111
+   0100  0110
    ─────────
    1001  1101      中间结果
+   0000  0110      加 06H 调整
    ─────────
    1010  0011      中间结果
+   0110  0000
    ─────────
CF=1  0000  0011    正确结果  CF=1
```

加法运算后，低 4 位＞9，调整指令加 06H；高 4 位＞9，调整指令加 60H。

【例 3.39】 85＋91＝176。

```
       1000  0101
+      1001  0001
    ─────────
CF=1   0001  0110   中间结果
+      0110  0000   加 60H 调整
    ─────────
       0111  0110   正确结果  CF=1
```

加法指令，CF=1 时要加 60H。

1) 十进制加法的调整指令

根据 BCD 码的种类，对 BCD 码加法进行十进制调整的指令有两条：AAA 和 DAA。

(1) 非压缩型 BCD 码调整指令。

指令格式：

```
AAA
```

指令功能：在用 ADD 或 ADC 指令对两个非压缩十进制数或 ASCII 码表示的十进制数作加法后，运算结果已存在 AL 中的情况下，用此指令将 AL 寄存器中的运算结果调整为 1 位非压缩十进制数，仍保留在 AL 中，如果 AF=1，表示向高位有进位，则进到 AH 寄存器中。

AAA 也称为加法的 ASCII 调整指令。指令后面不写操作数，但实际上隐含累加器操作数 AL 和 AH。指令的操作如下。

若 AL 低 4 位 > 9(即 AL 低 4 位为 A～F)或半进位标志 AF=1，则：

① AL←AL+6；

② AL 高 4 位清 0；

③ AF 置 1，CF 置 1，AH←AH+1。

否则，仅将 AL 寄存器的高 4 位清 0。

AAA 指令对 AF 和 CF、OF、SF、ZF、PF 的影响不确定。AAA 指令能对加法的结果 AL 的内容进行调整。

【例 3.40】 BCD 码 09H+08H 可用以下指令实现。

```
MOV AX,09H      ;AL=09H
MOV BL,08H      ;BL=08H
ADD AL,BL       ;AL=11H
AAA             ;AL=07H,AH=01H,CF=AF=1
```

以上指令的运行结果为 9+8=17，所得之和也以非压缩型 BCD 码的形式存放，个位在 AL，十位在 AH。

(2) 压缩型 BCD 码调整指令。

指令格式：

```
DAA
```

指令功能：将两个压缩 BCD 码数相加后的结果调整为正确的压缩 BCD 码数。相加后的结果必须在 AL 中，才能使用 DAA 指令。

DAA 指令同样不带操作数，实际上隐含寄存器操作数 AL。指令的操作如下。

若做加法后 AL 中的低半字节>9 或 AF=1，则：

AL←AL+6，对低半字节进行调整；

若此时 AL 中高半字节结果>9 或 CF=1，则：

AL←AL+60H，对高半字节进行调整，并使 CF 置 1，否则 CF 置 0。

DAA 指令影响 AF、CF、SF、ZF、PF，但不影响 OF。DAA 指令只对加法的结果 AL 的内容进行调整，任何时候不影响 AH。

【例 3.41】 BCD 码 78H＋56H 的运算程序段。

```
MOV AL,78H      ;AL=78H
MOV BL,56H      ;BL=56H
ADD AL,BL       ;AL=CDH,AF=0
DAA             ;(AL)=34H ,CF=1
```

如果要求相加两个位数或更多位数的十进制数,则应编写一个循环程序,并采用 ADC 指令,在循环之前要清进位标志 CF。但采用压缩型 BCD 码时,每次可以相加两位十进制数。例如,相加两个 8 位十进制数时,只需循环 4 次。

2) 十进制减法的调整指令

同加法一样,对 BCD 码减法进行十进制调整的指令也有两条:AAS 和 DAS。

指令格式:

AAS

指令功能:在用 SUB 或 SBB 指令对两个非压缩十进制数或以 ASCII 码表表示的十进制数进行相减后,对 AL 中所得结果进行调整,在 AL 中得到一个正确的非压缩十进制数之差。如果有借位,则 CF 置 1。

AAS 也称为减法的 ASCII 码的调整指令。隐含寄存器操作数为 AL 和 AH, AAS 指令必须紧跟在 SUB 或 SBB 指令之后。对非压缩型 BCD 码调整。指令的操作如下。

若 AL 寄存器的低 4 位 >9 或 AF=1,则:

① AL←AL－6,AF 置 1;
② 将 AL 寄存器高 4 位清零;
③ AH←AH－6,CF 置 1。

否则,不需要调整。

AAS 指令影响 AF 和 CF,对 OF、SF、ZF、PF 的影响不确定。

【例 3.42】 计算 15－7＝? (数字以非压缩 BCD 码表示的形式)。

分析:先将被减数和减数以非压缩的 BCD 码的形式分别存放在 AH(被减数十位)、AL(被减数的个位)和 BL(减数)中,然后用 SUB 指令进行减法,再用 AAS 指令进行调整。可用以下指令实现:

```
MOV AX,0105H    ;AH=01H,AL=05H
MOV BL,07H      ;BL=07H
SUB AL,BL       ;AL=05H-07H=FEH
AAS             ;AL=08H,AH=0
```

以上指令的执行结果为 15－7＝8,此结果仍以非压缩型 BCD 码的形式存放,个位在 AL 寄存器,十位在 AH 寄存器。

3) 压缩型 BCD 码调整指令

指令格式:

DAS

指令功能：在两个压缩十进制数用 SUB 或 SBB 相减后，结果已存在 AL 中的情况下，对所得结果进行调整，在 AL 中得到正确的压缩十进制数。同样，它也要对 AL 中高半字节和低半字节分别进行调整。

指令对减法进行十进制调整，指令隐含寄存器操作数 AL。在减法运算时，DAS 指令对压缩型 BCD 码进行调整，其操作如下。

如果 AL 寄存器的低 4 位>9 或 AF=1，则：
AL←AL−6，AF 置 1。

如果此时 AL 高半字节>9 或标志位 CF=1，则：
AL←AL−60，CF 置 1。

与 DAA 类似，DAS 指令影响 AF、CF、SF、ZF、PF，但不影响 OF。DAS 指令只对减法的结果 AL 的内容进行调整，任何时候都不影响 AH。

【例 3.43】 计算 56−98=？(采用压缩型 BCD 码存放原始数据。)

以上减法运算可用下列几条指令实现：

```
MOV AL,56H      ;AL=56H
MOV BL,98H      ;BL=98H
SUB AL,BL       ;AL=BEH
DAS             ;AL=58H,CF=1,表示有借位
```

3.2.3 逻辑运算和移位指令

逻辑运算和移位指令对字节或字操作数进行按位操作，这类运算可分成逻辑运算、算术逻辑移位和循环移位 3 类，见表 3-3。

表 3-3 逻辑运算和移位指令

指令	功能
逻 辑 运 算	
NOT	取反
AND	逻辑乘(与)
OR	逻辑加(或)
XOR	异或
TEST	测试
算术逻辑移位	
SHL/SAL	逻辑/算术左移
SHR	逻辑右移
SAR	算术右移
循 环 移 位	
ROL	循环左移
ROR	循环右移
RCL	通过进位的循环左移
RCR	通过进位的循环右移

1. 逻辑运算指令

8086/8088 逻辑运算指令有 AND 逻辑"与"、TEST 测试、OR 逻辑"或"、XOR 逻辑"异或"、NOT 逻辑"非"运算。

以上指令只有 NOT 逻辑"非"指令对状态标志寄存器没有影响。其他指令根据各自的逻辑运算结果影响 SF、ZF、PF，将 CF、OF 清 0，AF 的值不确定。

1) 逻辑"与"指令

指令格式：

```
AND d,s
```

指令功能：对两个操作数按位逻辑与操作，结果送回目的操作数。

AND 指令的两个操作数不能同时为存储器。

【例 3.44】 将 AL 寄存器高 4 位屏蔽，低 4 位不变的指令。

```
AND AL,0FH
```

2) TEST 测试

TEST 指令的操作与 AND 指令相同，即把目标操作数和源操作数进行逻辑"与"，只是 TEST 指令不把逻辑运算的结果送回目标操作数，即目标操作数不变。逻辑"与"的结果反映在状态标志位上，"与"的最高位是 0 还是 1，结果是否全为 0，结果中 1 的个数是奇数还是偶数，分别由 SF、ZF、PF 体现。将 CF、OF 清 0，AF 的值不确定。

【例 3.45】 测试 AL 寄存器最高位是否为 1 的指令。

```
TEST AL, 80H      ;结果反映在标志位 ZF,如果 ZF=1,表示 AL 最高位为 1
```

3) 逻辑"或"指令

指令格式：

```
OR d,s
```

OR 指令将目的操作数和源操作数按位进行逻辑"或"运算，并将结果送回目标操作数。

【例 3.46】 将 DS 段偏移地址为 1000H 的存储单元的内容高 4 位置 1，低 4 位不变的指令。

```
OR [1000H], 0F0H
```

OR 指令影响 SF、ZF、PF。

4) XOR 逻辑"异或"指令

指令格式：

```
XOR d,s
```

XOR 指令将目标操作数和源操作数按位进行逻辑"异或"运算，并将结果送回目标操作数。

【例3.47】 将 AL 寄存器中第 1、3、5、7 位取反其他位不变，将 BX 清零的程序段。

```
XOR  AL, 0AAH          ;AL 中的第 1、3、5、7 位取反其他位不变
XOR  BX, BX            ;BX 清零
```

5) 逻辑"非"运算

指令格式：

```
NOT d
```

NOT 指令的操作数可以是 8 位或 16 位寄存器或存储器，但不能是立即数。

【例3.48】 NOT 指令的几种用法。

```
NOT  AX                ;AX←AX 取反
NOT  CL                ;CL←CL 取反
NOT  BYTE  PTR[BX]     ;对字节存储单元内容取反后送回该单元
```

2. 移位指令

8086/8088 指令系统的移位指令包括逻辑左移 SHL、算术左移 SAL、逻辑右移 SHR、算术右移 SAR，还有循环移位指令，包括不带进位循环左移 ROL、循环右移 ROR 和带进位循环左移 RCL、循环右移 RCR。移位常数放在 CL 中。

1) 移位指令

(1) 逻辑左移 SHL/算术左移 SAL。

指令格式：

```
SHL d,1
SAL d,1
```

或

```
SHL d,CL
SAL d,CL
```

这两条指令的操作是将目标操作数顺序向左移 1 位或左移由 CL 寄存器指定的位数，左移 1 位时高位移入进位标志 CF，最低位补 0。指令操作示意图如图 3.11 所示。

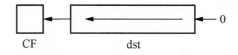

图 3.11 SHL/SAL 指令操作示意图

【例3.49】

```
SHL AH,1               ;寄存器左移 1 位
MOV CL,3
SAL DX,CL              ;DX 寄存器左移 3 位
SAL  WORD PTR[1000H],1 ;存储器字单元内容左移 1 位
```

(2) 逻辑右移指令。
指令格式：

```
SHR d,1
SHR d,CL
```

SHR 指令的操作是将目标操作数顺序向右移 1 位或右移由 CL 寄存器指定的位数。逻辑右移 1 位时，低位移入进位标志 CF，最高位补 0。指令操作如图 3.12 所示。

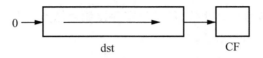

图 3.12 SHR 指令操作示意图

【例 3.50】 将 AX 寄存器内容除于 8。

```
MOV CL, 3
SHR AX, CL
```

(3) 算术右移指令。
指令格式：

```
SAR d,1
SAR d,CL
```

SAR 指令的操作数与逻辑右移指令 SHR 有点类似，将目标操作数向右移 1 位或右移由 CL 寄存器指定的位数。逻辑右移 1 位时，低位移入进位标志 CF，最高位保持不变，如图 3.13 所示。

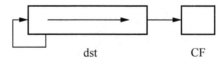

图 3.13 SAR 指令操作示意图

算术右移指令对状态标志位 CF、OF、PF、SF 和 ZF 有影响，但 AF 的值不确定。

【例 3.51】 用 SAR 指令计算 $-120/4 = -30$ 的程序段。

```
MOV  AL,10001000B      ;AL=-120
MOV  CL,00000010B      ;右移次数为 2
SAR  AL,CL             ;算术右移 2 次后,AL=11100010B=-30
```

2) 循环移位指令

8086/8088 指令系统有 4 条循环移位指令：即不带进位标志 CF 的左循环移位指令 ROL 和右循环移位指令 ROR，以及带进位标志 CF 的左循环移位指令 RCL 和右循环移位指令 RCR。

循环移位指令的操作数类型与移位指令相同，可以是 8 位或 16 位的寄存器或存储器。

指令中指定的左移或右移的位数也可以是 1 或由 CL 寄存器指定。

循环移位指令都只影响进位标志 CF 和溢出标志 OF。

(1) 循环左移指令。

指令格式：

```
ROL d,1
ROL d,CL
```

ROL 指令将目标操作数向左循环移动 1 位或移动由 CL 寄存器指定的位数。最高位移到进位标志 CF，同时，最高位移到最低位形成循环，进位标志 CF 不在循环回路之内。其操作如图 3.14 所示。

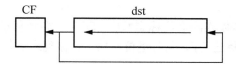

图 3.14　ROL 指令操作示意图

ROL 指令将影响 CF 和 OF 两个状态标志位。OF 位只有在移位次数为 1 的时候有效，在移位后当前最高有效位(符号位)发生变化(由 1 变 0 或有 0 变 1)时，则 OF 标志置 1，否则 OF 清 0。在多位循环移位时，OF 的值是不确定的。CF 的值总是由最后一次被移出的值决定。

(2) 循环右移指令。

指令格式：

```
ROR d,1
ROR d,CL
```

ROR 指令将目标操作数向右循环移动 1 位或右移由 CL 寄存器指定的位数。最低位移到进位标志 CF，同时最低位移到最高位，指令的操作可用图 3.15 表示。ROR 指令也将影响状态标志位 CF 和 OF。如果移位次数等于 1，且移位以后新的最高位与次高位不相等，则溢出标志位 OF=1，否则 OF=0。OF 值表示移位是否改变符号位。

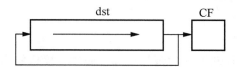

图 3.15　ROR 指令操作示意图

(3) 带进位循环左移指令。

```
RCL d,1
RCL d,CL
```

RCL 指令将目标操作数连同进位标志 CF 一起向左循环移动 1 位或由 CL 寄存器指定的位数。最高位移入 CF，而 CF 移入最低位。RCL 指令的操作如图 3.16 所示。

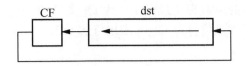

图 3.16　RCL 指令操作示意图

RCL 指令对状态标志位的影响与 ROL 指令相同。

(4) 带进位循环右移指令。

指令格式：

```
RCR d,1
RCR d,CL
```

RCR 指令将目标操作数连同进位标志 CF 一起向右循环移动 1 位或由 CL 寄存器指定的位数。最低位移到进位标志 CF，同时进位标志 CF 移到最高位。RCR 指令操作如图 3.17 所示。

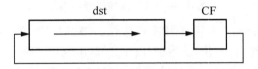

图 3.17　RCR 指令操作示意图

RCR 指令对状态标志位的影响与 ROR 指令相同。

【例 3.52】 用循环移位指令和加法指令将 AX 的低 8 位构成 DX 的高 8 位，将 BX 的低 8 位构成 DX 的低 8 位的程序段。

```
MOV AH, 0
MOV BH, 0
MOV CL, 8
ROL AX, CL
ADD AX, BX
MOV DX, AX
```

3.2.4　串操作指令

串操作指令是唯一在存储器内的源与目标之间进行操作的指令。

串操作指令共有以下 5 条：串传送指令(MOVS)、串装入指令(LODS)、串存储指令(STOS)、串比较指令(CMPS)和串扫描指令(SCAS)。

上述串操作指令的基本操作各不相同，但都具有以下几个共同特点。

(1) 用 SI 寻址源操作数，用 DI 寻址目标操作数，源操作数在数据段，隐含段寄存器 DS，可以段超越，目标操作数在附加数据段，隐含段寄存器 ES，不允许段超越。

(2) 每一次操作以后修改地址指针，是增量还是减量决定于方向标志 DF。当(DF)=0 时，地址指针增量，即字节操作时地址指针加 1，字操作时地址指针加 2。当(DF)=1 时，地址指针减量，即字节操作时地址指针减 1，字操作时地址指针减 2。

(3) 有的串操作指令可加重复前缀 REP，则指令规定的操作重复进行，重复操作的次数由 CX 寄存器决定。如果在串操作指令前加上重复前缀 REP，则 CPU 按以下步骤执行。

① 首先检查 CX 寄存器，若(CX)＝0，则退出重复串操作指令。
② 指令执行一次字符串基本操作。
③ 根据 DF 标志修改地址指针。
④ CX 减 1(但不改变标志)。
⑤ 转至下一次循环，重复以上步骤。

(4) 串操作指令的基本操作影响 ZF(如 CMPS、SCAS)，可加重复前缀 REPE/REPZ 或 REPNE/REPNZ，此时操作重复进行的条件不仅要求(CX)≠0，而且同时要求 ZF 的值满足重复前缀中的规定(REPE 要求(ZF)＝1，REPNE 要求(ZF)＝0)。

(5) 串操作汇编指令的格式可以写上操作数，也可以只在指令助记符后加字母"B"(字节操作)或"W"(字操作)，指令助记符后不加任何操作数。

各种字符串操作指令的类型和格式见表 3-4。

表 3-4　字符串操作指令的类型和格式

指 令 名 称	字节/字操作		字 节 操 作	字 操 作
字符串传送	MOVS	目的串，源串	MOVSB	MOVSW
字符串装入	LODS	源串	LODSB	LODSW
字符串存储	STOS	目的串	STOSB	STOSW
字符串比较	CMPS	目的串，源串	CMPSB	CMPSW
字符串扫描	SCAS	目的串	SCASB	SCASW
重复前缀	无条件重复		REP	
	当相等/为 0 时重复		REPE/REPZ	
	当不等/不为 0 时重复		REPNE/REPNZ	

1. MOVS 字符串传送指令

指令格式：

```
[REP]MOVS[ES:]目的串,[seg:]源串
[REP]MOVSB
[REP]MOVSW
```

指令功能：把由 SI 作指针的源串中的一个字节或字，传送到由 DI 作指针的目的串中，且自动修改指针 SI 和 DI。

MOVS 指令也称为字符串传送指令，它将一个字节或字从存储器的某个区域传送到另一个区域，然后根据方向标志 DF 自动修改地址指针。其执行的操作如下。

① (ES)∶(DI)←((DS)∶(SI))；
② SI←(SI)±1，DI←(DI)±1 (字节操作)

SI←(SI)±2,DI←(DI)±2(字操作)。

其中，当方向标志 DF=0 时用"+"，当方向标志 DF=1 时用"－"。串传送指令不影响状态标志寄存器。

在操作之前必须做好以下初始化工作。

(1) 把存放于数据段中的源数据串的首地址(如果是反向传送应是末地址)存入(SI)。

(2) 把将要存放于附加数据段中的目的数据串的首地址(如果是反向传送应是末地址)存入(DI)。

(3) 把数据串长度存入(CX)。

(4) 设置方向标志位 DF 的值(CLD 指令使 DF=0，STD 指令使 DF=1)。

【例 3.53】 把内存中 1000H：2000H 开始的 50B 数传送到 3000H：4000H 中，要求用串操作指令实现。

因为 MOVSB 指令每次执行只能传送 1B，所以编写一段循环程序。

```
        MOV  AX,1000H
        MOV  DS,AX
        MOV  AX,3000H
        MOV  ES,AX
        MOV  SI,2000H
        MOV  DI,4000H
        MOV  CX,50
HH:     MOVSB
        DEC  CX
        JNZ  HH
        HLT
```

2. LODS 数据串装入指令

指令格式：

```
LODS [seg:] 源串
LODSB
LODSW
```

指令功能：把数据段中以 SI 作为指针的串元素，传送到 AL(字节操作)或 AX(字操作)中，同时修改 SI，使它指向串中的下一个元素，SI 的修改量由方向标志 DF 和源串的类型确定。

3. STOS 数据串存储指令

指令格式：

```
[REP]STOS [ES:] 目的串
[REP]STOSB
[REP]STOSW
```

指令功能：将累加器 AL 或 AX 中的一个字节或字，传送到附加数据段中以 DI 为目的指针的目的串中，同时修改 DI，以指向串中的下一个单元。

STOS 指令对状态标志位没有影响。指令若加上重复前缀 REP，则操作将一直重复进行，直到(CX)=0。

【例3.54】 将字符"0"装入以 AREA 为首址的 200 个字节中。

```
LEA DI,AREA
MOV AL,'0'
MOV CX,200
CLD
REP STOSB
HLT
```

4. CMPS 字符串比较指令

指令格式：

```
[REPE/REPNE] CMPS    源串,目的串
[REPE/REPNE] CMPSB
[REPE/REPNE] CMPSW
```

指令功能：从 SI 作指针的源串中减去由 DI 作指针的目的串数据，相减后的结果反映在标志位上，但不改变两个数据串的原始值。同时，操作后源串和目的串指针会自动修改，指向下一对待比较的串。

CMPS 指令与其他指令有所不同，指令中的源操作数在前，而目标操作数在后。另外，CMPS 指令可以加重复前缀 REPE(也可以写成 REPZ)或 REPNE(也可以写成 REPNZ)，这是由于 CMPS 指令影响标志 ZF。如果两个被比较的字节或字相等，则(ZF)=1，否则(ZF)=0，REPE 或 REPZ 表示当(CX)≠0 且(ZF)=1 时继续进行比较。REPNE 或 REPNZ 表示当(CX)≠0 且(ZF)=0 时继续进行比较。

如果想在两个字符串中寻找第一个不相等的字符，则应使用重复前缀 REPE 或 REPZ，当遇到第一个不相等的字符时，就停止进行比较。同理，如果想要寻找两个字符串中第一个相等的字符，则应使用重复前缀 REPNE 或 REPNZ。但是也有可能将整个字符串比较完毕，仍未出现规定的条件(例如两个字符相等或不相等)，不过此时寄存器(CX)=0，故可用条件转移指令 JCXZ 进行处理。

5. SCAS 字符串扫描指令

指令格式：

```
[REPE/REPNE]SCAS     目的串
[REPE/REPNE]SCASB
[REPE/REPNE]SCASW
```

指令功能：从 AL 或 AX 寄存器的内容减去附加数据段中以 DI 为指针的目的串元素，

结果反映在标志位上，但不改变源操作数。同时，操作后目的串指针会自动修改，指向下一对待搜索的串元素。

SCAS 指令将累加器的内容与字符串中的元素逐个进行比较，比较结果也反映在状态标志位上。SCAS 指令将影响状态标志位 SF、ZF、AF、PF、CF 和 OF。如果累加器的内容与字符串中的元素相等，则比较之后(ZF)=1，因此，指令可以加上重复前缀 REPE 或 REPNE。前缀 REPE(即 REPZ)表示当(CX)≠0 且(ZF)=1 时继续进行扫描。而 REPNE(即 REPNZ)表示当(CX)≠0 且(ZF)=0 时继续进行扫描。

【例 3.55】 在包含 100 个字符的字符串中，寻找第一个字符"A"，找到后将其搜索顺序值保留在 BX 中，若没查到，则将 BX 寄存器清 0，设字符串起始地址 STRING 的偏移地址为 0。

根据要求可编程如下。

```
        LEA DI,STRING        ;DI←字符串首址
        MOV AL,'A'
        MOV CX,100           ;CX←字符串长度
        CLD                  ;清状态标志位 DF
        REPNE SCASB          ;如未找到,重复扫描
        JZ FIND              ;如找到转 FIND
        MOV DI,0             ;若没搜索到,DI←0
FIND:   MOV BX,DI            ;BX←搜索顺序值
        HLT
```

3.2.5 控制转移指令

控制转移指令是一种程序控制指令，用于实现程序的分支或转移。这类指令包括转移指令、循环控制指令、过程调用和返回指令和中断指令四类，见表 3-5。

表 3-5 控制转移指令

转 移 指 令	
JMP	无条件转移指令
JZ/JE 等 10 条指令	条件转移指令(直接标志转移)
JA/JNBE 等 8 条指令	条件转移指令(间接标志转移)
循环控制指令	
LOOP	CX≠0 则循环
LOOPE/LOOPZ	CX≠0 且 ZF=1 则循环
LOOPNE/LOOPNZ	CX≠0 且 ZF=0 则循环
JCXZ	CX=0 则循环
过程调用和返回指令	
CALL	过程调用
RET	过程返回

续表

中 断 指 令	
INT	中断
INTO	溢出中断
IRET	中断返回

1. 转移指令

转移指令包括无条件转移指令和条件转移指令。

1) 无条件转移指令

无条件转移指令的操作是无条件地将程序转移到指令中指定的目标地址。目标地址可以用直接的方式给出，也可以用间接的方式给出，见表 3-6。无条件转移指令对状态标志位没有影响。

表 3-6 无条件转移指令的类型和方式

类　　型	方　式	寻址目标	指　令　举　例
段内转移	直接	立即短转移(8 位)	JMP SHORT PROG_1
	直接	立即近转移(16 位)	JMP NEAR PTR PROG_2
	间接	寄存器(16 位)	JMP BX
	间接	存储器(16 位)	JMP WORD PTR [BX]
段间转移	直接	立即转移(32 位)	JMP FAR PTR PROG-3
	间接	存储器(32 位)	JMP DWORD PTR [DI]

(1) 段内直接近转移。

指令格式：

```
JMP  NEAR PTR  标号(或 JMP  标号)
```

指令功能：无条件转移到指令指定的地址处并往下执行，(IP)←(IP)+16 位偏移量。

指令的操作数是一个近标号，该标号在本段(或本组)内。指令的操作是将指令指针寄存器 IP 的内容加上 16 位相对位移量，代码段寄存器 CS 的内容不变，从而使控制转移到目标地址。相对位移量可正可负，一般情况下，它的范围在－32 768～+32 767 之间，故需用 2 个字节表示，加上一个字节的操作码，这种段内直接转移指令共有 3 个字节。

(2) 段内直接短转移。

指令格式：

```
JMP  SHORT  标号
```

指令功能：无条件转移到指令指定的地址处并往下执行，(IP)←(IP)+8 位偏移量。

段内直接短转移指令的操作数是一个短标号。此时，相对位移量的范围在－128～+127 之间，只需用 1 个字节表示。段内直接短转移指令共有 2 个字节。

【例 3.56】 下面是一个含有无条件转移指令的简单程序的列表文件,它是由汇编语言程序经汇编程序翻译后产生的。

;行号	偏移量	机器码	程　　序
1	0000		CODE　　SEGMENT
2			ASSUME　CS:CODE
3	0000	0411	HH:　MOV　AL,11H
4	0002	90	NOP
5	0003	FFFB	JMP　SHORT　HH
6	0005	90	NOP
7	0006		CODE　　ENDS
8			END

程序包含一个代码段,标号为 HH 的加法指令的偏移量为 0,该指令占 2 个字节,所以下一条空操作指令(NOP)首字节的偏移量为 2,JMP HH 的首指令字节的偏移量为 3,当 8088/8086 取出这条 2 字节的 JMP 指令后,首先增量地址指针,使 IP=5,指向下一条指令 NOP,然而,JMP 指令功能改变了程序执行次序,转向目标地址 HH,而 HH 的偏移量为 0,所以 JMP 指令中的位移量 DISP 为

DISP=目的地址偏移量−IP 的当前值=0−5=−5,其补码为 FBH,经符号扩展后成为 FFFBH,这样,JMP 指令把 IP 修改为

$$IP=IP+DISP=0005+FFFBH=0$$

于是,程序转移到偏移量为 0 的位置,即标号为 HH 处执行。

(3) 段内间接转移。

指令格式:

　　JMP　寄存器或存储器寻址

指令功能:无条件转移到当前的指定偏移地址处。

指令的操作是一个 16 位的寄存器或存储器地址(前面加上 WORD PTR)。指令的操作是用指定的寄存器或存储器中的内容作为目标的偏移地址取代原来 IP 的内容,以实现程序的转移,由于是段内转移,故 CS 寄存器的内容不变。

【例 3.57】 设(BX)=1000H,(DS:2000H)=34H,(DS:2001H)=12H,求指令执行结果。

　　① JMP　BX
　　② JMP　WORD　PTR　[2000H]

解:① JMP　BX　转移到当前代码段偏移地址为 1000H 处执行;
　　② JMP　WORD　PTR　[2000H] 转移到当前代码段偏移地址为 1234H 处执行。

(4) 段间直接转移。

指令格式:

　　JMP　FAR　PTR　标号

指令功能:无条件转移到另一个代码段的标号处。

指令的操作数是一个远标号,该标号在另一个代码段内。指令的操作是将标号的偏移地址取代指令指针寄存器 IP 的内容,同时将标号的段基值址代段寄存器 CS 的内容,结果使控制转移到另一代码段内指定的标号处。

(5) 段间间接转移。

指令格式:

```
JMP  DWORD  PTR  存储器寻址
```

指令功能:无条件转移到指定段的指定偏移地址处。

指令的操作数是 32 位的存储器地址,指令的操作是将存储器的前两个字节送到 IP 寄存器,存储器的后两个字节送到 CS 寄存器,以实现到另一个代码段的转移。

2) 条件转移指令

指令格式:

```
条件操作符    标号
```

与 JMP 指令不同,条件转移指令的操作数必须是一个短标号,因此所有的条件转移指令都是 2 字节指令,转移指令的下一条指令到目标地址之间的距离必须在 $-128 \sim +127$ 的范围内。如果指令规定的条件满足,则将这个位移量加到 IP 寄存器上,即 IP←(IP)+8 位偏移量,实现程序的转移。

条件转移指令共有 18 条,分两大类:直接标志转移指令和间接标志转移指令。

(1) 直接标志转移指令。

这类转移指令在指令助记符中直接给出标志状态的测试条件,它们以 CF、ZF、SF、OF 和 PF 五个标志的 10 种状态为判断的条件,共 10 条指令,见表 3-7。

表 3-7 直接标志条件转移指令

指令助记符	测试条件	操作
JC	CF=1	有进位则转移
JNC	CF=0	无进位则转移
JZ/JE	ZF=1	结果为零/相等则转移
JNZ/JNE	ZF=0	结果不为零/不相等则转移
JS	SF=1	结果为负则转移
JNS	SF=0	结果为正则转移
JO	OF=1	结果溢出则转移
JNO	OF=0	结果无溢出则转移
JP/JPE	PF=1	奇偶位为 1 则转移
JNP/JPO	PF=0	奇偶位为 0 则转移

【例 3.58】 求 AX 和 BX 寄存器中的数之和,若没有溢出,把结果存在 CX 中,若有溢出,结果放在 DX 中。

程序段如下。

```
        ADD   AX, BX
        JO    OVER1              ;结果有溢出跳转
        MOV   CX, AX
  OVER1:HLT
```

(2) 间接标志转移。

这类指令以某一个标志的状态或几个标志的状态组合作为测试条件，若条件成立则转移，否则顺序往下执行，见表 3-8。

表 3-8 间接标志条件转移指令

类别	指令助记符	测试条件	操作
无符号数 比较	JA/JNBE	(CF)=0 AND (ZF)=0	高于/不低于等于则转移
	JAE/JNB	(CF)=0 OR (ZF)=1	高于等于/不低于则转移
	JB/JNAE	(CF)=1 AND (ZF)=0	低于/不高于等于则转移
	JBE/JNA	(CF)=1 OR (ZF)=1	低于等于/不高于则转移
带符号数 比较	JG/JNLE	(SF XOR OF)=0 AND (ZF)=0	大于/不小于等于则转移
	JGE/JNL	(SF XOR OF)=0 OR (ZF)=1	大于等于/不小于则转移
	JL/JNGE	(SF XOR OF)=1 AND (ZF)=0	小于/不大于等于则转移
	JLE/JNG	(SF XOR OF)=1 OR (ZF)=1	小于等于/不大于则转移

【例 3.59】 对存放在 DS 段偏移地址为 1000H、1001H、1002H 单元的 3 个无符号 8 位二进制数比较大小，最大值赋值给 AL，中间值放在 BL，最小值放在 CL 中。

```
         MOV   AL,[1000H]
         MOV   BL,[1001H]
         MOV   CL,[1002H]
         CMP   AL,BL
         JAE   HIGH
         XCHG  AL,BL
  HIGH:  CMP   AL,CL
         JAE   HIGH1
         XCHG  AL,CL
  HIGH1: CMP   BL,CL              ;最大值在 AL 中
         JAE   HIGH2
         XCHG  BL,CL
  HIGH2: HLT                      ;中间值在 BL 中,最小值在 CL 中
```

2. 循环控制指令

8086/8088 指令系统的循环控制指令，用于使一些程序段反复执行，形成循环程序。循环控制指令有以下几条。

1) LOOP

指令格式:

```
LOOP  短标号
```

指令功能:LOOP 指令规定将 CX 寄存器作为计数器,先将 CX 的内容减 1,如结果不等于零,则转到指令中指定的短标号处(跳转距离不超过-128~+127 的范围);否则,顺序执行下一条指令。

在循环程序开始前,应将循环次数送 CX 寄存器。LOOP 指令对状态标志位没有影响。

【例 3.60】 在内存的数据段中存放了 200 个 8 位带符号数,首地址为 DISP,试统计其中正元素、负元素及零元素的个数,并将个数分别存入 PLUS、MINUS 和 ZERO 单元。

编程如下。

```
         XOR AL,AL           ;AL←0
         MOV PLUS,AL         ;清 PLUS 单元
         MOV MINUS,AL        ;清 MINUS 单元
         MOV ZERO,AL         ;清 ZERO 单元
         LEA SI,DISP         ;SI←数据表首址
         MOV CX,200          ;CX←数据表长度
LOOP1:   MOV AL,[SI]         ;取一个数据到 AL
         SUB AL,0            ;使数据影响状态标志位
         JS X1               ;如为负,转 X1
         JZ X2               ;如为零,转 X2
         INC PLUS            ;否则为正,PLUS 单元加 1
         JMP NEXT
X1:      INC MINUS           ;MINUS 单元加 1
         JMP NEXT
X2:      INC ZERO            ;ZERO 单元加 1
NEXT:    INC SI
         LOOP LOOP1          ;CX 减 1,如不为零,则转 LOOP1
         HLT                 ;停止
```

2) LOOPE/LOOPZ

指令格式:

```
LOOPE  标号
```

或

```
LOOPZ  标号
```

指令功能:指令的操作是先将 CX 的内容减 1,如结果不等于零,且零标志(ZF)=1 则转移到指定的短标号处重复执行;若 CX=0 或 ZF=0,便退出循环,执行 LOOPE/LOOPZ 之后的指令。

LOOPE/LOOPZ 指令对状态标志位没有影响。

3) LOOPNE/LOOPNZ
指令格式：

| LOOPNE 标号 |

或

| LOOPNZ 标号 |

指令功能：指令的操作是先将 CX 的内容减 1，如结果不等于零，且零标志(ZF)=0 则转移到指定的短标号重复执行；若 CX=0 或 ZF=1，便退出循环，执行 LOOPE/LOOPZ 之后的指令。

LOOPNE/LOOPNZ 指令对状态标志位没有影响。

4) JCXZ
指令格式：

| JCXZ 标号 |

指令功能：若 CX 寄存器为 0，则转移到指令标号所指定的地址处，否则将往下顺序执行，它不对 CX 寄存器进行自动减 1 的操作。

3. 过程调用和返回指令

有一些程序段能完成特定功能又经常需要用，则可以将这些程序段编写成独立的模块，并把它称为过程(相当于子程序)，每次需要时进行调用。过程结束后，再返回原来调用的地方。

被调用的过程可以在本段内(近过程)，也可在其他段(远过程)。调用的过程地址可以用直接的方式给出，也可用间接的方式给出。过程调用指令和返回指令对状态标志位都没有影响。

1) CALL 指令
(1) 段内直接调用。
指令格式：

| CALL [NEAR] 过程名 |

执行操作：SP←(SP)−2，(SP)+1：(SP)←(IP)
　　　　　IP=(IP)+disp

指令的操作数是一个近过程，该过程在本段内。指令汇编以后，得到 CALL 的下一条指令与被调用的过程入口地址的 16 位相对位移量 disp。指令操作是将指令指针 IP 的内容压入堆栈，然后将相对位移量 disp 加到 IP 上，使控制转到调用的过程。16 位相对位移量 disp 占 2 个字节，段内直接调用指令共有 3 个字节。

【例 3.61】

| CALL PROG1 ;PROG1 是一个近标号 |

该指令含 3 个字节，编码格式为：

| E8 | DISP_L | DISP_H |

设调用前：CS=1000H，IP=0200H，SS=3000H，SP=0100H，PROG1 与 CALL 指令之间的字节距离等于 0123H(即 DISP=0123H)，则执行 CALL 指令的过程为

① SP←SP－2，即新的 SP=0100H－2=00FEH
② 返回地址的 IP 入堆栈

由于存放 CALL 指令的内存首地址为 CS:IP=1000:0200H，该指令占 3 字节，所以返回地址为 1000:0203H，即 IP=0203H。于是 0203H 被推入堆栈。

根据当前 IP 值和位移量 DISP 计算出新的 IP 值，作为子程序的入口地址，即：
$$IP=IP+DISP=0203H+0123H=0326H$$

程序转到本代码段中偏移地址为 0326H 处执行。指令 CALL PROG1 的执行过程如图 3.18 所示。

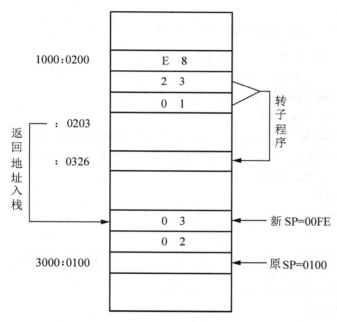

图 3.18 CALL PROG1 指令执行情况

(2) 段内间接调用。
指令格式：

| CALL | 寄存器/存储器字操作数 |

执行操作：SP←(SP)－2，(SP)+1:(SP)←(IP)
　　　　　IP←reg16/mem16

指令的操作数是 16 位的寄存器或存储器，其内容是一个近过程入口地址，指令操作是将指令指针 IP 的内容压入堆栈，然后将寄存器或存储器的内容送到 IP 中。

(3) 段间直接调用。

指令格式：

```
CALL FAR PTR 过程名
```

执行操作：　SP←(SP)-2，(SP)+1：(SP)←(CS)

(CS)←过程名的段地址

SP←(SP)-2，(SP)+1：(SP)←(IP)

(IP)←过程名的偏移地址

指令的操作数是一个远过程，该过程在另外的代码段内。段间直接调用指令先将 CS 中的段基址压入堆栈，并将远过程所在的段基址送 CS，再将 IP 中的偏移地址压入堆栈，然后将远过程的偏移地址送 IP。

(4) 段间间接调用。

指令格式：

```
CALL DWORD PTR 存储器操作数
```

执行操作：　SP←(SP)-2，(SP)+1：(SP)←(CS)

CS←mem32+2

SP←(SP)-2，(SP)+1：(SP)←(IP)

IP←mem32

指令的操作数是 32 位的存储器地址，指令的操作是先将 CS 寄存器压入堆栈，并将存储器的后两个字节送 CS，再将 IP 中的偏移地址压入堆栈，然后将存储器的前两个字节送 IP，控制转到另一个代码段的远过程。

2) 过程返回指令

(1) 从近过程返回。

指令格式：

```
RET
```

执行操作：IP←((SP)+1：(SP))，SP←(SP)+2

(2) 从远过程返回。

指令格式：

```
RET
```

执行操作：IP←((SP)+1：(SP))，SP←(SP)+2

　　　　　　CS←((SP)+1：(SP))，SP←(SP)+2

过程体中总包含返回指令 RET，它将堆栈中的断点弹出，控制程序返回到原来调用过程的地方。

4. 中断指令

程序运行期间会遇到某些特殊情况需要处理，这时计算机会暂停程序的运行，转去执行一组专门的服务子程序，处理完毕又返回断点处继续往下执行，这个过程称为中断，所执行的这组服务子程序称为中断服务子程序或中断程序。

中断调用和中断返回类似于子程序调用和子程序返回。当 CPU 响应中断时,也要把(IP)和(CS)保存入栈。除此之外,为了能全面地保存现场信息,还需要把反映现场状态的标志寄存器保存入栈,然后转到中断服务子程序中去。当从中断返回时,除了要恢复(IP)和(CS)外,还要恢复标志寄存器(F)。有关中断的 3 条指令如下。

```
    INT  n      ;中断指令,n 为 0～255 间的正整数
    INTO        ;溢出中断,当 OF=1
    IRET        ;中断返回
```

1) 中断调用指令

指令格式:

```
    INT   n
```

其中,INT 是助记符,n 是一个 8 位的无符号整数,称为中断类型号,取值范围是 0～255。因此,中断类型号共有 256 个,每个中断类型号对应一个中断服务子程序。

指令功能:首先保存断点的信息(CS;IP;F);然后根据中断类型号 n,CPU 将 n×4 得出中断向量(中断服务程序入口地址)表的地址指针,找到该指针对应的 4 个内存单元,前两个字节送 IP,后两个字节送 CS,由此转入中断服务程序。

2) 溢出中断指令

指令格式:

```
    INTO
```

指令功能:当标志位 OF=1 时,产生溢出中断,转入溢出中断服务程序。

一般带符号数运算之后,可安排一条 INTO 指令,一旦溢出就及时向 CPU 提出中断请求,CPU 响应后可做出相应处理。

3) 中断返回指令

指令格式:

```
    IRET
```

指令功能:当 IRET 执行后,首先从堆栈中依次弹出程序断点,送到 IP 和 CS 寄存器中,接着弹出标志寄存器的内容,送回标志寄存器,然后按 CS:IP 的值使 CPU 返回断点,继续执行原来被中断的程序。

3.2.6 处理器控制指令

这类指令用于对 CPU 进行控制,例如对 CPU 中某些状态标志位的状态进行操作,以及使 CPU 暂停、等待等。8086/8088 指令系统的处理器控制指令可分为三组。

1. 标志位操作指令

1) CLC

清进位标志。指令的操作为 CF←0。

2) STC

置进位标志。指令的操作为 CF←1。

3) CMC

对进位标志求反。指令的操作为 CF←(CF)。

4) CLD

清方向标志。指令的操作为 DF←0。

5) STD

置方向标志。指令的操作为 DF←1。

6) CLI

清中断允许标志。指令的操作为 IF←0。

7) STI

置中断允许标志。指令的操作为 IF←1。在执行这条指令后，CPU 将允许外部的可屏蔽中断请求。

这些指令仅对有关状态标志位执行操作，而对其他状态标志位则没有影响。

2. 外部同步指令

1) HLT

执行 HLT 指令后，CPU 进入暂停状态。外部中断(当(IF)=1)时的可屏蔽中断请求 INTR、非屏蔽中断请求 NMI、复位信号 RESET 可使 CPU 退出暂停状态。HLT 指令对状态标志位没有影响。

2) WAIT

如果 8086/8088 CPU 的 TEST 引脚上的信号无效(即高电平)，则 WAIT 指令使 CPU 进入等待状态。一个被允许的外部中断或 TEST 信号有效，可使 CPU 退出等待状态。

在允许中断的情况下，一个外部中断请求将使 CPU 离开等待状态，转向中断服务程序。此时被推入堆栈进行保护的断点地址即是 WAIT 指令的地址，因此从中断返回后，又执行 WAIT 指令，CPU 再次进入等待状态。

如果 TEST 信号变低(有效)，则 CPU 不再处于等待状态，开始执行下面的指令。但是，在执行完下一条指令之前，不允许有外部中断。

本指令对状态标志位没有影响。WAIT 指令的用途是使 CPU 本身与外部的硬件同步工作。

3) ESC

指令格式

| ESC   外部操作码,源操作数 |

指令功能：换码指令 ESC 用来实现 8086 对 8087 协处理器的控制。

ESC 指令使其他处理器可使用 8086/8088 的寻址方式，并从 8086/8088 CPU 的指令队列中取得指令。执行 ESC 指令时，8086/8088 CPU 访问一个存储器操作数，并将其放在数据总线上，供其他处理器使用，此外没有其他操作。例如，协处理器 8087 的所有指令机器码的高五位都是"11011",而 8086/8088 的 ESC 指令机器码的第一个字节恰是"11011XXX",因此,对于这样的指令,8086/8088 CPU 将其视为 ESC 指令,它将存储器操作数置于总线上,然后由 8087 来执行该指令,并使用总线上的操作数。8087 的指令系统请参考有关资料。

ESC 指令对状态标志位没有影响。

4) LOCK

这是一个特殊的可以放在任何指令前面的单字节前缀。这个指令前缀迫使 8086/8088 CPU 的总线锁定信号线 LOCK 维持低电平(有效),直到执行完下一条指令。外部硬件可接收这个 LOCK 信号。在其有效期间,禁止其他处理器对总线进行访问。共享资源的多处理器系统中,必须提供一些手段对这些资源的存取进行控制,指令前缀 LOCK 就是一种手段。

3. 空操作指令 NOP

执行 NOP 指令时不进行任何操作,但占用 3 个时钟周期,然后继续执行下一条指令。NOP 指令对状态标志位没有影响,指令没有操作数。

本 章 小 结

本章介绍了 8086/8088 CPU 的寻址方式以及各种指令系统,并通过具体实例讲述各条指令的使用方法和功能。

寻址方式包括:立即数寻址、寄存器寻址、存储器寻址(直接寻址,寄存器间接寻址:基址寻址、变址寻址和基址加变址寻址)、I/O 接口寻址。

8086/8088 指令系统包括数据传送类指令、算术运算类指令、逻辑运算及移位类指令、控制转移类指令、串操作类指令和处理器控制类指令等。通过对指令系统的学习,掌握各指令的作用、使用方法,为汇编语言的程序设计打下良好基础。

习 题

1. 指出下列传送类指令源操作数的寻址方式。

```
(1) MOV SI,120              (2) MOV [BX],DX
(3) MOV AX,100[BX][DI]      (4) MOV DI,[BX+100]
(5) MOV AX,[1000H]          (6) MOV AX,80H
(7) MOV AX,[BX]             (8) MOV CX,[BX][SI]
```

2. 指出下列指令中存储器操作数物理地址的计算表达式。

```
(1) MOV SI,[BX]             (2) MOV 8[DI],DX
(3) MOV AX,[BP][SI]         (4) ADD DI,[BX+100]
(5) ADD AX,[1000H]          (6) SUB AX,[BX+DI+80H]
(7) ADD AX,ES:[BX]          (8) DEC WORD PTR[SI]
```

3. 指出下列指令中的错误。

  (1) MOV BX,AL   (2) MOV CS,AX
  (3) MOV 100,CL   (4) MOV [BX],[1000H]
  (5) PUSH 1234H   (6) MOV CS ,1200H
  (7) XCHG AH,12H   (8) INC [2000H]
  (9) ADD [BX],10   (10) OUT 258H,AX

4. 设(SP)=3000H,(AX)=1234H,(BX)=5678H,指出执行下列指令后相关寄存器的内容。

  PUSH AX
  PUSH BX
  POP AX
  POP BX

求执行后,(AX)、(BX)、(SP)的值。

5. 若 AX=1234H,BX=3456H,当执行 SUB AX,BX 指令后,求 AX 和标志寄存器 CF、AF、SF、ZF 和 OF 标志位的值。

6. 设(AH)=0F6H,(AL)=10H,求执行 SUB AH,AL 指令后,AX 中的值及标志寄存器 CF、AF、SF、ZF、PF 和 OF 标志位的值。

7. 设(BX)=1000H,(DI)=0050H,求执行 LEA BX,[BX+SI-0200H]后,(BX)的值。

8. 已知(DS)=2000H,(SS)=5000H,(AX)=0012H,(BX)=0340H,(CX)=0781H,(BP)=0035H,(SI)=0100H,(DI)=0300H,(20440H)=2104H,(20742H)=0E2AH,(21032H)=6FD3H,试求单独执行下列指令后的结果。

  (1) MOV DL,[BX][SI]   ;(DL)=?
  (2) MOV [BP][DI],CX   ;(50336H)=?
  (3) LEA BX,100H[BX][DI]   ;(BX)=?
    MOV DX,2[BX]   ;(DX)=?
  (4) SUB SI,CX   ;(SI)=?
  (5) XCHG CX,32H[BX]   ;(CX)=?

9. 下列指令完成什么功能?

  (1) NEG BX   (2) MUL BL
  (3) DIV CL   (4) DEC AX
  (5) SBB AX,CX   (6) INC DL
  (7) ADC AX,1000H   (8) SAR AL,CL
  (9) DAA   (10) CBW

10. 已知 AX=3405H,BX=0FE1H,CX=0002H,DX=2A3EH,求下列每条指令执行的结果。

  (1) AND AH,BL   (2) OR CL,20H

(3) NOT DX
(4) XOR CX,0FE3H
(5) TEST AL,80H
(6) CMP BX,0F123H
(7) SHR DX,CL
(8) SAR AL,CL
(9) ROL AL,1
(10) ROR DX,CL

11. 设(AX)=54D1H，执行下列程序段指令后，求相应的结果。

```
    MOV  BL,AH
    MOV  CL,AL
    ADD  BL,100     ;BL=?
    XCHG AL,BL      ;AL=?
    SUB  AL,CL      ;AX=?
    JS   HH
    AND  AL,0FH
HH: ADC  AH,BL      ;AX=?    BL=?
```

12. 设(AX)=1023H、(AX)=0430H，执行下列程序段指令后，求相应的结果。

```
        MOV CL,2
        SHR AH,CL   ;AX=?
        ADD BX,AX   ;BX=?
        JMP NEXT
        MUL BL
NEXT:OR AX,CX       ;AX=?
        HLT
```

13. 已知当前数据段中有一个十进制数字 0~9 的 7 段 ASCII 表，其数值依次为 30H~39H，要求用 XLAT 指令将十进制数 46 转换成相应的 7 段代码值，存到 AX 寄存器中，试写出相应的程序段。

14. 设有程序段：

```
DATA    SEGMENT
STRING  DB  'Today is  saturday!'
DATA    ENDS
```

试用字符串指令完成以下功能：

(1) 把该字符串传送到附加数据段中偏移量为 CHAR1 开始的内存单元中。
(2) 检查该字符串是否有"!"字符，若有用"?"将其替换。

15. 阅读程序段，说明其完成的功能。

```
        MOV  CX,100
        MOV  DL,0
        MOV  BX,1000H
LP1:    MOV  AL,[BX]
        CMP  AL,0
        JNZ  LP2
```

```
            INC  DL
    LP2:INC  BX
        LOOP LP1
        MOV  [BX],DL
        HLT
```

16. 试编程完成(AL)×7/4 的程序段。

17. 使用最少指令，实现下述要求的功能。

(1) BL 的高 4 位置 1。

(2) AL 的低 4 位取反。

(3) DL 中的高 4 位移到低 4 位，低 4 位移到高 4 位。

(4) AH 的低 4 位移到高 4 位，低 4 位清 0。

18. 在 DS：2000H 为首址的内存数据段中，存放了 10 个 16 位带符号数，试将其中最大和最小的带符号数找出来，分别存放到以 DS:3000H 和 DS:3002H 内存单元中。

19. 设中断类型 $n=8$，中断服务程序的起始地址为 3000:0100H，它在中断向量表中如何存放？

第 4 章 汇编语言程序设计

汇编语言(Assembly Language)是一种面向 CPU 指令系统的程序设计语言,它采用指令系统的助记符来表示操作码和操作数,用符号地址表示操作数地址,因而易记、易读、易修改,给编程带来很大方便。

用汇编语言编写的程序能够直接利用硬件系统的特性,直接对位、字节、字寄存器、存储器、I/O 接口等进行处理,同时也能直接使用 CPU 指令系统和指令系统提供的各种寻址方式编制出高质量的程序,这种程序不但占用内存空间少,而且执行速度快。所以计算机高级技术人员大量使用汇编语言来编写计算机系统程序、实时通信程序和实时控制程序等。

用汇编语言编写的源程序在输入计算机后,需要将其翻译成目标程序,计算机才能执行相应指令,这个"翻译"是由汇编程序来完成的。8086 系统中常用的汇编程序是标准汇编程序(ASM)和宏汇编程序(MASM),因此除了指令系统外,还要了解(MASM)中的标号、表达式、伪指令,必须按 MASM 中规定的格式来编写源程序,才能正确汇编成可执行程序。

汇编语言源程序文件转换成计算机可运行的程序的过程如图 4.1 所示。

图 4.1 汇编语言程序的执行过程

4.1 汇编语言源程序的结构

4.1.1 汇编语言源程序的分段结构

源程序一般由若干段组成,每个段都有一个名字(段名),以 SEGMENT 作为段的开始,以 ENDS 作为段的结束,这两者(伪指令)前面要冠以相同的段名,段可以从性质上分为代码段、堆栈段、数据段和附加段 4 种。汇编语言源程序其结构上具有以下特点。

(1) 由若干逻辑段组成，各逻辑段由伪指令语句定义和说明。
(2) 每个逻辑段由语句序列组成，以 SEGMENT 语句开始，以 ENDS 语句结束。
(3) 整个源程序以 END 伪指令结束。

【例 4.1】 求从 1 到 100 的自然数之和，并将结果存放在名为 SUM 的字存储单元中。其汇编源程序如下。

```
        DATA    SEGMENT         ;定义数据段,DATA 为段名
        SUM     DW  0           ;由符号(变量名)SUM 指定的内存单元类型定义为一个字,初值为 0
        DATA    ENDS            ;定义数据段结束
        STACK   SEGMENT STACK   ;定义堆栈段,这是组合类型伪指令,在伪指令后须跟 STACK 类型名
                DB  300 DUP(?)  ;定义堆栈段为 300 个字节的连续存储区,且每个字节的值为随机值
        STACK   ENDS            ;定义堆栈段结束
        CODE    SEGMENT         ;代码段,段名为 CODE
        ASSUME DS:DATA,SS:STACK,CS:CODE
                                ;由 ASSUME 伪指令定义各段寄存器的内容
        START:MOV  AX,DATA      ;将 DS 初始化为数据段首址的 16 位段值 DATA
              MOV  DS,AX
              MOV  CX,100       ;CX 赋值循环次数
              MOV  AX,0         ;清累加器
              MOV  BX,1         ;BX 置常量 1
        NEXT:ADD  AX,BX         ;累加
              INC  BX           ;下一个自然数
              LOOP NEXT         ;转至 NEXT 循环 100 次,加到 BX 等于 100
              MOV  SUM,AX       ;累加和送存 SUM 单元
              MOV  AH,4CH
              INT  21H          ;DOS 功能调用语句,机器将结束本程序的运行,并返回 DOS 状态
        CODE    ENDS            ;代码段结束
                END  START      ;整个程序汇编结束
```

整个程序要设置数据段、堆栈段、代码段，每段均由伪指令 SEGMENT 开始，ENDS 结束。整个源程序用 END 结尾，它通知汇编程序停止汇编。END 后面可跟该程序执行的起始地址 START。

段之间的顺序可以随意安排，通常数据段在前，代码段在后。每个段都有段首指令和段结束指令，段的内容介于这两条指令之间。每一段是由若干行汇编语句组成的，每一行只有一条语句，且不能超过 128 个字符(从 MASM6.0 开始可以是 512 个字符)。

通常，数据段用来在内存中建立一个适当容量的工作区，以存放常数、变量等操作数据。堆栈段用来在内存中建立一个适当的堆栈区，以便在中断、子程序调用时使用。代码段包括了许多以符号表示的指令，其内容就是程序要执行的指令。其中，必不可少的是代码段和堆栈段，堆栈段也可以不用显示定义，可以直接使用隐式堆栈段，如果程序中需要使用数据存储区，则要定义数据段，必要时还要定义附加段。而对于复杂的程序，除了使用上述 3 个段以外还可以使用多个段，甚至可以使用多个程序模块。

4.1.2 汇编语言源程序语句的类型及组成

语句是汇编语言源程序的基本组成单位。一个汇编语言源程序中有 3 种基本语句：指令语句、伪指令语句和宏指令语句。前两种是最常见、最基本的语句。

1. 指令语句

指令语句与机器指令相对应，汇编程序可将它翻译成目标代码(机器指令代码)，所以这种语句又称为可执行语句。语句格式为

[标号：] [前缀] 指令助记符 [操作数] [；注释]

(1) 标号表示本指令语句的符号地址，标号后面必须紧跟冒号"："。标号可使用的字符为字母(A～Z，a～z)、数字(0～9)或某些特殊字符(@、__、？)等。第一个字符必须为字母或某些特殊字符，最大有效字符长度为 31 个字符(汇编程序仅识别前面 31 个字符)。标号可以省略，它经常作为转移指令或 CALL 指令的一个操作数，用以表示转移的地址。

(2) 8086/8088 中有些特殊指令常作为前缀同其他指令配合使用。例如，和"串操作指令"(MCOVS、CMPS、SCAS、LODS 与 STOS)连用的 5 条"重复指令"(REP、REPE/REPZ、REPNE/REPNZ)等是前缀。

(3) 指令助记符是该语句的指令名称的代表符号，它指出指令的操作类型，汇编程序将其翻译成机器命令。它是语句中的关键字，因此不可省略。

(4) 操作数表示参加本指令运算的数据，根据指令要求可以有一个或多个操作数，有的指令不需要操作数，多个操作数之间应用逗号隔开，操作数与指令助记符之间用空格隔开。操作数可以是常数、变量、标号、寄存器名或表达式。

(5) 注释用来说明一条指令或一段程序的功能，它可以省略。注释前必须加上分号"；"，汇编程序对分号后面的内容不汇编，加注释使程序容易读懂。

2. 伪指令语句

伪指令语句没有对应的机器指令，汇编程序汇编源程序时对伪指令进行处理，它可以完成数据定义、存储区分配、段定义、段分配、指示程序结束等功能。一条伪指令语句也由 4 个字段组成，其一般格式如下。

[名字] 伪指令定义符 [操作数] [；注释]

(1) 名字是给伪指令取的名称，它用符号地址表示，名字后不允许带冒号，名字可以省略。伪指令中的名字通常是变量名、段名、过程名、符号名等。

(2) 伪指令定义符是汇编程序 MASM 汇编规定的符号，常用的有变量定义语句(DB、DW)，符号定义语句(EQU、=)，段定义语句(SEGMENT…ENDS)，段分配语句(ASSUME)，过程定义语句(PROC…ENDP)等。

(3) 操作数是由伪指令具体要求的，有的伪指令不允许带操作数，有的伪指令要求带多个操作数，多个操作数之间必须用逗号分开。操作数可以是常数、变量、字符串、表达式等。

(4) 伪指令语句的注释也是可选项，需要时必须以"；"开始。

4.1.3 名字和标号

名字和标号分别是给指令单元和伪指令起的符号名称,统称为标识符。

1. 名字

名字是程序员按一定规则定义的标识符。源程序中用下列字符表示名字:字母:A～Z 或 a～z;数字:0～9;专用字符号:?、·、@、__、$。

名字的定义有如下规则。

(1) 名字的第一个字符不能是数字。

(2) 名字中如果用到".",则必须是第一个字符。

(3) 其字符串的长度不得超过 31 个字符。

(4) 汇编语言中已定义的保留字、指令助记符、伪指令助记符、寄存器名等,不能作为名字使用。一般说来,在代码段中的名字字段称为标号;在数据段或堆栈段中的名字字段称为变量。它们都用来表示本语句的符号地址,都是可有可无的,只有当要用符号地址来访问该语句时,它才需要出现,如下所示:

WATER

Y46

X

GOODAFTERNOON

N-TWO

以上是正确的名字,但下列名字都是错误的:

99XYZ

N$OMBER

ADD

因为第一个用数字开头,第二个使用了非法字符$,而第三个与保留字重名。

2. 标号

标号是可执行指令语句的地址的符号表示,它可作为转移指令和调用指令 CALL 的目标操作数,以确定程序转向的目标地址,它具有 3 个属性。

(1) 段值(SEGMENT):标号所在段的段基址。

(2) 段内偏移地址(OFFSET):标号所在地址与所在段首地址之间的地址偏移字节数。

(3) 类型(TYPE):标号的类型属性指在转移指令中标号可转移的距离,也称距离属性。它的类型是 NEAR 或是 FAR。

NEAR 是指转移到此标号所指的语句,或调用此子程序或过程,只需要改变 IP 值,而不改变 CS 值。也即转移指令或调用指令与此标号所指的语句或过程在同一段内。

FAR 与 NEAR 不同,要转移到标号所指的语句,或调用此子程序或过程,不仅需要改变 IP 的值,而且需要改变 CS,即是段交叉转移或调用。

若标号后面紧跟标号,表示隐含此标号距离属性为 NEAR,例如:

```
HH: ADD AX, BX
```
定义的标号的距离属性为 NEAR。

4.1.4 助记符和定义符

助记符和定义符分别用于规定指令语句的操作性质和伪指令语句的伪操作功能，所以统称为操作符。对于指令，汇编程序将其翻译为机器语言指令。对于伪操作，汇编程序将根据其所要求的功能进行处理。

4.1.5 操作数中的常量、变量、表达式

操作数也称为参数。助记符和定义符都可后跟一个和多个操作数，作为操作处理的对象；操作数项由一个或多个表达式组成，多个操作数项之间一般用逗号分开。第 3.1.1 节介绍了操作数的种类，现在对立即操作数中的常量、存储器操作数中的标号和变量及在立即操作数和存储器操作数中出现的表达式做个介绍。

1. 立即操作数中的常量

常量是指在汇编时已经有确定数值的量，它主要用作指令语句中的立即数、位移量 DISP 或在伪指令语句中用于给变量赋初值。

常量分"数值常量"和"符号常量"两种。

数值常量：以各种进位制数值形式表示的常量。常量操作数可以是二进制、八进制、十进制或十六进制的整形常数，十六进制实数，字符串(必须用单引号括起来，其值为字符的 ASCII 码值)，如 10100011B、456Q、99、8FA4H、'A'、'234AFV' 等。

符号常量：预先给常量定义一个"名字"，在汇编语句中用该"名字"表示该常量。它的定义需用伪指令 EQU 或"="。

【例 4.2】

```
ONE EQU 1
DATA2=5*6
MOV AX,DATA2+ONE    ;指令运行的结果是把 31 送 AX
```

2. 存储器操作数中的标号、变量

标号(Label)和变量(Variable)存在于存储器操作数。标号是可执行的指令语句的符号地址，通常是作为转移指令 JMP 和调用指令 CALL 的目标操作数。

变量通常是指存放在一些存储单元中的值，这些值在程序运行过程中是可变的。

作为存储器操作数的标号和变量都有以下 3 种共同属性。

(1) 段值——段基址，可用 SEG 运算符求得。

(2) 偏移值——段内地址偏移量，可用 OFFSET 运算符求得。

(3) 类型——对变量，有字节、字、双字、四字、十字这 5 种类型。对标号，有 NEAR 和 FAR 两种类型。可用 TYPE 运算符求得。

另外，对于变量操作数，还有两个属性：长度和字节数。可分别用 LENGTH 和 SIZE 运算符求得。

变量的定义：变量一般是在数据段或附加段中使用伪指令 DB、DW、DD、DQ 和 DT 来进行定义的，这些伪指令称为数据区定义伪指令，其格式为

[变量名] 数据区定义伪指令 操作数表达式[,操作数表达式]

数据区定义伪指令所确定的变量类型及数据存取单位见表 4-1。

表 4-1 数据区定义伪指令所确定的数量类型及数据存取单位

伪操作命令	数据项类型	数据存取单位
DB	BYTE	1 字节
DW	WORD	2 字节
DD	DWORD	4 字节
DQ	DBYTE	8 字节
DT	TBYTE	10 字节

数据区定义伪指令除了定义数据中数据项的类型外，还通过指令中的表达式确定数据区的大小及其初值。所使用的表达式可以是以下几种形式。

(1) 数值表达式。
(2) ASCII 字符串(由 DB 定义)。
(3) 地址表达式(只适合于 DW 和 DD 两个伪指令)。

如果该地址表达式为一变量(或标号)名，用 DW 伪指令则是取它的偏移地址来初始化变量，而用 DD 伪指令则是取它的段首址和偏移地址来初始化变量。

(4) ?(表示所定义的数据项无确定的初值)。
(5) n DUP(?)，DUP 称为重复因子，定义 n 个数据项，它们都是未确定的实值。
(6) n DUP(表达式)，定义 n 个数据项，其初值由表达式确定。

【例 4.3】

```
H1  DB  01H              ;定义变量 H1 初值为 01H
H2  DW  1200H            ;定义变量 H2 初值为 1200H
H3  DW  1000H+100        ;定义变量 H3 初值为表达式 1000H+100 的值 1064H
N1  DB  'HELLO'          ;定义变量 N1 的初值为字符串'HELLO'
N2  DW  H1               ;定义变量 N2 的初值为变量 H1 在数据段的偏移地址
M1  DB  ?                ;定义变量 M1 为字节变量,初值不确定
M2  DB  10 DUP(?)        ;定义变量 M2 为 10 个字节数据,初值不确定
M3  DW  5 DUP(0)         ;定义变量 M3 为 5 个字数据,初值均为 0
```

3. 表达式

表达式由运算对象及运算符组成，在汇编时由汇编程序对它进行运算，运算结果作为一个语句中的操作数去使用。运算对象可以是常数、变量或标号，得到的运算结果可以是

一个常数,也可以是一个存储器的地址。因此表达式分数值表达式和地址表达式。

(1) 数值表达式。

数值表达式可由常量、字符串常量以及代表常量或字符串常量的名字等以算术、逻辑和关系运算符连接而成。

数值表达式常用的运算符有:算术运算符、逻辑运算符、关系运算符。

(2) 地址表达式。

地址表达式表示存储器地址,其值一般都是段内的偏移地址,因此它具有段属性、偏移值属性、类型属性。地址表达式主要用来执行指令中的多种形式的操作数。地址表达式由变量,标号,常量,寄存器 BX、BP、SI、DI 的内容以及一些运算符组成。

MASM 中使用了如下 6 类运算符。

(1) 算术运算符。
(2) 逻辑运算符。
(3) 关系运算符。
(4) 数值返回运算符。
(5) 修改属性运算符。
(6) 其他运算符。

MASM 汇编程序支持的运算符号见表 4-2。

表 4-2　MASM 表达式中的运算符

类　　型	符　　号	名　　称	运　算　结　果
算术运算符	+	加法	和
	－	减法	差
	*	乘法	乘积
	/	除法	商
	MOD	模除	余数
	SHL	左移	左移后二进制数
	SHR	右移	右移后二进制数
逻辑运算符	AND	与运算	逻辑与结果
	OR	或运算	逻辑或结果
	XOR	异或运算	逻辑异或运算
	NOT	非运算	逻辑非结果
关系运算符	EQ	相等	
	NE	不等	
	LT	小于	结果为真输出全 "1"
	LE	小于等于	结果为假输出全 "0"
	GT	大于	
	GE	大于等于	

续表

类 型	符 号	名 称	运算结果
数值返回运算符	OFFSET	返回偏移地址	偏移地址
	SEG	返回段基址	段基址
	TYPE	返回元素字节数	字节数
	LENGTH	返回变量单元数	单元数
	SIZE	返回变量总字节数	总字节数
修改属性运算符	段寄存器名	段前缀	修改段
	PTR	修改类型属性	修改后类型
	THIS	指定类型/距离属性	指定后类型
	HIGH	分离高字节	高字节
	LOW	分离低字节	低字节
	SHORT	短转移说明	－128～127 字节间转移
其他运算符	( )	圆括号	改变运算符优先级
	[ ]	方括号	下标或间接寻址
	.	点运算符	连接结构与变量
	< >	尖括号	修改变量
	MASK	记录位图	位图形
	WIDTH	记录宽度	记录/字段位数

运算符典型应用举例如下。

(1) 数值返回运算符。

数值返回运算符也称为分析运算符，包括 OFFSET、SEG、TYPE、LENGTH、SIZE 这 5 种。它们加在变量或标号前，返回运算对象的某个参数值，如偏移地址值、段地址值、类型属性、变量包含的单元数等。

① OFFSET。

格式：

        OFFSET 变量或标号

OFFSET 返回标号或变量的偏移地址值，为程序设计中常用的运算符。

② SEG。

格式：

        SEG 变量或标号

SEG 用来取变量或标号的段基址。

③ TYPE。

格式：

        TYPE 变量名或标号

TYPE 加在变量前，返回变量的类型属性，TYPE 加在标号前，返回标号的距离属性。表 4-3 给出了 TYPE 运算符的返回数值对照表。

第4章 汇编语言程序设计

表 4-3　TYPE 运算符返回值

	类　　型	返　回　值	类　　型	返　回　值
变　量	DB	1	DW	2
	DD	4	DQ	8
标　号	NEAR	−1 [FFH]	FAR	−2 [FEH]

④ LENGTH。

格式：

```
LENGTH  变量
```

当变量中使用 DUP 时，LENGTH 返回此变量所包含的单元数，对其他变量则返回 1。

⑤ SIZE。

格式：

```
SIZE  变量
```

SIZE 运算符加在变量前，返回该变量包含的总字节数。

SIZE＝LENGTH * TYPE

【例 4.4】　求指令执行的效果。

```
    A1  DB   12H,34H
    A2  DW   5678H
    A3  DD   ?
    N1  DW   3,4,5
    N2  DW   200 DUP(?)
    N3  DB   'ABCD'
        MOV  BX, OFFSET A1        ;将变量A1的偏移地址送到BX
        MOV  AX, SEG A2           ;将变量A2所在数据段的段值送AX
        MOV  DS, AX
    HH: MOV  AH, TYPE A1          ;AH赋值1
        MOV  BH, TYPE A2          ;BH赋值2
        MOV  CL, TYPE A3          ;CL赋值4
        MOV  CH, TYPE HH          ;CH赋值0FFH
        MOV  DL, LENGTH N1        ;DL赋值1
        MOV  CX, LENGTH N2        ;CX赋值200
        MOV  DH, LENGTH N3        ;DH赋值1
        MOV  AX, SIZE N1          ;AX赋值2
        MOV  AX, SIZE N2          ;AX赋值400
        MOV  AX, SIZE N3          ;AX赋值1
```

(2) 修改属性运算符。

修改属性运算符也称综合运算符，有段操作符、PTR、THIS、HIGH、LOW、SHORT

这 6 种。可以在程序运行过程中，通过修改属性运算符来修改变量或标号的属性，包括段属性、偏移地址属性、类型属性等。

① 段操作符。
格式：

> 段前缀：变量或地址表达式

段前缀是段寄存器 CS、DS、ES、SS 等后跟冒号":"，用来表示某个变量或地址被修改到哪个段寄存器提供的段基址中。

② PTR。
格式：

> 类型/距离　PTR　地址表达式

其功能是将 PTR 左边的类型属性赋给右边的地址表达式，地址表达式可以是标号、作为地址指针的寄存器、变量和数值的组合。常与类型 BYTE、WORD、NEAR、FAR 等连用。

【例 4.5】

```
M1  DB   34H,56H
MOV AX, ES:[BX]           ;段超越到 ES 段
MOV BX, WORD PTR M1       ;使 M1 类型转换成字与 AX 类型匹配
INC WORD PTR [1000H]      ;确定以 1000H 偏移地址开始的字单元自增 1
```

(3) 其他运算符。

其他运算符有()，[ ]，　，< >，MASK，WIDTH 这 6 种。

其中方括号[ ]主要用来表示地址表达式或多重变量的下标值。

【例 4.6】

```
H1   DB   12H,34H,56H,78H
H2   DW   1122H,3344H,5566H
H3   DW   10 DUP(?)
MOV  BX,OFFSET M1
MOV  CL,[BX]              ;将 H1 变量中的第一个单元的值 12H→CL
LEA  SI,H2
MOV  DX,[SI+2]            ;将 H2 的第三个单元的值 5566H→DX
MOV  AL,H1[2]             ;将 H1 变量的第 2 个元素 56H→AL
MOV  BX,H2[1]             ;将 H2 变量的第 1 个元素 3344H→BX
MOV  H3[4],2000H          ;将 2000H→H3 的第 4 个单元
```

(4) 优先级。

表达式是常数、变量、标号和运算符的组合，在计算表达式值时，应按优先级高低进行计算，同时遵循同级运算符从左到右的原则计算，圆括号()可改变优先级次序，表 4-4 给出了运算符的优先级别。优先级 1 为最高级，优先级 10 为最低级。

表 4-4 运算符优先级次序

优 先 级	运 算 符
1	()，[ ]，< >，·，LENGTH，WIDTH，SIZE， MASK
2	PTR，OFFSET，SEG，TYPE，THIS，CS:，DS:，ES:，SS:
3	HIGH，LOW
4	*，/，MOD，SHL，SHR
5	+，−
6	EQ，NE，LT，LE，GT，GE
7	NOT
8	AND
9	OR，XOR
10	SHORT

4.1.6 注释

注释项用来说明一段程序、一条或几条指令的功能，是可有可无的。它以分号开始，其作用是增加程序的可读性。

4.2 伪 指 令

伪指令语句没有对应的机器代码，并不像指令语句那样由 CPU 来执行，它是在 MASM 汇编程序对源程序汇编期间进行处理的，主要完成变量定义、存储器分配、指示程序开始和结束、段定义、段分配等。常用的伪指令有如下几种类型。

(1) 数据定义语句，如 DB，DW，DD 等。
(2) 标号赋值语句，如 EQU，= 。
(3) 段定义语句，如 SEGMENT…ENDS。
(4) 段分配语句，如 ASSUME。
(5) 过程定义语句，如 PROC…ENDP。
(6) 程序开始结束语句，如 ORG，END。

没有这些伪指令，汇编程序不能得到正确的汇编结果。

4.2.1 数据定义伪指令

数据定义伪指令的用途是定义一个变量的类型，给存储器赋初值，或给变量分配存储单元，常用的有 DB、DW、DD 等，其格式如变量定义所述。

常用的数据定义命令有如下几种。

1. DB

定义变量的类型为 BYTE，给变量分配字节或字节串。DB 伪操作后面的每一个操作数占 1 个字节(1B)。

2. DW

定义变量的类型为 WORD。DW 伪操作后面的操作数每个占有一个字(2B)。在内存中存放时，低位字节在前，高位字节在后。

3. DD

定义变量的类型为 DWORD。DD 后面的操作数每个占有两字(4B)。在内存中存放时，低位字在前，高位字在后。

DB、DW、DD 可用于初始化存储器。这些伪指令的右边的表达式的值即为该存储"单位"的初值。一个存储单位可以是字节、字、双字。

【例 4.7】

```
DATA1   DB    22H,34H
DATA2   DW    1012H,2000H
DATA3   DD    0102H
DATA4   DB    ?
STR1    DB    'HELLO'
STR2    DW    'HI'
STR3    DB    'HI'
```

程序段汇编后存储器分配情况如图 4.2 所示。

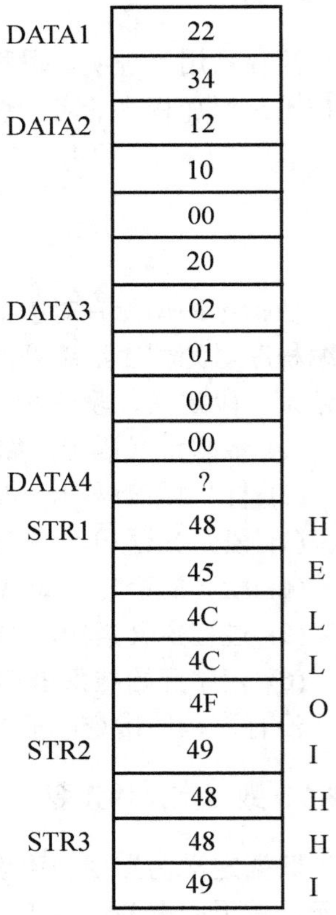

4.2.2 符号定义伪指令

符号定义伪指令是给一个符号名赋新值，常用的符号定义伪指令有 EQU 和 =(等号)。

1. 等价伪指令

格式：

符号名　EQU　表达式

EQU 伪指令是将表达式的值赋给一个名字，此后可以用这个名字来代替表达式。格式中的表达式可以是一个常数、符号、数值表达式或地址表达式，用 EQU 赋值的变量不能再赋不同的值。

EQU 伪指令主要有以下 3 方面应用。

(1) 定义符号常量。用符号名表示常量、数值表达式。

(2) EQU 与属性运算符 PTR 或 THIS 连用，可以给变量或标号定义新的类型属性并重

图 4.2 汇编后存储器分配情况

新命名,但其段属性和偏移属性不变。

(3) 利用 EQU 可以用一个符号名替代一个复杂的地址表达式和其他一些符号,如指令助记符、变量名、标号、段名、寄存器名、宏定义名等。

【例 4.8】

```
ONE  EQU  1                  ;数值赋予符号名
M1   EUQ  WORD PTY H1        ;将变量 H1 重新定义为字类型并赋予变量 M1
SUM  EQU  55+66              ;变量值为数值表达式
M2   EQU  [BX+100]           ;基址赋予符号名 M2
LD   EQU  MOV                ;为指令助记符 MOV 定义新的符号名 LD
```

2. 等号定义伪指令

格式:

```
等号名=表达式
```

等号伪指令功能与 EQU 相似,主要区别在于=(等号)可以对同一符号重新定义。

【例 4.9】

```
COUNT=100
COUNT=COUNT-1
G1=BX+SI
MOV  AX,COUNT                ;(AX)←99
MOV  CX,[G1]                 ;(CX)←[BX+SI]单元的内容
```

4.2.3 段定义伪指令

段定义伪指令的用途是在汇编源程序中定义逻辑段,或指明当前各段所用的段寄存器的名字,设定段寄存器与段间的对应关系。段结构伪指令主要有两条语句,即段定义伪指令和 ASSUME 伪指令。

1. 段定义伪指令 SEGMENT…ENDS

格式:

```
段名  SEGMENT  定位类型  组合类型  '类别'
段体……
段名  ENDS
```

其中,段名是编程人员给该段取的名字。定位类型、组合类型、类别是赋予该段的属性,当默认时,使用 8086/8088 宏汇编给定的默认值。

定位类型规定了对该段的起始边界地址的要求,可以有以下 4 种选择。

(1) PAGE:段起始地址为一页(PAGE)的开始,规定 256 个字节为一页,页起始地址为 XXXX XXXX XXXX 0000 0000B,低 8 位为 0。

(2) PARA:段起始地址为一节(PARAGRAPH)的开始,规定 16 个字节为一节,节起始

地址为 XXXX XXXX XXXX XXXX 0000B，低 4 位为 0。

(3) WORD：段起始地址为一规则字的开始，即偶地址开始，XXXX XXXX XXXXXXXX XXX0B，最低位为 0。

(4) BYTE：段起始地址为任意值，即从任何字节开始都行。

PARA 定位类型为系统默认。

组合类型表示该段与程序中其他段的关系，可以有以下 6 种选择。

(1) NONE：该段独立与其他段无关。

(2) PUBLIC：该段可与其他同名同类别的段相邻地连接在一起，共同拥有一个段基址。

(3) STACK：与 PUBLIC 相同，但作为堆栈段处理。

(4) COMMON：该段可能与其他同名同类别的段发生覆盖，共同拥有一个段基址，段的长度取决于最长的 COMMON 段。

(5) AT 表达式：该段应放在 AT 后的表达式值(16 位)所指定的段地址上。这种方式不能用于代码段。

(6) MEMORY：该段位于被连接在一起的其他所有段之上。

NONE 组合类型为系统默认值。

类别的主要作用是在连接时决定每个逻辑段的装入顺序。程序中所有类别相同的段将被组成一个段组，该段组以其共同的类别作为名字。常使用的类别有'STACK'、'CODE'、'DATA'等。类别指定逻辑段的名字和范围、段在内存中的起始位置、段与段之间的连接关系。

2. ASSUME 伪指令

ASSUME 伪指令主要用于指示汇编程序哪些段是当前段以及这些段与段寄存器之间的对应关系。

格式：

```
ASSUME CS：段名，DS:段名，SS：段名，ES：段名
```

ASSUME 伪指令定义 4 个逻辑段，指明段与段寄存器之间的关系，以便汇编程序知道段的结构和在执行各种指令时知道应访问哪个段。

ASSUME 伪指令只是指明各逻辑段使用段寄存器的情况，并没有对段寄存器进行填装。DS 和 SS 的值必须在程序段中用指令语句进行填装，而 CS、ES 可以由系统设置，程序中也可对 SS 进行填装。

【例 4.10】

```
        DATA    SEGMENT                         ;定义数据段
                H1  DB  12,34,56
                H2  DW  ?
        DATA    ENDS                            ;数据段结束
        CODE    SEGMENT                         ;定义代码段
                ASSUME  CS:CODE,DS:DATA         ;段地址伪指令
        START:MOV   AX,DATA
```

```
        MOV   DS,AX              ;用指令填装 DS
        ...
CODE  ENDS                       ;代码段结束
        END   START
```

4.2.4 过程定义伪指令

过程定义伪指令用来定义一个过程(子程序)，与定义逻辑段在形式上类似。用 PROC 伪指令定义一个过程的开始，用 ENDP 结束一个过程的定义，PROC 与 ENDP 必须成对出现，格式为

```
过程名   PROC   [类型]
         ...
         RET
过程名   ENDP
```

过程名实质上是过程入口的符号地址,过程的类型可以是 NEAR 或 FAR。如果定义时没有指明类型，则默认为 NEAR。当一个程序段定义为过程后，程序中其他地方就可以用 CALL 指令来调用这个过程。

【例 4.11】 编写一个简单的延时子程序 DELAY。

```
DELAY    PROC
         PUSH   DX
         PUSH   CX
         MOV    DX,100
DELAY1:  MOV    CX,1000
    NN:  LOOP   NN
         DEC    DX
         JNZ    DELAY1
         POP    CX
         POP    DX
         RET
DELAY    ENDP
```

4.2.5 其他伪指令

1. ORG 伪指令

ORG 伪指令用来指出其后的程序段或数据块存放的起始地址的偏移量。其格式为

```
ORG   表达式
```

汇编程序把语句中表达式的值作为起始地址，连续存放程序和数据，直到出现一个新的 ORG 指令。若省略 ORG，则从本段起始地址开始连续存放。

2. 程序计数器$

当字符$独立出现在表达式中时,它的值为程序下一个所能分配的存储单元的偏移地址。

【例4.12】

```
DATA    SEGMENT
  ORG   0100H
  N1  DB  10,20,30,40
  N2  EQU  $-N1
DATA    ENDS
```

数据段 ORG 伪指令规定了变量 N1 从偏移地址 0100H 单元开始存放,其中表达式$-N1 的值为程序下一个所分配的偏移地址 0104H 减去 N1 的偏移地址 0100H,所以,$-N1=0104H-0100=4,变量 N2 的值为 4,其含义为 N1 有 4 个字节单元的数据。

4.3 DOS 和 BIOS 调用

DOS(Disk Operation System) 是磁盘操作系统,它包含 4 个核心程序:负责将 DOS 内的程序装入内存的引导程序;负责对 I/O 设备管理的 IBMBIO.com 程序;负责对文件管理与若干服务功能的 IBMDOS.com 程序;负责命令处理的 COMMAND.com 程序。 而 ROM BIOS(Basic Input and Out System)是基本的 I/O 系统,实际上是被固化在 ROM 芯片内的一组程序,为计算机提供最低级、最直接的硬件控制,是硬件与软件之间的一个接口,负责解决硬件的即时需求。

DOS 和 BIOS 中断调用,就是在 DOS 及 BIOS 中预先设计好了一系列的通用子程序,以便供 DOS 及 BIOS 调用。目的是使程序员不必搞清大量的设备接口、数据结构等细节,即可完成所需功能,从而极大地简化了汇编语言的编程。这种调用是以 INT n 的内部中断方式进行的,因此常称为 DOS 及 BIOS 中断调用;又因为在一个中断服务程序中往往包含多个功能相对独立的子程序,所以也将中断调用称为系统功能调用。

4.3.1 DOS 模块和 ROM BIOS 的关系

IBM PC 系列微机及兼容机的 ROM 中有一系列外部设备管理软件,由它们组成了基本的输入/输出系统(ROM BIOS)。DOS 在此基础上开发了一个输入/输出设备处理程序 IBMBIO.com,这也是 DOS 与 ROM BIOS 的接口。在 IBMBIO.com 基础上,DOS 还开发了文件管理和一系列处理程序 IBMDOS.com。另外,DOS 还有命令处理程序 COMMAND.Com,它与前两种程序构成基本的 DOS 系统。DOS 模块与 ROM BIOS 的关系如图 4.3 所示。

图 4.3 DOS 模块与 ROM BIOS 的关系

4.3.2 中断调用及中断服务子程序返回

中断调用是一种内部软件中断方式,它是通过执行 INT n 指令来实现的。
INT n 的指令功能如下。

(1) 当前标志寄存器的内容压栈,保存 TF。
(2) TF←0,IF←0。
(3) 当前断点的 CS 压栈,当前 IP 值压栈。
(4) IP,CS←中断向量第 n 项的 4 字节内容。

中断向量分配情况如下。

00H~1FH,80H~F0H 是 ROM BIOS 的中断向量号。
20H~3FH 是 DOS 的中断向量号,40H~7FH 供用户备用。

通常,一个 INT n 的指令有多种功能,对每一个功能用一个相应的编号表示(功能号)。对应某一个 INT n 的指令的某一功能,需要指出其规定的输入参数,中断服务完毕后,服务程序会有相应的输出。

中断调用的步骤如下。

(1) 准备入口参数。
(2) 功能号送 AH。
(3) 执行 INT n 命令。

当中断服务子程序返回时,要执行 IRET 指令,其功能如下。

(1) 栈顶弹出一个字到 IP。
(2) 栈顶弹出一个字到 CS。
(3) 栈顶弹出一个字到标志寄存器。

4.3.3 DOS 常用系统功能调用举例

DOS 系统功能调用分别实现设备管理、文件读/写、文件管理和目录管理等功能。每个子程序对应一个功能号,所有系统功能调用的格式是一致的,这些功能的调用步骤如下。

(1) 系统功能号送到 AH 寄存器中。
(2) 入口参数送到指定寄存器中。入口参数是子程序运行所需要的数据,DOS 系统功能调用的入口参数通常是放在指定的内部寄存器中,少数功能调用也可以没有入口参数。
(3) 用 INT 21H 指令执行功能调用。
(4) 根据出口参数分析功能调用执行情况。

有些系统功能调用比较简单,不需要设置入口参数或者没有入口参数,只需安排后两个语句,调用返回完成时,系统将出口参数送到指定的寄存器中,或在屏幕上显示出来。

下面选择一些常用的 DOS 功能调用,作简要说明。

1. 1 号功能调用

从键盘输入一个字符并显示,调用格式为

```
MOV AH,1
```

```
        INT   21H
```

它没有入口参数，执行上述命令后，系统扫描键盘等待是否有键按下，若有键按下，先检查是否为 Ctrl-Break 键，若是就自动调用中断 INT 23H，执行退出命令，否则就将键入字符的 ASCII 码送 AL 寄存器，并在屏幕上显示该字符。

2. 8号功能调用

从键盘输入字符但不回显，调用格式为

```
        MOV   AH,8
        INT   21H
```

它没有入口参数，与1号功能调用的区别仅仅在于键入的字符不送屏幕显示。

3. 2号功能调用

2号功能调用实现将字符送到屏幕并将其显示出来。它要求将要显示字符的 ASCII 码值送入 DL 寄存器。

【例4.13】 显示字母 H。

```
        MOV   AH,2
        MOV   DL,'H'
        INT   21H
```

4. 9号功能调用

显示输出字符串，将指定的内存缓冲区中的字符串从屏幕显示输出。要求 DS:DX 指向串地址首址，并且字符串必须以'$'字符为结束符。

【例4.14】 在屏幕上显示'Welcome!'。

```
      DATA  SEGMENT
            DISP  DB   'Welcome!',0DH,0AH,'$'  ;0DH 是回车ASCII 码,0AH 是换行ASCII 码
      DATA  ENDS
      CODE  SEGMENT
            ASSUME   CS:CODE,DS:DATA
      START:MOV  AX,DATA
            MOV  DS,AX
            MOV  DX,OFFSET DISP
            MOV  AH,9
            INT  21H
            MOV  AH,4CH
            INT  21H                            ;4CH 号功能调用是返回DOS
      CODE  ENDS
      END   START
```

5. 0AH 号功能调用

0AH 号系统功能调用的功能是将键盘接收的字符串写入内存的输入缓冲区中，要求预先定义一个输入缓冲区，缓冲区的第一个字节指出能容纳的最大字符个数，由用户给出；第二个字节存放实际输入的字符个数，由系统最后填入；从第三个字节开始存放从键盘接收的字符，直到 ENTER 键结束。

若实际键入的字符数大于给定的最大字符数，就会发出"嘟嘟"声，并且光标不再向右移动，后面输入的字符丢失。若键入的字符数小于给定的最大字符数，缓冲区其余部分填 0。当 0AH 功能调用时，要求将 DS:DX 指向缓冲区的第一字节。

0AH 号系统功能调用格式如下。

(1) 定义缓冲区。

```
BUF    DB    50              ;用户定义存放 50 字节的缓存区
       DB    ?               ;系统输入实际输入字符字节数
       DB    50 DUP(?)       ;存放输入字符的ASCII 值
```

(2) 0AH 号系统功能调用。

```
MOV  DX, OFFSET BUF
MOV  AH, 0AH
INT  21H
```

【例 4.15】 屏幕显示"YOUR NAME?"然后从键盘读取输入的字符串，并比较输入字符串与程序数据区定义的"ZHANG SHAN"字符串。若相同，则显示"WELCOME!"，否则不显示。

```
DATA    SEGMENT
NAME1   DB    'ZHANG SHAN'
NUM     EQU   $-NAME1
D11     DB    'YOUR NAME?',0DH,0AH,'$'
NAME2   DB    20
        DB    ?
        DB    20 DUP(?)
D12     DB    0DH,0AH,'WELCOME!$'
DATA    ENDS
CODE    SEGMENT
        ASSUME   CS:CODE,DS:DATA
START:MOV  AX,DATA
      MOV  DS,AX
      MOV  DX,OFFSET D11
      MOV  AH,9
      INT  21H                      ;显示"YOUR NAME?"并回车换行
      LEA  DX,NAME2
      MOV  AH,0AH
```

```
                INT   21H                    ;输入字符串
                LEA   SI,NAME1
                LEA   DI,NAME2
                CMP   BYTE PTR[DI+1],NUM
                JNE   HH
                MOV   CX,NUM
                LEA   DI,NAME2+2
                CLD
                REPZ  CMPSB                  ;重复比较
                JZ    XTMZ
         HH:    MOV   AH,4CH
                INT   21H                    ;4CH 号功能调用是返回 DOS
         XTMZ:  LEA   DX,D12
                MOV   AH,9
                INT   21H
                JMP   HH
         CODE   ENDS
         END    START
```

6. 返回操作系统

4CH 功能调用能够结束当前正在执行的程序，返回操作系统，屏幕显示操作提示符。

```
         MOV   AH,4CH
         INT   21H
```

此功能调用无入口参数。

DOS 功能调用共有 100 多种，使用时请参看相关手册。

4.3.4　BIOS 中断功能调用

驻留在内存 ROM 中的基本输入/输出程序 BIOS，它为用户程序和系统程序提供主要外设的控制能力，即系统加电自检、引导装入及对键盘、磁盘、显示器、打印机、异步串口通信口等进行控制。同时，还提供了大量的子程序供汇编语言程序员调用，其调用方法与 DOS 系统功能调用相似。BIOS 中颇具特色的显示中断子程序(向量号是 10H)、读键盘中断子程序(向量号为 16H)及通信口中断子程序(向量号为 14H)等很有用。

【例 4.16】　通信口输出'A'。

```
         MOV   AH,1              ;通信口输出功能号为 1
         MOV   AL,'A'            ;待输出的数据放在 AL 中
         MOV   DX,0              ;DX=0 表示对 COM1 输出,DX=1 表示对 COM2 输出
         INT   14H               ;通信口中断子程序向量号为 14H
```

【例 4.17】 读时钟。

```
MOV  AH,2      ;读时钟(AT 机)功能号为 2
INT  1AH       ;时间的设置和读取中断子程序向量号为 1AH
               ;出口参数:CH:CL=时:分(BCD),DH:DL=秒:1/100 秒(BCD)
```

4.4　8086/8088 汇编程序设计的基本方法

程序设计应考虑程序结构模块化、程序易读、易调试及维护且执行速度快等方面。汇编语言程序设计的步骤一般如下。

(1) 分析问题,梳理思路:把要解决问题的条件、原始数据和结果要求搞清楚,建立解决问题的数学模型。

(2) 确定算法,绘制流程图:可把解决实际问题的数学模型分解为计算机求解的步骤和方法,并绘制程序流程图(简单程序可不用绘制流程图)。

(3) 分配存储单元:就是用指令或伪指令为数据和代码程序分配内存空间。在程序设计时要考虑分段结构。

(4) 编制程序:选用合适的指令及程序设计常用的技巧,按流程图编写程序。

(5) 程序调试及结果分析。

汇编语言程序常用的基本程序结构有:顺序结构、分支结构、循环结构和子程序。

4.4.1　顺序结构

顺序结构的程序是一种简单的程序,CPU 执行这种程序时,是以指令的排列顺序逐条执行的。

【例 4.18】 编程实现求两个字节变量 X、Y 的平均值,结果放在 Z 变量中。

```
DATA  SEGMENT
      X  DB  12H
      Y  DB  54H
      Z  DB  ?
DATA  ENDS
CODE  SEGMENT
      ASSUME  CS:CODE,DS:DATA
START:MOV  AX,DATA
      MOV  DS,AX
      MOV  AH,0
      MOV  AL,X
      ADD  AL,Y
      ADC  AH,0              ;带进位加法
      MOV  BL,2
      DIV  BL
```

```
            MOV    Z,AL                    ;结果送 Z 单元
            HLT
     CODE   ENDS
            END    START
```

【例4.19】 编程计算 $77 \times 20 + 23 - 100$。

```
     DATA   SEGMENT
            RESULT  DW  ?
     DATA   ENDS
     CODE   SEGMENT
            ASSUME  CS:CODE,DS:DATA
     START:MOV   AX,DATA
            MOV   DS,AX
            MOV   AL,77
            MOV   BL,20
            MUL   BL
            ADD   AX,23
            SUB   AX,100
            MOV   RESULT,AX              ;结果存放在 RESULT 单元
            HLT
     CODE   ENDS
            END   START
```

4.4.2 分支结构

分支程序就是根据不同的条件执行不同功能的程序。

汇编语言中实现分支的指令有如下两种。

(1) 使用能影响状态标志的指令，如算术逻辑指令、移位指令和位测试指令等，将状态标志设置为能正确反映条件成立与否的状态。

(2) 使用条件转移指令对状态位进行测试判断，确定程序如何转移，形成分支。

分支程序可以有简单分支结构和多分支结构两种形式，其流程图如图 4.4 所示。

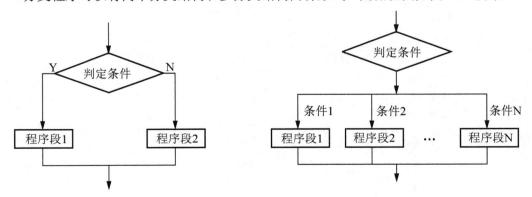

图 4.4 分支结构框图形式

【例4.20】 存储器中有首地址为 BUF 的若干字节数据，为某班英语考试成绩，统计 60 分及以上的学生个数，存放在 NUMBER 单元中。

```
        DATA    SEGMENT
            BUF     DB    78,90,68,62,81,55,72,91,54,83,…
            NM1     DB    $-BUF                ;班级学生个数
            NUMBER  DB    ?
        DATA    ENDS
        CODE    SEGMENT
            ASSUME  CS:CODE,DS:DATA
        START:MOV    AX,DATA
            MOV    DS,AX
            LEA    BX,BUF
            MOV    CL,NM1
            MOV    DL,0                        ;成绩及格人数初始化
        HH: MOV    AL,[BX]
            CMP    AL,60                       ;每一个成绩和 60 分比较
            JB     LOW1
            INC    DL                          ;及格人数自增 1
        LOW1:INC    BX
            SUB    CL,1
            JNZ    HH
            MOV    NUMBER,DL                   ;统计的及格人数
            MOV    AH,4CH
            INT    21H
        CODE    ENDS
            END    START
```

【例4.21】 编程计算符号函数：X 的取值范围：−128～+127。

$$Y = \begin{cases} 1, & X > 0 \\ 0, & X = 0 \\ -1, & X < 0 \end{cases}$$

分析：这是一个 3 分支结构程序，可用条件转移指令实现，程序流程图如图 4.5 所示。

```
        DATA    SEGMENT
            X      DB    ?
            Y      DB    ?
        DATA    ENDS
        CODE    SEGMENT
            ASSUME  CS:CODE,DS:DATA
        START:MOV    AX,DATA
            MOV    DS,AX
```

```
            MOV   AL,X
            CMP   AL,0
            JGE   BIGER              ;X大于等于0跳转
            MOV   Y,0FFH
            JMP   HH
      BIGER:JZ    EE                 ;X等于0跳转
            MOV   Y,1
            JMP   HH
         EE:MOV   Y,0
         HH:MOV   AH,4CH
            INT   21H
      CODE  ENDS
            END   START
```

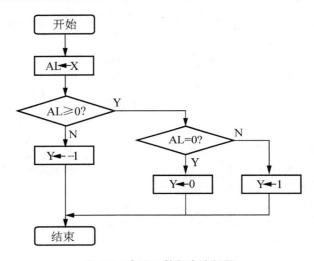

图 4.5 实现函数程序流程图

4.4.3 循环结构

在程序中把能按一定规律，多次重复执行的一部分语句，称为循环程序。

1. 循环程序的组成

一个循环结构由以下几部分组成。

(1) 循环初始化部分：有循环工作部分的初值，还有控制循环结束条件的初值。

(2) 循环体部分：即需要重复执行的程序段。

(3) 循环参数修改部分：按一定规律修改操作数地址及控制变量。

(4) 循环判断部分：用来保证循环程序按规定的次数或特定条件正常循环。

(5) 循环结束部分：主要用来分析和存放程序的结果。

2. 循环程序的结构

在程序设计中，常见的循环结构有两种：一种是先执行循环体，然后判断循环是否继续进行；另一种是先判断是否符合循环条件，符合则执行循环体，否则退出循环。两种循环结构如图 4.6 所示。

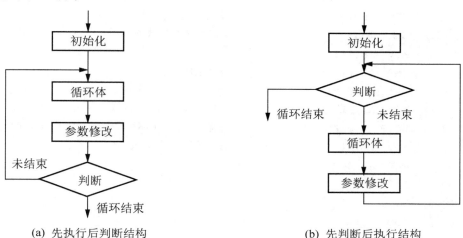

(a) 先执行后判断结构　　　　(b) 先判断后执行结构

图 4.6　循环程序图

图 4.6(a)这种结构不管条件是否满足，总要先执行循环工作部分，即最少要进行一次处理操作，然后再判断是否满足结束条件；图 4.6(b)这种结构在刚进入循环时就判断循环结束的条件，然后根据判断结果决定是否继续循环，如果一开始就满足循环结束条件，将不执行循环工作部分。

3. 循环控制的方法

1) 计数控制法

当循环次数已知时，通常使用计数控制法。在汇编语言程序设计中常采用 CX 寄存器作为循环计数器。

2) 条件控制法

在有些情况下，循环次数事先无法确定，但它与问题的某些条件有关。这些条件可以通过指令来测试。若测试比较的结果表明满足循环条件，则继续循环，否则结束循环。

4. 循环程序设计举例

【例 4.22】　找出 N 个无符号字节数据中的最大数，并将此数放在 DL 中。

```
DATA    SEGMENT
        SHUJU   DB   65H,70,40H,20,100,4AH,55H,9CH
        N       EQU  $-SHUJU
DATA    ENDS
CODE    SEGMENT
```

```
              ASSUME   CS:CODE,DS:DATA
        START:MOV      AX,DATA
              MOV      DS,AX
              MOV      CX,N-1              ;循环次数初始化
              LEA      SI,SHUJU
              MOV      AL,[SI]             ;取第一个数
        BIJIAO:INC     SI                  ;地址参数修改
              MOV      BL,[SI]
              CMP      AL,BL               ;比较两个数
              JAE      NEXT
              MOV      AL,BL               ;AL 中始终是比较后的较大数
        NEXT: LOOP     BIJIAO              ;循环控制,循环次数没到(CX≠0)则继续比较
              MOV      DL,AL               ;最大数存放入 DL 中
              MOV      AH,4CH
              INT      21H
        CODE  ENDS
              END      START
```

例 4.22 的程序既有循环结构，也有顺序和分支结构，是三者的结合。

【例 4.23】 一个字符串存放在 STRING 开始的内存中，要求编程查找该字符串是否有空格符。若没有找到空格符或未查完，继续查找，直到找到第一个空格符或查完了才退出循环。找到 DX 赋值 0FFFFH，没找到 DX 赋值 0。

```
        DATA  SEGMENT
              STRING   DB      'ASDGvdg4567 Ghga1256'
              N        EQU     $-STRING
        DATA  ENDS
        CODE  SEGMENT
              ASSUME   CS:CODE,DS:DATA
        START:MOV      AX,DATA
              MOV      DS,AX
              MOV      CX,N                ;循环次数初始化
              MOV      DX,0                ;DX 赋值初值 0
              MOV      SI,0
        BIJIAO:MOV     AL,STRING[SI]       ;取第一个字符
              INC      SI                  ;地址参数修改
              CMP      AL,' '              ;和空格符比较
              JZ       FIND1               ;找到就退出,并赋值 DX
              LOOP     BIJIAO              ;循环控制,循环次数没到则继续比较
              JMP      HH
        FIND1:MOV      DX,0FFFFH           ;STRING 字符串中有空格符
```

```
HH:MOV  AH,4CH
    INT  21H
CODE ENDS
    END  START
```

4.4.4 子程序结构

在结构化程序设计中，一个较大的程序一般应分为若干个程序模块，每个模块用来实现一个特定的功能，可用子程序来编写程序模块，使程序清晰，易修改。子程序又称为过程，每个子程序包括在过程定义语句 PROC…ENDP 中间。过程定义有属性 NEAR 和 FAR。在同一代码段中调用子程序，用 NEAR。

过程调用要注意如下几个问题。

(1) 子程序的调用和返回。主程序使用 CALL 指令调用，遇到子程序中的 RET 指令，返回到主程序。

(2) 主程序和子程序的参数传递。传递参数使子程序更具有通用性，主程序和子程序的参数传递有：用寄存器传递；用存储器传递；用堆栈传递。

(3) 子程序中使用了哪些寄存器，调用之前是否需要保护。

通常编写子程序时，写一个子程序说明能使模块结构一目了然，子程序的说明包括如下内容。

(1) 功能描述：子程序的名称、功能及性能。
(2) 子程序中用到的寄存器和存储单元。
(3) 子程序的入口参数及出口参数。
(4) 子程序中调用其他子程序的名称。

【例 4.24】 求数组 ARRAY 中所有元素之和并存于 SUM 单元中。

```
STACK  SEGMENT  PARA  STACK'STACK'
       DB  100 DUP(?)
STACK  ENDS
DATA   SEGMENT
       ARRAY  DB  D1,D2,D3,…,Dn
       COUNT  EQU $-ARRAY
       SUM    DW  ?
DATA   ENDS
CODE   SEGMENT
       ASSUME  CS:CODE,DS:DATA
START: MOV  AX,DATA
       MOV  DS,AX
       LEA  SI,ARRAY            ;将需要传递的参数送入寄存器
       MOV  CX,COUNT
       CALL SUM1                ;调用子程序求和,返回值在 AX 中
       MOV  SUM,AX              ;和存于 SUM 单元
```

微机原理及接口技术

```
            MOV   AH,4CH
            INT   21H                    ;返回DOS
;子程序名:SUM1.程序功能:求字节数组和.入口参数:SI=数组首地址,CX=数组长度。
;出口参数:AX=数组和.使用寄存器:AX,CX,SI。
   SUM1   PROC    NEAR
            CMP   CX,0
            JZ    EXIT
            MOV   AX,0                   ;数组和通过AX寄存器回送到主程序
  AGAIN:ADD   AL,[SI]
            ADC   AH,0
            INC   SI
            LOOP  AGAIN
  EXIT:RET
   SUM1   ENDP
   CODE   ENDS
            END   START
```

【例4.25】 编程实现数据段两个数组分别求和(不考虑溢出)。

```
   DATA   SEGMENT
       ARRAY1    DW   50 DUP(?)          ;定义数组1
       SUM1      DW   ?
       ARRAY2    DW   50 DUP(?)          ;定义数组2
       SUM2      DW   ?
   DATA   ENDS
   CODE   SEGMENT
       ASSUME   CS:CODE,DS:DATA
   START:MOV   AX,DATA
         MOV   DS,AX
         LEA   SI,ARRAY1                 ;数组1首地址,入口参数
         MOV   CX,LENGTH  ARRAY1         ;数组1长度,入口参数
         CALL  SUM                       ;调用求和子程序
         LEA   SI,ARRAY2                 ;数组2首地址,入口参数
         MOV   CX,LENGTH  ARRAY2         ;数组2长度,入口参数
         CALL  SUM                       ;调用求和子程序
         MOV   AH,4CH
         INT   21H                       ;返回DOS
;子程序名:SUM.程序功能:求数组和.入口参数:SI=数组首地址,CX=数组长度。
;出口参数:无.使用寄存器:AX,CX,SI。
   SUM    PROC  NEAR                     ;子程序
         XOR   AX,AX                     ;AX清0
   LOP1:ADD   AX,WORD  PTR[SI]           ;加数组元素
         INC   SI
```

```
            INC   SI
            LOOP  LOP1
            MOV   WORD PTR[SI],AX        ;数组和送入 SUM
            RET
    SUM     ENDP                         ;子程序返回
    CODE    ENDS
            END   START
```

例 4.25 是通过存储器来传递参数的。

本 章 小 结

本章介绍了汇编语言程序设计的基本步骤，通过实例分析说明了程序的基本结构，主要掌握以下内容：了解汇编语言的基本知识和特点；熟悉汇编语言的程序结构、段定义以及语句的格式；掌握汇编语言常用伪指令的使用方法；熟练掌握汇编语言程序设计的基本方法：顺序结构、分支结构、循环结构和子程序结构；掌握常用的系统功能的调用方法。通过本章的学习对于较为简单的问题，能独立使用汇编语言进行程序设计。

习 题

1. 下列变量各占多少字节？

```
    M1  DW   12,78A3H
    M2  DB   3 DUP(?),0AH,0DH,'$'
    M3  DB   'HOW DO YOU DO?'
```

2. 某程序设置的数据区如下。

```
    DATA  SEGMENT
    ORG   1000H
    D1  DB   11,2DH,56H
    D2  DW   32,0ABD3H,7634H
    D3  DW   D1
    D4  DB   $-D1
    D5  DB   4 DUP(?)
    D6  DB   '34FS'
    DATA  ENDS
```

画出该数据段内容在内存中的存放形式(要求用十六进制补码表示，按字节组织)。

3. 下面的数据定义，各条 MOV 指令执行后，有关寄存器的内容是什么？

```
    DATA1  DB   ?
    DATA2  DW   5 DUP(?)
```

```
        DATA3    DB    '1234'
                 MOV   AX,TYPE   DATA1
                 MOV   BX,SIZE   DATA2
                 MOV   CX,LENGTH DATA3
```

4. 假设程序中的数据定义如下。

```
        DATA1    DW    ?
        DATA2    DB    10 DUP(?)
        DATA3    DD    ?
        DATA4    EQU   $-DATA1
```

求 DATA4 的值为多少？表示什么意义？

5. 设平面上有一点 P 的直角坐标(x, y)，编程实现：如果 P 点落在第 1 象限，则 K＝1；如果 P 点落在坐标轴上，则 K＝0。

6. 编程把字符串 CHAR11 中小写字母转换为对应的大写字母，并存放在 CHAR22 开始的内存单元。

```
        CHAR11   DB    'asdfghjkl'
        COUNT    DB    $-CHAR11
        CHAR22   DB    COUNT DUP(?)
```

7. 字符串 CHAR33 存放有 50 个字节字符，设其中有字符 M，编程查找第一个 M 字符相对字符串 CHAR33 起始地址的距离，并将其存放到 LENTH11 字节单元。

8. 编程计算：(A*C－B)/B，其中 A、B、C 均为字节变量有符号数。

9. 编程查找出 BUF 数据区中带符号数的最大数和最小数，存放在 MAX 和 MIN 存储单元中。

10. 从自然数 1 开始累加，直到累加和大于 2000 为止，统计被累加的自然数的个数，并把统计的个数送入 NUMBER 单元，把累加和送入 SUM 单元。

11. 编写一个子程序，功能是将一个字节的 BCD 码转换成二进制数。

12. 设计一个软件延时子程序，延时时间约为 1s，假设系统时钟为 8MHz。

13. 编写程序，在屏幕上显示字符串 "This is a sample program."。

14. 编程实现：从键盘中输入学生的姓名 XYZ，当按任意一个键时，屏幕上显示出 "HELLO!　XYZ"。

第 5 章 微机存储器

半导体存储器是用于存储二进制信息的器件,微机工作的程序和数据存放在存储器中,因此存储器是微机系统中的重要组成部分。微机如何组织存储系统,如何连接和控制及读写存储系统是本章要介绍的内容。

5.1 微机存储器概述

微机有了存储器,计算机才有了对信息的记忆功能,从而实现程序和数据信息的存储,使计算机能够自动高速地进行各种运算。

5.1.1 微机存储器系统

微机的存储器系统是由两大部分组成的:一部分叫内部存储器,简称为内存或主存;另一部分叫外部存储器,简称为外存或辅存。微机存储器系统的组成如图 5.1 所示。主存储器(内存)是微机系统的一个组成部分,它用来存储微机当前正在使用的数据和程序,一般由一定容量的速度较高的存储器组成,CPU 可以直接用指令对内存进行读写操作。在微机中,主存储器是由半导体存储器芯片组成的,并在主存储器与 CPU 之间增加一个高速缓冲存储器(高速缓存,Cache)来存储使用频繁的指令和数据,以提高访问操作的平均速度。

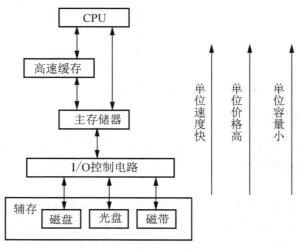

图 5.1 存储系统的多层次结构

外存储器(辅存)也是用来存储各种信息的器件,它用来存储计算机暂不使用的数据和程序。CPU 不能直接用指令对外存进行读写操作,CPU 必须通过 I/O 接口电路才能访问外存储器。如果要执行外存储器存放的程序,必须先将该程序由外存储器调入内存储器。在微机中常用硬盘、软盘、移动硬盘和磁带作为外存储器,其特点是存储容量大、速度较低。

5.1.2 半导体存储器的分类

根据不同的制作工艺,可以将半导体存储器分为双极型和 MOS 型两类。双极型半导体存储器采用 TTL 型晶体管逻辑电路作为基本存储电路,其特点是存取速度快。但它与 MOS 型相比,集成度低、功耗大、成本高。MOS 型半导体存储器的特点是制造工艺简单、集成度高、功耗低。MOS 型存储器又有 NMOS(N 沟道型)、HMOS(高密度型)和 CMOS(互补型)等类型。

根据存取方式的不同,内存储器可以分为随机存储器(Random Access Memory,RAM,也称为读/写存储器)和只读存储器(Read Only Memory,ROM),如图 5.2 所示。

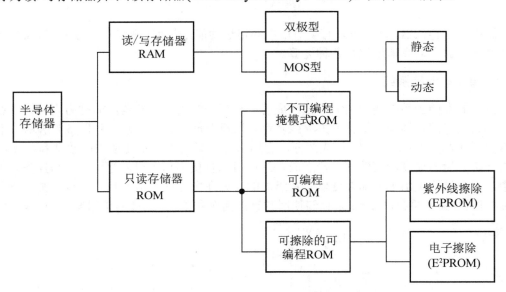

图 5.2 半导体存储器的分类

1. 随机存储器(RAM)

随机存取存储器简称 RAM,也称为读/写存储器。按其制造工艺可以分为双极型半导体 RAM 和金属氧化物半导体(MOS)RAM。

1) 双极型 RAM

双极型 RAM 的主要优点是存取时间短,通常为几纳秒(ns)到几十纳秒。与下面提到的 MOS 型 RAM 相比,其集成度低、功耗大,而且价格也较高。因此,双极型 RAM 主要用于要求存取时间非常短的特殊应用场合。

2) MOS 型 RAM

用 MOS 器件构成的 RAM 又可分为静态读/写存储器 SRAM(Static RAM)和动态读/写存储器 DRAM(Dynamic RAM)。

SRAM 的存储单元由双稳态触发器构成。双稳态触发器有两个稳定状态,可用来存储一位二进制信息。只要不掉电,其存储的信息可以始终稳定地存在,故称其为"静态"RAM。SRAM 的主要特点是存取时间短(几十纳秒到几百纳秒),外部电路简单,便于使用。

DRAM 的存储单元用电容来存储信息,电路简单。但电容总有漏电存在,时间长了存放的信息就会丢失或出现错误。因此需要对这些电容定时充电,这个过程称为"刷新",即定时地将存储单元中的内容读出再写入。由于需要刷新,所以这种 RAM 称为"动态" RAM。DRAM 的存取速度与 SRAM 的存取速度差不多。其最大的特点是集成度非常高。

由于用 MOS 工艺制造的 RAM 集成度高,存取速度能满足各种类型微机的要求,而且其价格也比较便宜,因此,现在微机中的内存主要由 MOS 型 DRAM 组成。

2. 只读存储器(ROM)

根据制造工艺不同,只读存储器分为 ROM、PROM、EPROM、E²PROM 几类。只读存储器在工作时只能读出,不能写入,掉电后不会丢失所存储的内容。

1) 掩模式只读存储器(ROM)

掩模式 ROM 是芯片制造厂根据 ROM 要存储的信息,对芯片图形通过二次光刻生产出来的,故称为掩模 ROM。其存储的内容固化在芯片内,用户可以读出,但不能改变。这种芯片存储的信息稳定、成本最低,适用于存放一些可批量生产的固定不变的程序或数据。

2) 可编程 ROM(Programmable ROM,PROM)

PROM 允许用户对其进行一次编程即写入数据或程序。一旦编程之后,信息就永久性地固定下来。用户可以读出其内容,但是再也无法改变它的内容。

3) 可擦除的 PROM(Erasable Programmable ROM,EPROM)

PROM 这类芯片允许用户通过一定的方式多次写入数据或程序,也可根据需要修改和擦除其中所存储的内容,且写入的信息不会因为掉电而丢失。由于这些特性,可擦除的 PROM 芯片在系统开发、科研等领域得到了广泛的应用。

可擦除的 PROM 芯片因其擦除的方式不同可分为两类:一是通过紫外线照射(约 20min 左右)来擦除,这种用紫外线擦除的 PROM 称为 EPROM;另外一种是通过加电压的方法(通常是加上一定的电压)来擦除,这种 PROM 称为 EEPROM(Electric Erasable Programmable ROM,E²PROM)。芯片内容擦除后仍可以重新对它进行编程,写入新的内容。擦除和重新编程都可以多次进行。

4) 闪速存储器(Flash Memory)

Flash Memory 是在 EPROM 与 E²PROM 基础上发展起来的,它与 EPROM 一样,用单管来存储一位信息,它与 E²PROM 相同之处是用电来擦除,但是它只能擦除整个区域或整个器件。快速擦除读/写存储器于 1983 年推出,1988 年商品化。它兼有 ROM 和 RAM 两者的性能,又有 DRAM 一样的高密度。Flash Memory 是唯一具有大存储量、非易失性、低价格、可在线改写和高速度读等特性的存储器，它是近年来发展最快、最有前途的存储器。

5.1.3 半导体存储器芯片的一般结构

常用的存储器包括存储体、地址译码器、控制逻辑和数据缓冲器 4 部分。图 5.3 给出了存储器芯片的结构示意图。存储体是存储芯片的主体，由许多存储单元按照一定的排列规则构成。存储体一般都排列成阵列形式，又称存储阵列，把存储阵列及其外围电路(包括地址译码电路、数据缓冲电路和控制逻辑电路等)集成在一块硅片上，称为存储组件。存储组件经过各种形式的封装后就制成半导体存储芯片。

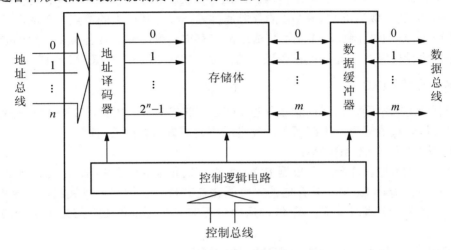

图 5.3 存储器芯片的结构

半导体存储芯片存储单元的排列结构通常有两种方式：一种是"位片式"结构(位结构)，就是将多个存储单元的同一位排列在一起，其容量表示成 N×1 位，如 1K×1 位，4K×1 位等；另一种是"字片式"结构，是将 N 个存储单元的 M 位组合在一起表示成 N×M 位。如 N 个存储单元的 4 位或 8 位组合在一起，容量表示为 N×4 位或 N×8 位。同理某存储芯片的结构是 8K×8 位，表示有 8K 个存储单元，每个存储单元是 8 位。

地址译码器接收来自外部地址线上的 n 个信号，然后译码产生 2^n 个地址选择信号，实现对片内存储单元的选择，如 6 根地址线，那经过译码后可以产生 2^6 个地址选择信号。当地址信号多时，如 8086 有 20 位地址信号，存储体设计成存储矩阵，译码器设计为双译码方式，它将地址码分为 X 与 Y 两部分，用两个译码电路分别译码。X 向译码又称为行译码，其称为行选择线，它选中存储矩阵中的一行的所有存储单元。Y 向译码又称列译码，其称为列选择线，它选中一列的所有存储单元。只有当 X 向和 Y 向的选择线同时选中那一位存储单元时，才能进行读或写操作。双译码方式译码器出线少，简化了存储器的结构，适合用于大容量的存储器。

输出线控制逻辑单元主要是接收来自外部的片选信号、读/写控制信号等，形成对芯片内部控制的信号，以控制对芯片内部存储单元所保存数据的读出和写入。数据缓冲器是数据输入输出的通道。

5.1.4 存储器芯片的主要技术指标

衡量半导体存储器性能的主要指标有存储容量、存取时间、存储周期、功耗和可靠性等。

1. 存储容量

存储容量是存储器的一个重要指标。存储容量是指存储器所能存储二进制数码的数量，即所含存储元的总数。随着存储器不断扩大，人们采用的单位从千字节 KB(1024B)、兆字节 MB(1024KB)，千兆字节 GB(1024MB)到兆兆字节 TB(1024GB)。显然，存储容量是反映存储能力的指标。

2. 存取时间和存储周期

存取时间又称存储器访问时间，即启动一次存储器操作(读或写)到完成该操作所需要的时间。显然，存取时间和存储周期是反映主存工作速度的重要指标。

3. 可靠性

可靠性是指存储器对电子磁场的抗干扰性和对温度变化的抗干扰性。例如，半导体存储器芯片的平均故障间隔时间(MTBF)为 $5\times10^6\sim1\times10^8$h，它是反应半导体存储器可靠性的指标。

4. 功耗

功耗通常是指每个存储元消耗功率的大小，单位为微瓦/位(μW/位)或者毫瓦/位(mW/位)。使用功耗低的存储器芯片构成存储系统，不仅可以减少对电源容量的要求，而且还可以提高存储系统的可靠性。

5. 集成度

集成度指在一块存储芯片内，能集成多少个基本存储电路，每个基本存储电路存放一位二进制信息，所以集成度常用位/片来表示。

6. 性能/价格比

性能/价格比(简称性价比)是衡量存储器经济性能好坏的综合指标，它关系到存储器的实用价值。其中性能包括前述的各项指标，而价格是指存储单元本身和外围电路的总价格。

5.2 随机存储器

随机存储器简称 RAM，也称为读/写存储器，随机存取存储器 RAM 主要用来存放当前运行的程序、各种输入/输出数据、中间运算结果及堆栈等，其存储的内容既可随时读出，也可随时写入和修改，RAM 的缺点是数据的易失性，即一旦掉电，所存的数据全部丢失。

RAM 存储单元是存储器的核心部分。按工作方式不同，可分为静态和动态两类，按所用元件类型，又可分为双极型和 MOS 型两种。

5.2.1 静态存储器

静态随机存储器(SRAM)芯片有不同的规格型号，它的单片芯片容量也有多种。下面介绍一些典型芯片。

1. 典型的静态 RAM 芯片

SRAM 的使用十分方便，在微型计算机领域有着极其广泛的应用。下面就以典型的 SRAM 芯片 6264 为例，说明它的外部特性及工作过程。

1) 6264 存储芯片的引线及其功能

6264 芯片是一个 8K×8bit 的 CMOS SRAM 芯片，其引脚如图 5.4 和图 5.5 所示。它共有 28 条引出线，包括 13 根地址线、8 根数据线、4 根控制信号线及其他引线，它们的含意分别如下。

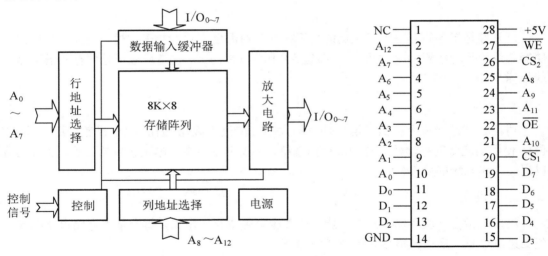

图 5.4 内部结构　　　　　　图 5.5 6264 外部引线

(1) $A_0 \sim A_{12}$：13 根地址信号线。一个存储芯片上地址线的多少决定了该芯片有多少个存储单元。13 根地址信号线上的地址信号编码最大为 2^{13}，即 8192(8K)个。也就是说，芯片的 13 根地址线上的信号经过芯片的内部译码，可以决定选中 6264 芯片上 8K 个存储单元中的哪一个。在与系统连接时，这 13 根地址线通常接到系统地址总线的低 13 位上，以便 CPU 能够寻址芯片上的各个单元。

(2) $D_0 \sim D_7$：8 根双向数据线。对 SRAM 芯片来讲，数据线的根数决定了芯片上每个存储单元的二进制位数，8 根数据线说明 6264 芯片的每个存储单元中可存储 8 位二进制数，即每个存储单元有 8 位。使用时，这 8 根数据线与系统的数据总线相连。当 CPU 存取芯片上的某个存储单元时，读出和写入的数据都通过这 8 根数据线传送。

(3) $\overline{CS_1}$ 和 CS_2：片选信号线。当 $\overline{CS_1}$ 为低电平、CS_2 为高电平($\overline{CS_1}=0$，$CS_2=1$)时，

该芯片被选中,CPU 才可以对它进行读/写。通常一个微机系统的内存空间是由若干块存储器芯片组成的,某块芯片映射到内存空间的哪一个位置(即处于哪一个地址范围)上,是由高位地址信号决定的。系统的高位地址信号和控制信号通过译码产生片选信号,将芯片映射到所需要的地址范围上。6264 有 13 根地址线($A_0 \sim A_{12}$),8086/8088 CPU 有 20 根地址线,所以这里的高位地址信号就是 $A_{13} \sim A_{19}$。

(4) $\overline{OE}$:输出允许信号。只有当 $\overline{OE}$ 为低电平时,CPU 才能够从芯片中读出数据。

(5) $\overline{WE}$:写允许信号。当 $\overline{WE}$ 为低电平时,允许数据写入芯片;而当 $\overline{WE} = 1$,$\overline{OE} = 0$ 时,允许数据从该芯片读出。

控制线的具体使用见表 5-1。

(6) 其他引线:VCC 为+5V 电源,GND 是接地端,NC 表示空端。

表 5-1 6264 的读/写控制逻辑表

$\overline{WE}$	$\overline{CS_1}$	CS_2	$\overline{OE}$	$D_0 \sim D_7$
0	0	1	×	写入
1	0	1	0	读出
×	0	0	×	三态
×	1	1	×	(高阻)
×	1	0	×	

2) 6264 的工作过程

从表 5-1 中可以知道,6264 的状态有以下 3 种。

(1) 数据输出,即外部处理器从 6264 存储器中读取数据。

① 地址码 $A_0 \sim A_{12}$ 加到 RAM 芯片的地址输入端,经 X 和 Y 地址译码器译码,产生行选和列选信号,选中某一存储单元,该单元中存储的代码出现在 I/O 电路的输入端。I/O 的缓冲寄存器有三态控制功能,没有开门信号,所存数据也不能送到 DB 上。

② 在传送地址码的同时,还要传送读/写控制信号($\overline{WE}$)和片选信号($\overline{CS_1}$,CS_2)。读出时,使 $\overline{WE} = 1$,$\overline{CS_1} = 0$,$CS_2 = 1$,这时,输出缓冲器的三态门将被打开,所存信息送至 DB 上。于是,存储单元中的信息被读出。

(2) 数据输入,即外部处理器将数据写入 6254 存储器。

① 地址码加在 RAM 芯片的地址输入端,选中相应的存储单元,使其可以进行写操作。

② 将要写入的数据放在 DB 上。

③ 加上片选信号 $\overline{CS_1} = 0$,$CS_2 = 1$ 及写入信号 $\overline{WE} = 0$。这两个有效控制信号打开三态门使 DB 上的数据进入输入电路,送到存储单元的位线上,从而写入该存储单元。

(3) 高阻态,即 6264 存储器与外部处于高阻状态。

2. SRAM 芯片的应用

将一个存储器芯片接到系统总线上,除部分控制信号及数据信号线的连接外,主要是如何保证该芯片在整个内存中占据的地址范围能够满足用户的要求。芯片的片选信号是由高位地址信号和控制信号的译码产生的,这就是片选译码(选择一个存储芯片);然后再找一个存储单元，这就是片内译码，片内译码由存储芯片内部完成，使用者不需要考虑。下面就来介绍决定芯片存储地址空间的方法和如何实现译码。

存储器的地址译码方式可以分为两种：一种称为全地址译码；另一种称为部分地址译码。

1) 全地址译码方式

所谓全地址译码，就是构成存储器时要使用全部 20 位地址总线信号，即所有的高位地址信号用来作为译码器的输入，低位地址信号接存储芯片的地址输入线，从而使得存储器芯片上的每一个单元在整个内存空间中具有唯一的一个地址。对 SRAM 6264 芯片来讲，就是用低 13 位地址信号 $A_0 \sim A_{12}$ 决定每个单元的片内地址，即片内寻址；而用高 7 位地址信号 $A_{13} \sim A_{19}$ 决定芯片在内存中的地址边界，即作片选地址译码，如图 5.6 所示。

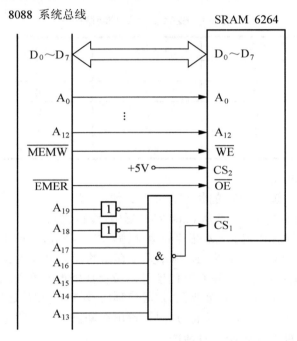

图 5.6　SRAM 6264 的全地址译码连接

图 5.7 是 SRAM 6264 与 8086/8088 系统的连接图。图中用地址总线的高 7 位地址信号 ($A_{13} \sim A_{19}$)作为地址译码器的输入,地址总线的低 13 位地址信号 $A_0 \sim A_{12}$ 接到芯片的 $A_0 \sim A_{12}$ 端，故这是一个全地址译码方式的连接。可以看出，当 $A_{19} \sim A_{13}$ 为 0011111 时，译码器输出为低电平，所以该 SRAM 6264 芯片的地址范围为 3E000H～3FFFFH(低 13 位可以是全 0 到全 1 之间的任何一个值)。

译码电路的构成不是唯一的，可以利用基本逻辑门电路(如"与"、"或"、"非"门等)构成如图 5.6 所示，也可以利用译码器 74LS138 构成。图 5.7 就是用 74LS138 译码器实现同样地址范围的译码电路。

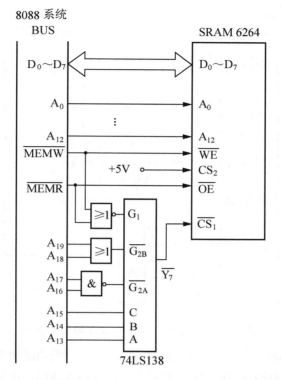

图 5.7 利用 74LS138 译码器实现全地址译码连接

2) 部分地址译码方式

部分地址译码就是仅把地址总线的一部分地址信号线与存储器连接，通常是用高位地址信号的一部分(而不是全部)作为片选译码信号。图 5.8 就是一个部分地址译码的例子。从图中可以看出，该 SRAM 6264 芯片被映射到了以下内存空间中：

AE000H～AFFFFH

BE000H～BFFFFH

EE000H～EFFFFH

FE000H～FFFFFH

即该 SRAM 6264 芯片共占据了 4 个 8KB 的内存空间，而 SRAM 6264 芯片本身只有 8KB 的存储容量。原因在于图中的高位地址译码并没有利用地址总线上的全部地址信号，而只利用了其中的一部分。在图 5.8 中，A_{18} 和 A_{16} 并未参加译码，因此，A_{18} 和 A_{16} 无论是什么值都不影响译码器的输出。当 A_{18} 和 A_{16} 分别为 00、01、10、11 这 4 种组合时，使 SRAM 6264 这个 8KB 的存储芯片占据了 4 个 8KB 的地址空间。按这种地址译码方式，芯片占用的这 4 个 8KB 的区域绝不可再分配给其他芯片，否则会造成总线竞争而使微机无法正常工作。另外，在对这个 SRAM 6264 芯片进行存取时，可以使用以上 4 个地址范围的任意一个。

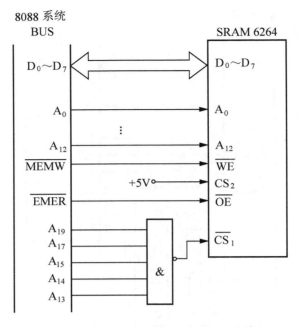

图 5.8 SRAM 6264 的部分地址译码连接图

参加译码的高位地址越少,译码器就越简单,而同时所构成的存储器所占用的内存地址空间就越多。在实践中,采用全地址译码还是部分地址译码,应根据具体情况来定。如果地址资源很富裕,为使电路简单,可考虑用部分地址译码方式。如果要充分利用地址空间,则应采用全地址译码方式。SRAM 6264 芯片的功耗很小(工作时为 15 mW,未选中时仅 10μW),因此在简单的应用系统中,CPU 可直接和存储器相连,不用增加总线驱动电路。

典型的 SRAM 芯片还有 2114(1KB×4 位)、6116(2KB×8 位)、62256(32KB×8 位)、628128(128KB×8 位)等。

5.2.2 动态存储器

动态随机存储器(DRAM)依靠电容来保存信息。为了不丢失信息,需要在电容放电丢失信息前,把数据读出来再写进去,相当于再次给电容充电,以维持所记忆的信息,这是动态刷新的概念。由于 DRAM 存储器集成度高、功耗低和价格低等特点,所以在构成大容量的存储器系统时,一般选择 DRAM。

1. 典型的动态 RAM 芯片

下面以典型的 DRAM 芯片 Intel 2164A(64KB×1 位)为例,介绍一下动态存储器的内部结构和引脚功能。

Intel 2164A 芯片的存储容量为 64KB×1 位,采用单管动态基本存储电路,每个单元只有一位数据,其内部结构如图 5.9 所示。2164A 芯片的存储体本应构成一个 256×256 的存储矩阵,为提高工作速度(需减少行列线上的分布电容),将存储矩阵分为 4 个 128×128 矩阵,每个 128×128 矩阵配有 128 个读出放大器,各有一套 I/O 控制电路。

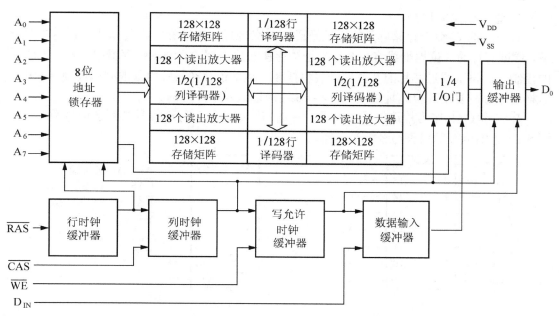

图 5.9　Intel 2164A 内部结构示意图

1) 内部存储单元的组织

芯片 Intel 2164A 的容量为 64KB×1 位,由 4 个 128×128 存储矩阵构成,每个存储矩阵由行地址输入(RA_7)和列地址输入(CA_7)经过译码后产生的 4 选 1 控制信号来选择。每个存储矩阵中的每个存储单元由行地址输入($RA_6 \sim RA_0$)经过译码后产生的 128 个行选信号中的一个信号和列地址输入($CA_6 \sim CA_0$)经过译码后产生的 128 个列选信号中的一个信号共同确定。

2) 数据的读/写控制

在通过行地址选通输入 $\overline{RAS}$ 和列地址选通输入 $\overline{CAS}$ 选中存储单元后,由写控制输入 $\overline{WE}$ 来控制对基本存储单元的写操作。$\overline{WE}$ 为低电平时,数据经数据输入引脚 D_{IN} 输入写到选中的存储单元中;$\overline{WE}$ 为高电平时,数据从选中的存储单元中经数据输出引脚 D_{OUT} 经数据缓冲器输出。

3) 刷新控制

2164A 的刷新周期是 2ms,在刷新信息过程中,使列地址选通控制 $\overline{CAS}$ 无效(为高电平),使行地址选通控制 $\overline{RAS}$ 有效(为低电平),然后芯片内部刷新电路就会将所选中行各单元上的信息进行刷新(对原来为 1 的电容补充电荷,原来为 0 的则保持不变),每次刷新一行(4×128 个存储单元)。每次送出不同的行地址,就可以刷新不同行的存储单元,只要将行地址循环一遍,就可以将整个芯片的所有存储单元刷新一次,由于刷新时列地址选通控制 $\overline{CAS}$ 无效,因此存储单元中的信息不会送到数据总线上。

DRAM 刷新需要有定时控制信号,以便能对存储数据定时进行刷新,刷新电路使用专用的刷新控制芯片,或者使用定时器来产生定时信号。

4) 地址信息的控制

2164A 的 64K 个存储单元的地址是通过 8 条地址线来选择的，具体是在 $\overline{RAS}$ 的控制下，通过芯片的 8 位地址线将高 8 位地址锁存在芯片内部的行地址锁存器中，然后在 $\overline{CAS}$ 的控制下，再次通过芯片的 8 位地址线将低 8 位地址锁存在芯片内部的列地址锁存器中，这样通过分时复用 8 位地址线就可以将 16 位地址送入芯片内部。

$\overline{RAS}$ 和 $\overline{CAS}$ 作为片选信号，可见，片选信号已分解为行选信号与列选信号两部分。图 5.10 是 2164A 的引脚与逻辑符号图。

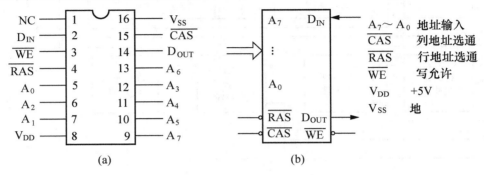

图 5.10 Intel 2164A 引脚与逻辑符号

2. 静态存储器和动态存储器芯片特性比较

静态存储器和动态存储器芯片特性比较见表 5-2。

表 5-2 静态存储器和动态存储器芯片特性比较

特　性	SRAM	DRAM
存储信息	触发器	电容
需要刷新	不要	需要
送行列地址	同时送	分两次送
运行速度	快	慢
集成度	低	高
发热量	大	小
存储成本	高	低

5.3　只读存储器

只读存储器 ROM(Read-Only Memory)，是只能读出信息、不能修改信息的存储器。因此这类存储器一般只存放一些固定的程序，如监控程序、PC 中的 BIOS 程序等。

ROM 是一种非易失性的半导体存储器件，依据写入方式不同，分为掩膜 ROM、PROM、EPROM 和 EEPROM。

掩模式只读存储器(MROM)中储存的信息是在芯片制造过程中就固化好了的，用户只能选用而无法修改原存信息，故又称为固定只读存储器 MROM。

可编程只读存储器(PROM)出厂时各单元内容全为 0，用户可用专门的 PROM 写入器将信息写入，但是对这种存储器只能进行一次编程。

PROM 虽然可供用户进行一次编程，但仍有局限性。为了便于研究工作，实验各种 ROM 程序方案，可擦除可编程的只读存储器 EPROM(Erasable PROM)在实际中得到了广泛应用。这种存储器利用编程器写入信息，此后便可作为只读存储器来使用。根据擦除芯片内已有信息的方法不同，可擦除可再编程 ROM 可分为两种类型：紫外线擦除 PROM(简称 EPROM)和电擦除 PROM(简称 EEPROM 或 E^2PROM)。

下面简单介绍典型的 EPROM 和 EEPROM 芯片。

1. 典型的 EPROM 芯片

以一种典型的 EPROM 芯片 2764 为例，来介绍这类芯片的特点和应用。

1) 引线及其功能

2764 的外部引线如图 5.11 所示。这是一块 8KB×8 位的 EPROM 芯片，它的引线与前边介绍的 SRAM 芯片 6264 是兼容的。

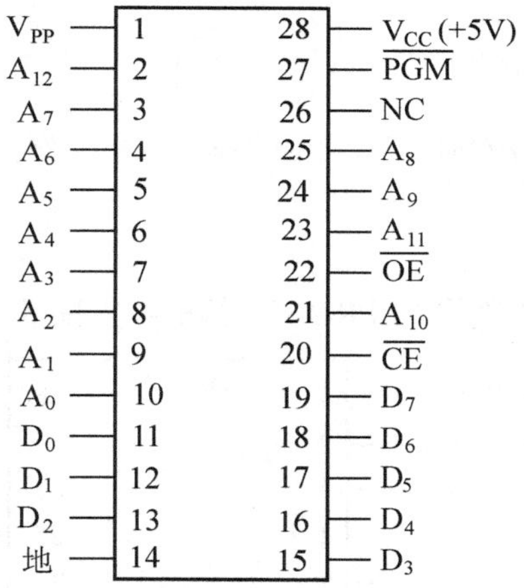

图 5.11　EPROM 2764 引线图

2764 各引脚的含义如下。

(1) A_0～A_{12}：13 根地址输入线。用于寻址片内的 8KB 个存储单元。

(2) D_0～D_7：8 根双向数据线，正常工作时为数据输出线，编程时为数据输入线。

(3) $\overline{CE}$：片选信号，低电平有效。当 $\overline{CE}=0$ 时表示选中此芯片。

(4) $\overline{OE}$：输出允许信号。低电平有效。当 $\overline{OE}=0$ 时，芯片中的数据可由 D_0～D_7 端输出。

(5) $\overline{PGM}$：编程脉冲输入端。对 EPROM 编程时，在该端加上编程脉冲。读操作时 $\overline{PGM}=1$。

(6) V_{PP}：编程电压输入端。编程时应在该端加上编程高电压，不同的芯片对 V_{PP} 的值的要求不一样，可以是＋12.5V、＋15V、＋21V、＋25V 等。

2) 2764 的工作过程

2764 可以工作在读出、编程写入和擦除 3 种方式下。

(1) 数据读出：这是 2764 的基本工作方式，用于读出 2764 中存储的内容，其工作过程与 RAM 芯片非常类似，即先把要读出的存储单元地址送到 $A_0 \sim A_{12}$ 地址线上，然后使 $\overline{CE}=0$，就可在芯片的 $D_0 \sim D_7$ 上读出需要的数据；在读方式下，编程脉冲输入端 $\overline{PGM}$ 及编程电压 V_{PP} 端都接在 +5V 电源 V_{CC} 上。

(2) EPROM 的编程写入：对 EPROM 芯片的编程可以有两种方式，一种是标准编程；另一种是快速编程。

标准编程的缺点是编程脉冲太宽(50ms)，编程时间太长，对于容量大的芯片不适合，例如，对 256KB 的 EPROM，其编程时间长达 3.5h 以上。

快速编程与标准编程的工作过程是一样的，只是编程脉冲要窄得多，编程过程需要的时间也很短。

(3) 擦除：EPROM 允许擦除的次数超过上万次。一片新的或擦除干净的 EPROM 芯片，其每一个存储单元的内容都是 FFH。要对一个使用过的 EPROM 进行编程，则首先应将其放到专门的擦除器上进行擦除操作。擦除器利用紫外线光照射 EPROM 的窗口，一般经过 15~20min 即可擦除干净。

2. 典型的 EEPROM 芯片

下面以一个典型的 EEPROM 芯片 NMC98C64A 为例介绍 EEPROM 的工作过程和应用。

1) 98C64A 的引线

NMC98C64A 为 8KB×8 位的 EEPROM，其引线如图 5.12 所示，各引脚含义如下。

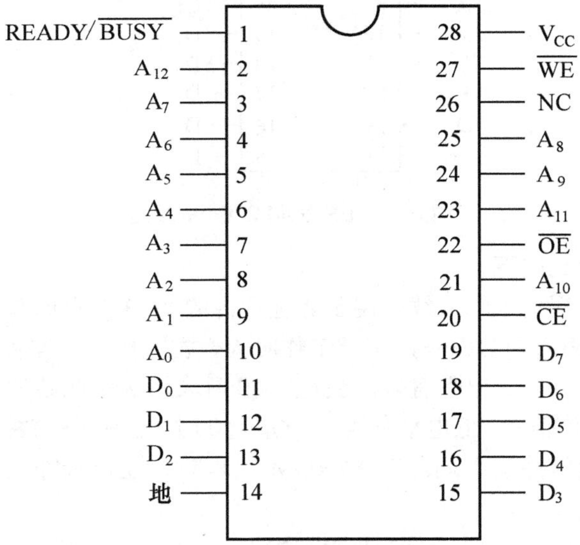

```
READY/BUSY ─ 1        28 ─ V_CC
       A_12 ─ 2        27 ─ WE
        A_7 ─ 3        26 ─ NC
        A_6 ─ 4        25 ─ A_8
        A_5 ─ 5        24 ─ A_9
        A_4 ─ 6        23 ─ A_11
        A_3 ─ 7        22 ─ OE
        A_2 ─ 8        21 ─ A_10
        A_1 ─ 9        20 ─ CE
        A_0 ─ 10       19 ─ D_7
        D_0 ─ 11       18 ─ D_6
        D_1 ─ 12       17 ─ D_5
        D_2 ─ 13       16 ─ D_4
         地 ─ 14       15 ─ D_3
```

图 5.12 NMC98C64A 引线图

(1) $A_0 \sim A_{12}$：地址线，用于选择片内的 8KB 个存储单元。

(2) $D_0 \sim D_7$：8 条数据线。

(3) $\overline{CE}$：片选信号，低电平有效，当 $\overline{CE}=0$ 时选中该芯片。

(4) $\overline{OE}$：输出允许信号。当 $\overline{OE}=0$，$\overline{WE}=1$ 时，可将选中的地址单元的数据读出。这与 6264 很相似。

(5) $\overline{WE}$：写允许信号。当 $\overline{CE}=0$，$\overline{OE}=1$，$\overline{WE}=0$ 时，可以将数据写入指定的存储单元。

(6) READY/$\overline{BUSY}$：状态输出端。98C64A 正在执行编程写入时，此管脚为低电平。写完后，此管脚变为高电平。因为正在写入当前数据时，98C64A 不接收 CPU 送来的下一个数据，所以 CPU 可以通过检查此管脚的状态来判断写操作是否结束。

2) 98C64A 的工作过程

98C64A 的工作过程同样包括 3 部分，即数据读出、编程写入和擦除。

(1) 数据读出：从 EEPROM 读出数据的过程与从 EPROM 及 RAM 中读出数据的过程是一样的。当 $\overline{CE}=0$，$\overline{OE}=0$，$\overline{WE}=1$ 时，只要满足芯片所要求的读出时序关系，则可从选中的存储单元中将数据读出。

(2) 数据写入：将数据写入 98C64A 有两种方式。

① 字节写入方式是一次写入一个字节的数据。

② 自动页写入方式：页编程的基本思想是一次写完一页，而不是只写一个字节。每写完一页判断一次 READY/$\overline{BUSY}$ 端的状态。

(3) 擦除：擦除和写入是同一种操作，只不过擦除总是向单元中写入"FFH"而已。EEPROM 的特点是一次既可擦除一个字节，也可以擦除整个芯片的内容。如果需要擦除一个字节，其过程与写入一个字节的过程完全相同。若希望一次将芯片所有单元的内容全部擦除干净，可利用 EEPROM 的片擦除功能，即在 $D_0 \sim D_7$ 上加上 FFH，使 $\overline{CE}=0$，$\overline{WE}=1$，并在 $\overline{OE}$ 引脚上加上 +15V 电压，使这种状态保持 10ms，就可将芯片所有单元擦除干净。

EEPROM 98C64A 有写保护电路，加电和断电不会影响芯片的内容。写入的内容一般可保存 10 年以上。每一个存储单元允许擦除/编程上万次。

5.4 快速擦除读/写存储器

人们希望有一种写入速度类似于 RAM，掉电后存储内容又不丢失的存储器。为此，一种新型的称为闪存(Flash Memory)的快速擦除读/写存储器被研制出来。Flash Memory 是在 EPROM 与 EEPROM 基础上发展起来的，它与 EPROM 一样，用单管来存储一位信息，与 EEPROM 相同之处是用电来擦除，但是实现一个区域擦除或全部擦除。闪存的编程速度快，掉电后存储内容又不丢失，从而得到很广泛的应用。

下面以典型的闪存芯片 TMS28F040(16×32KB)为例简单介绍闪存的工作原理和应用。

1) TMS28F040 的引线

28F040 的外部引线如图 5.13 所示。$A_0 \sim A_{18}$ 为 19 条地址线，用于选择片内的 512KB

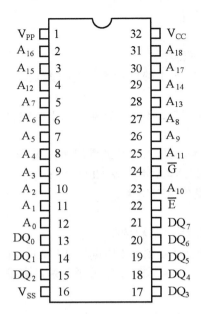

图 5.13 TMS28F040 的外部引线图

个存储单元。DQ$_0$～DQ$_7$ 为 8 条数据线。因为它共有 19 根地址线和 8 根数据线，说明该芯片的容量为 512K×8bit，28F040 芯片将其 512KB 的容量分成 16 个 32KB 的块，每一块均可独立进行擦除。$\overline{E}$ 是芯片写允许信号，在它的下降沿锁存选中单元的地址，用上升沿锁存写入的数据。$\overline{G}$ 为输出允许信号，低电平有效。

2) TMS28F040 的工作过程

28F040 与普通 EEPROM 芯片一样也有 3 种工作方式，即读出、编程写入和擦除。但也有所不同，28F040 是通过向内部状态寄存器写入命令的方法来控制芯片的工作方式，对芯片所有的操作必须要先往状态寄存器中写入命令。另外，28F040 的许多功能需要根据状态寄存器的状态来决定。

(1) 读操作：读操作包括读出芯片中某个单元的内容、读出内部状态寄存器的内容以及读出芯片内部的厂家及器件标记 3 种情况。如果要读某个存储单元的内容，则在初始加电以后或在写入命令 00H(或 FFH)之后，芯片就处于只读存储单元的状态。这时就和读 SRAM 或 EPROM 芯片一样，很容易读出指定的地址单元中的数据。此时的 V$_{PP}$(编程高电压端)可与 V$_{CC}$(+5V)相连。

(2) 编程写入：编程方式包括对芯片单元的写入和对其内部每个 32KB 块的软件保护。软件保护是用命令使芯片的某一块或某些块规定为写保护，也可置整片为写保护状态，这样可以使被保护的块不被写入的新内容擦除。

(3) 擦除方式：28F040 既可以每次擦除一个字节，也可以一次擦除整个芯片，或根据需要只擦除片内某些块，并可在擦除过程中使擦除挂起和恢复擦除。

5.5 存储器的扩展

存储系统一般需要用多个存储芯片进行组合，以满足对存储容量的需求，这种组合就称为存储器的扩展。存储器扩展时要解决的问题主要包括位扩展、字扩展和字位扩展。

5.5.1 存储容量的位扩展

当给定的存储器芯片每个单元的位数与系统需要的内存单元字长不相等时，采用的扩展方法称为存储容量的位扩展。

一块实际的存储芯片，每个存储单元的位数(即字长)往往与实际内存单元字长并不相等。存储芯片可以是 1 位、4 位或 8 位的，如 DRAM 芯片 Intel 2164 存储单元为 64KB×1 位，SRAM 芯片 Intel 2114 存储单元为 1KB×4 位，Intel 6264 芯片存储单元为 8KB×8 位。而微机中内存一般是按字节来进行组织的，若要使用以上这样的存储芯片来构成内存，单个存储芯片字长就不能满足要求，这时就需要进行位扩展，以满足字长的要求。

【例 5.1】 用两片 4KB×4 位的 SRAM 存储器芯片经过位扩展构成 4KB×8 位的存储器。

连接方法如图 5.14 所示。4KB×8 位的存储器中每个单元内的 8 位二进制数被分别存在两个芯片上，即一个芯片存储该单元内容的高 4 位，另一个芯片存储该单元内容的低 4 位。位扩展保持总的地址单元数(存储单元个数)不变，但每个单元中的位数增加了。

由于存储器的字数与存储器芯片的字数一致，故只需 12 根地址线($A_{11} \sim A_0$)对各芯片内的存储单元寻址，每一片芯片只有 4 位数据，需要两片这样的芯片，将它们的数据线分别接到数据总线 $D_7 \sim D_4$ 和 $D_3 \sim D_0$ 的相应位上。在此连接方法中，每一条地址线有两个负载，每一条数据线有一个负载。在位扩展法中，所有芯片都应同时被选中，CPU 的访存请求信号 MREQ 与各芯片 CS 片选端相连作为存储器芯片的片选输入控制信号，CPU 的读写控制信号作为存储器芯片的 $\overline{R}$/W 读/写控制信号。位扩展存储器工作时，各芯片同时进行相同操作。

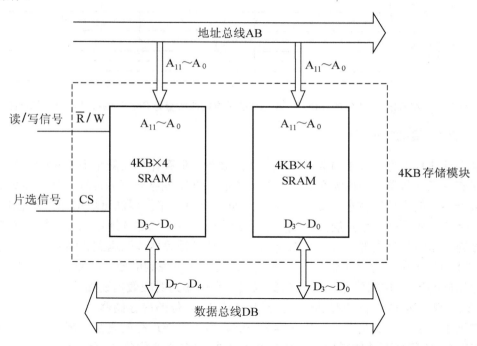

图 5.14 用 4KB×4 位的 SRAM 芯片位扩展构成容量为 4KB×8 位的存储器结构示意图

可以看出，位扩展的电路连接方法是：将每个存储芯片的地址线、片选信号线和读/写信号线等全部与 CPU 的相应信号线连接，而将它们的数据线分别连接至数据总线的不同位线上。

【例 5.2】 用 Intel 2164 芯片构成容量为 64KB 的存储器。

因为 Intel 2164 是 64KB×1 位的芯片，其存储单元数也是 64KB，已满足要求。64KB $= 2^{16}$，故只需 16 根地址线($A_{15} \sim A_0$)对各芯片内的存储单元寻址。Intel 2164 字长不够，每一块芯片只有 1 位数据，所以需要 8 片这样的芯片，将它们的数据线分别与 CPU 数据总

线 $D_7 \sim D_0$ 的相应位相连,将每个存储芯片的地址线、片选信号线和读/写信号线全部与 CPU 的相应地址线、请求信号线、读/写控制信号线进行连接,线路连接如图 5.15 所示。这样就用 8 片 Intel 2164 芯片进行位扩展构成了容量为 64KB 的存储器。

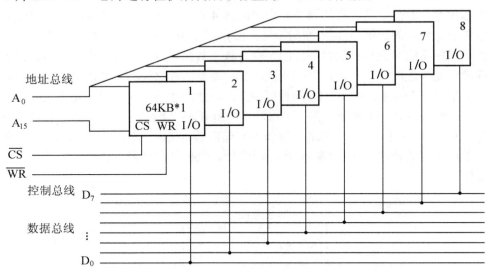

图 5.15 用 64KB×1 位的 Intel 2164 芯片位扩展构成容量为 64KB 的存储器结构示意图

5.5.2 存储容量的字扩展

当存储芯片上每个存储单元的字长已满足要求,但存储单元的个数不够时,需要增加的是存储单元的数量,就称为存储容量的字扩展。CPU 能够访存的地址空间是很大的,一片存储器芯片的字数往往小于 CPU 的地址空间。这时用字扩展法可以增加存储器的字数,而每个字的位数不变。字扩展法将地址总线分成两部分:一部分地址总线直接与各存储器地址相连,作为芯片内部寻址;一部分地址总线经过译码器译码送到存储器的片选输入端 $\overline{CE}(\overline{CS})$。CPU 的访存请求信号作为译码器的使能输出控制信号。CPU 的读/写控制信号作为存储器的读/写控制信号,CPU 的数据线与存储器的对应数据线相连。

【例 5.3】 用 16KB×8 位的存储器芯片组成 64KB×8 位的内存储器。

在这里,字长已满足要求,只是容量不够,所以需要进行的是字扩展,显然,对现有的 16KB×8 位芯片存储器需要用 4 片来字扩展成 64KB×8 位的内存储器。

用 16KB×8 位的存储器芯片组成 64KB×8 位的内存储器的连线图如图 5.16 所示。因为 16KB×8 位的存储器芯片字长已满足要求,4 个芯片的数据线与数据总线 $D_7 \sim D_0$ 并连。因为 $16KB=2^{14}$,故需要 14 根地址线($A_{13} \sim A_0$)对各芯片内的存储单元寻址,让地址总线低位地址 $A_{13} \sim A_0$ 与 4 个 16KB×8 位的存储器芯片的 14 位地址线并行连接,用于进行片内寻址;对于 64KB×8 位的内存储器,因为 $64KB=2^{16}$,故总共需 16 根地址线($A_{15} \sim A_0$)对内存储单元寻址。为了区分 4 个 16KB×8 位的存储器芯片的地址范围,还需要两根(16−14=2)高位地址总线 A_{15}、A_{14} 经过 2~4 个译码器译出 4 根片选信号线,分别和 4 个 16KB×8 位的存储器芯片的片选端相连。各芯片的地址范围见表 5-3。

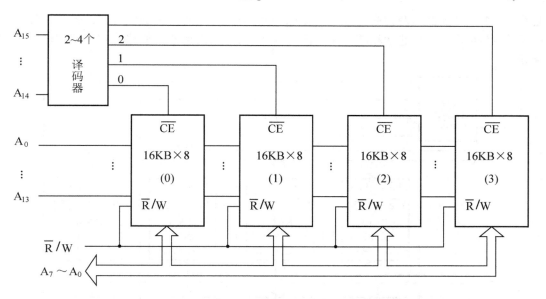

图 5.16　16KB×8 位存储器芯片扩展成 64KB×8 位的内存储器连接示意图

表 5-3　图 5.14 中各芯片地址空间分配表

片　号	$A_{15}A_{14}$	$A_{13}A_{12}A_{11}\ldots A_1A_0$	说　　明
0	00	000…00	最低地址(0000H)
	00	111…11	最高地址(3FFFH)
1	01	000…00	最低地址(4000H)
	01	111…11	最高地址(7FFFH)
2	02	000…00	最低地址(8000H)
	02	111…11	最高地址(BFFFH)
3	03	000…00	最低地址(C000H)
	03	111…11	最高地址(FFFFH)

5.5.3　字/位扩展

在构成一个实际的存储器时，往往需要同时进行位扩展和字扩展才能满足存储容量的需求。

【例 5.4】　用 2114(1KB×4)RAM 芯片构成 4KB×8 存储器。

需要同时进行位扩展和字扩展才能满足存储容量的需求。由于 2114 是 1KB×4 的芯片，所以首先要进行位扩展。用(8/4)2 片 2114 组成 1KB 的内存模块，然后再用 4 组(4/1)这样的模块进行字扩展便构成了 4KB 的存储器。所需的芯片数为(4/1)×(8/4)＝8 片。因为 2114 有 1KB 个存储单元，只需要 10 位地址信号线($A_9 \sim A_0$)对每组芯片进行片内寻址，同组芯片应被同时选中，故同组芯片的片选端并联在一起。要寻址 4KB 个内存单元至少需要 12 位地址信号线(2^{12}＝4KB)。而 2114 有 1K 个单元，只需要 10 位地址信号，余下的 2 位地址用 2～4 个译码器对两位高位地址(A_{11}～A_{10})译码,产生 4 个片选信号线,分别与各组内的两个 2114 芯片的片选端相连,用于区分 4 个 1KB 的内存条,线路连接示意图如图 5.17 所示。

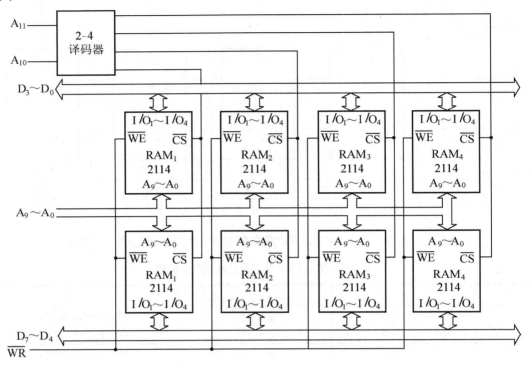

图 5.17　字/位扩展应用举例示意图

5.6　存储器与 CPU 的连接

在 CPU 对存储器进行读写操作时,首先在地址总线上给出地址信号,然后发出相应的读或写控制信号,最后才能在数据总线上进行数据交换,所以 CPU 与存储器的连接包括地址线、数据线和控制线的连接三部分。在连接时要考虑以下几个问题。

(1) CPU 总线的负载能力。对于 MOS 电路存储器,在小型系统中,CPU 可以直接和存储器相连,在较大系统中,考虑到 CPU 的驱动能力,必要时应加上数据缓冲器或总线驱动器来驱动存储器负载。

(2) CPU 的时序和存储器存取速度之间的配合。CPU 在取指令和读/写操作数时,有它自己固定的时序,应考虑选择何种存储器来与 CPU 时序配合。若存储器芯片已经确定,应考虑如何实现 T_W 周期的插入。

(3) 存储器的地址分配和片选。内存分为 ROM 区,RAM 区,RAM 区又分为系统区和用户区,每个芯片的片内地址由 CPU 的低位地址来选择。一个存储器系统由多片芯片组成,片选信号由 CPU 的高位地址译码后取得。应考虑采用何种译码方式,实现存储器的芯片选择。

(4) 8086CPU 与存储器交换信息时，提供了以下几个控制信号：M/$\overline{IO}$、$\overline{RD}$、$\overline{WR}$、ALE、READY、$\overline{WAIT}$、DT/$\overline{R}$ 和 $\overline{DEN}$，连接好这些信号与存储器要求的控制信号才能实现所需要的控制功能。

【例 5.5】 图 5.18 为 8088 CPU 的 16KB 的 RAM 和 8KB 的 ROM 的存储系统与 CPU 的硬件接口连接。其中 RAM 用 2 片 8KB×8 的 6264，ROM 用 2 片 4KB×8 的 2764。

CPU 有 20 根地址线，每片 RAM 需要 12 根地址线，每片 ROM 需要 11 根地址线。存储器的片选采用全译码法，即高位地址作为译码器的输入端。如本例 A_{13}~A_{19} 作为 74LS138 译码器的输入端参加译码。译码器的输出 $\overline{Y_0}$~$\overline{Y_7}$ 分别寻址 8KB 的范围，各范围的起始地址为：0000H，2000H，…，C000H 和 E000H。用地址线 A_{12} 进行二级译码，寻址 2 个 ROM 的存储空间，地址分配见表 5-4。

表 5-4　存储器地址分配表

芯片编号	芯片型号	存储器容量	存储器地址范围
#1	6264	8KB	0000H~1FFFH
#2	6264	8KB	4000H~5FFFH
#3	2764	4KB	8000H~8FFFH
#4	2764	4KB	A000H~AFFFH

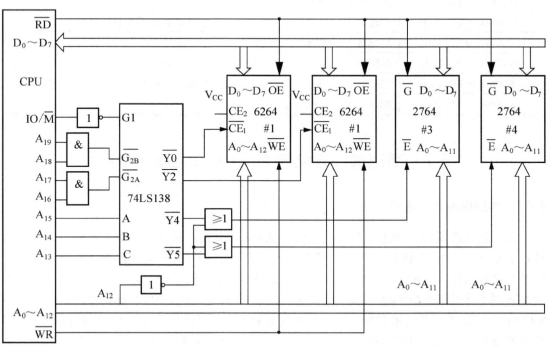

图 5.18　存储系统硬件接口连接电路

【例 5.6】 IBM PC/XT/AT 存储空间的分配。

在 IBM PC/XT 中，CPU 是 8088，有 20 条地址线，可寻找的物理地址范围为 00000~FFFFFH，共 1MB。通常把这 1MB 空间分为 3 个区，即 RAM 区、保留区和 ROM 区。其存储空间的分配见表 5-5。

RAM 区的地址范围为 00000H~9FFFFH，为前 640KB 空间，称为主存储器，是用户的主要工作区。

保留区的地址范围为 A0000H~BFFFFH，占 128KB 空间，作为字符/图形显示缓存区。单色显示缓存区的显存容量为 4KB，地址范围为 B0000H~B0FFFH；彩色图形显示缓存区的显存容量为 16KB，地址范围为 B8000H~BBFFFH。

ROM 区的地址范围为 C0000H~FFFFFH，是存储空间的最后 256KB。其中前 192KB 存放系统的控制 ROM，包括高分辨率显示适配器的控制 ROM，占用 32KB 内存，地址范围为 C0000H~C7FFFH；硬盘适配器的控制 ROM，占用 16KB，地址范围为 C8000H~CBFFFH。用户要安装固化在 ROM 中的程序，可以使用 192KB ROM 中没有用到的空间。地址范围 F0000H~FFFFFH 是基本系统 ROM 区，其中 8KB 用来存放系统的 BIOS 程序，32KB 用来存放 ROM BASIC 解释程序。

表 5-5 IBM PC/XT 存储器地址分配

地 址 范 围	存储空间分配	功　　能
00000H~3FFFFH	系统板上 256KB RAM	用户的主要工作区，也是主存储器
40000H~9FFFFH	扩展板上 384KB RAM	
0A0000H~0BFFFFH	128KB 保留 RAM	保留给字符/图形显示缓冲
0C0000H~0EFFFFH	192KB 扩展 ROM	用于存放系统的控制 ROM、硬盘适配器的控制 ROM、基本系统 ROM 等
0F0000H~0F5FFFH	24KB ROM 用于扩展板扩展	
0F6000H~0FDFFFH	32KB ROM 用于解释程序	
0FE000H~0FFFFFH	8KB ROM 用于 BIOS	

5.7 高速缓冲存储器 Cache 和硬盘存储器

5.7.1 高速缓冲存储器 Cache

由于微处理器的主频比主存使用的动态 RAM 快数倍，甚至是一个数量级以上，这就导致了 CPU 与主存在执行速度上存在较大的差异。而在 CPU 所有的操作中，对内存的访问是最频繁的操作，慢速的存储器大大降低了高速 CPU 的性能，影响了计算机的运行速度并限制了计算机性能的进一步发展和提高。另一方面，在半导体存储器中，只有双极型 SRAM 的存取速度可以和 CPU 相匹配，但它价格高、集成度低、功耗大，要达到与 DRAM 相同容量时体积较大且成本高，所以内存不能全部采用 SRAM。所以，在现代微机中，采用了一种分级处理的方法，即在 CPU 与主存之间增加一个容量相对较小的双极型 SRAM 作为高速缓冲存储器(Cache)。

Cache 是一种存储空间较小而存储速度很快的存储器，通常采用和 CPU 相同的半导体材料制成，速度一般比主存快 5 倍左右。Cache 位于 CPU 和主存之间，用来存放主存中最经常用到的内容的副本，如存放当前指令地址附近的程序、当前要访问的数据区内容等。大多数 PC 处理器的高速缓冲都设为两个级别：一级 Cache 和二级 Cache。一级 Cache 集成在 CPU 芯片中，时钟周期与 CPU 相同；二级 Cache 通常封装在 CPU 芯片外部，时钟周期比 CPU 慢一半或更低。通常，二级 Cache 的容量要比一级 Cache 大一个数量级以上。

采用了 Cache 存储结构以后，Cache 的读写速度几乎与 CPU 进行匹配，所以微机系统的存取速度可以大大提高；同时 Cache 的容量相对主存来说并不是太大，所以整个存储器系统的成本并没有上升很多。所以，整个存储器系统的容量及单位成本能够与主存相当，而存取速度可以与 Cache 的读写速度相当，这就很好地解决了存储器系统的容量、存取速度及单位成本之间的矛盾。

5.7.2 硬盘存储器

硬盘存储器是一种固定的存储设备，其存储介质是若干个刚性磁盘片，其特点是：速度较快、容量大、可靠性高、方便读写等。

1. 硬盘的结构及工作原理

硬盘的内部结构由固定面板、控制电路板、盘头组件、接口及附件等部分组成。其中，盘头组件是构成硬盘的核心，它包括浮动磁铁组件、磁铁驱动机构、盘片及主轴驱动机构、前置读/写控制电路等。目前硬盘采用的技术特点为：磁头，盘片及运动机构密封；固定并高速旋转的镀磁盘片表面平整光滑；磁头沿盘片径向移动；磁头对盘片接触式启/停，但工作时飞行状态不与盘片直接接触。

硬盘一加电，盘片就处于高速旋转状态，盘片在高速转动下产生的气流浮力使得磁头离开片面悬浮在盘片上方，间隙为 0.1～0.5μm，这种非接触式的磁头可有效减小磨损和由摩擦产生的热量及阻力。当硬盘收到系统读取数据的指令后，磁头根据给出的地址，首先按照磁道号进行定位，然后通过盘片转动找到具体扇区，最后由磁头读取指定位置的信息并传到硬盘自带的高速缓冲。缓冲中的数据通过硬盘接口与外界进行数据交换。

2. 硬盘与主机的接口

硬盘与主机的接口指硬盘和主板控制器之间传输数据的接口，如图 5.19 所示。根据连接方式的不同，一般将其分为 IDE 和 SCSI 两大类：IDE 接口成本低，速度也能满足普通用户的需求，为大多数硬盘所使用，主板上也都集成了相应的 IDE 的控制器和两个 IDE 接口；SCSI 接口价格较高，但在传输速度和 CPU 占用率上有不小的优势，通常在网络服务器、图形工作站上使用。普通的 IDE 数据线是 40 根，与 IDE 接口的 40 针一一对应。IDE 接口的硬盘可以分为主盘和从盘两种状态，一条数据线上能同时接一主一从两个设备，但是必须正确地设置跳线，否则这条数据线上的两个设备都不能正常工作。

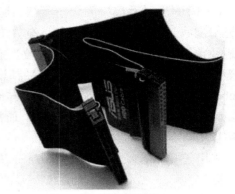

(a) IDE 接口硬盘　　　　　　　　　　　　(b) IDE 数据线

图 5.19　IDE 接口硬盘、数据线

SCSI 硬盘是采用 SCSI 接口的硬盘，SCSI 是 Small Computer System Interface(小型计算机系统接口)的缩写，使用 50 针接口，外观和普通硬盘接口有些相似，如图 5.20 所示。SCSI 硬盘和普通 IDE 硬盘相比有很多优点：接口速度快，并且由于主要用于服务器，因此硬盘本身的性能也比较高，硬盘转速快，缓存容量大，CPU 占用率低，扩展性远优于 IDE 硬盘，并且支持热插拔。

(a) SCSI 接口硬盘　　　　　　　　　　　　(b) SCSI 数据线

图 5.20　SCSI 接口硬盘、数据线

5.7.3　硬盘的主要参数

硬盘的性能指标包括容量、单碟容量、转速、数据传输率、平均寻道时间、缓存等，它们是衡量硬盘好坏的主要标准，以下是几个主要的性能指标。

1. 容量

容量即硬盘的大小，其单位为兆字节(MB)、吉字节(GB)与太字节(TB)。早期的硬盘容量很低，大多以 MB 为单位，世界上第一台磁盘存储系统只有 5MB，而目前主流硬盘的容量都在 520GB 以上。随着硬盘技术的不断发展，更大容量的硬盘也在不断推出。

2. 单碟容量

单碟容量是硬盘重要的性能指标之一,它是指一个盘片上所存储的最大数据量。硬盘厂商在增加硬盘容量时,可以通过两种手段进行。一是增加盘片的数量,但受到硬盘整体体积和生产成本的限制,盘片数量不能无限增加,一般都在 5 片以内;另一个就是增加单碟容量,单碟容量越大,则相同容量硬盘所用的盘片就越少,系统可靠性也就越高。而且,在读取相同容量的数据时,高密度硬盘的访问速度要高于低密度硬盘,这是因为磁头的寻道动作和移动距离减少,使平均寻道时间也减少,从而加快了硬盘的读写速度。

3. 转速

转速是指硬盘内用于驱动盘片旋转的电机主轴的旋转速度,即硬盘盘片在一分钟内所能完成的最大转数。硬盘的转速越快,硬盘寻找文件的速度也就越快,相对的,硬盘的传输速度也就得到了提高。所以说,转速是决定硬盘内部传输率的关键因素之一,它在很大程度上决定了硬盘的速度。

硬盘转速以每分钟的转数来表示,单位表示为 RPM。RPM 值越大,内部传输率就越快,访问时间就越短,硬盘的整体性能也就越好。目前家用普通硬盘的转速一般为 5400RPM 或 7200RPM;笔记本硬盘则是以 5400RPM 为主,已有公司发布了 7200RPM 的笔记本硬盘;而应用于一些高端领域的 SCSI 硬盘,其转速一般都为 10 000RPM,现在也出现了转速为 15 000RPM 的 SCSI 硬盘。较高的转速可缩短硬盘传输数据的时间,但转速的不断提高也带来了一些负面影响,如硬盘温度升高、电机主轴磨损加大、工作噪声增大等。随着硬盘技术水平的不断提高,相信这种影响会逐渐减少。

4. 数据传输率

硬盘的数据传输率,也称吞吐率,指磁头定位后硬盘读写数据的速度,以每秒可传输多少兆字节来衡量(MB/s 或 Mb/s)。它并不会一成不变,而是随着工作的具体情况变化,因此厂商在标示硬盘参数时,大多采用内部数据传输率和外部数据传输率两项。内部数据传输率是指磁头与缓存之间的数据传输率,即硬盘将数据从盘片上读取出来,然后存储在缓存内的速度。它可以明确表现出硬盘的读写速度,也是评价一个硬盘整体性能的决定性因素。

外部数据传输率也称为突发数据传输或接口传输率,指硬盘缓存和电脑系统之间的数据传输率,即电脑通过硬盘接口从缓存中将数据读出并交给相应的控制器的速率。硬盘所采用的 ATA66、ATA100、ATA133、SATAII 等接口就是以硬盘的理论最大外部数据传输率来表示的,如 SATAII 接口的外部数据最大传输率可达 300MB/s。但是这些只是理论上的传输率,实际工作中并不能达到这个数值,而更多时候是取决于硬盘的内部数据传输率。

本 章 小 结

半导体存储器是用来存放计算机程序和数据的设备,是微机系统中的重要组成部分。

本章介绍了半导体存储器的分类和特点，典型半导体存储器芯片的应用、微机存储系统的结构及 CPU 与存储器的连接等内容。

习　题

1. DRAM 为什么要刷新？
2. 设有一个具有 13 位地址和 8 位字长的存储器，问：
(1) 存储器能存储多少字节信息？
(2) 如果存储器由 1KB×4 位 RAM 芯片组成，共计需要多少片？
(3) 需要用几位高位地址作片选译码来产生芯片选择信号？
3. 设有 16 片 256KB×1 位的 SRAM 芯片，问：
(1) 只采用位扩展方法可构成多大容量的存储器？
(2) 如果采用 32 位的字编址方式，该存储器需要多少地址线？
4. 设有若干片 32KB×8 位的 SRAM 芯片，设计一个总容量为 64KB 的 16 位存储器，需要多少片 32KB×8 位的 SRAM 芯片？
5. 如果某存储器分别有 8、12、16 位地址线，对应的存储单元有多少？
6. 已知 ROM 的容量为 8KB×8，设它的首地址为 30000H，那么最后一个单元地址是多少？
7. 设有若干片 256KB 的 SRAM 芯片，构成 2048KB 存储器，问
(1) 需要多少片 256KB SRAM 芯片？
(2) 构成 2048KB 存储器需要多少地址线？
8. CPU 有 16 根地址线，即 $A_{15} \sim A_0$，计算图 5.21 所示的片选信号 $\overline{CS_1}$ 和 $\overline{CS_2}$ 指定的基地址范围。

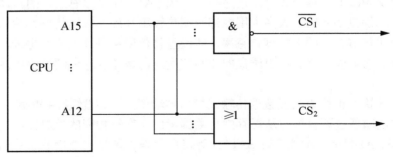

图 5.21　习题 8 图

第 6 章
输入/输出接口、中断与总线

输入/输出(I/O)接口技术是实现计算机与外部设备进行信息交换的技术,在微机系统中占有重要地位。本章首先介绍输入/输出接口基本概念;I/O 端口的编址方式;CPU 与外设之间的数据传送方式;最后重点介绍中断传送方式及相关技术及中断的概念。

6.1 输入/输出接口概述

输入/输出(I/O)接口能使微机系统实现其与外界之间的信息交换。而 I/O 接口技术就是实现 CPU 与外部设备(外设)之间进行数据交换的一门技术。I/O 接口电路位于主机与外设之间,是用来协助完成数据传送和控制任务的逻辑电路。外设通过 I/O 接口电路把信息传送给微处理器进行处理,微处理器将处理完的信息通过 I/O 接口电路传送给外设,可见,如果没有 I/O 接口电路,计算机就无法实现各种输入/输出功能。

I/O 接口技术采用的是软件和硬件相结合的方式,其中,接口电路属于微机的硬件系统,而软件是控制这些电路按要求工作的驱动程序。任何接口电路的应用,都离不开软件的驱动与配合。因此,接口技术的学习必须注意其软硬结合的特点。

6.1.1 接口的功能

微机 CPU 和外设信号之间存在速度差异,信号电平差异及驱动能力差异,信号形式差异(CPU 只能处理数字信号,而外设有数字量、模拟量、非电量等),时序差异等问题,这些都需要通过在 CPU 与外设之间设置的相应的 I/O 接口电路来解决。综合各种接口可归纳接口的基本功能,具体的接口电路具有全部或部分以下功能。

1. 速度协调

CPU 的速度很高,而外设的速度有高有低,而且不同的外设速度差异很大。这就要求接口电路能对 I/O 过程起到缓冲和联络作用。

由于速度上的差异,只能在确认外设已为数据传送做好准备的前提下才能进行 I/O 操作。而要知道外设是否准备好,就需要通过接口电路产生或传送外设的状态信息,以此进行 CPU 与外设之间的速度协调。

2. 数据锁存

数据输出都是通过系统的数据总线进行的，但由于 CPU 的工作速度快，数据在数据总线上保留的时间十分短暂，无法满足慢速外设的需要。为此，在输出接口中，一般需要安排锁存器等锁存器件，将输出数据锁存起来。这时外设有足够的时间处理高速系统传送过来的数据，同时又不妨碍 CPU 和总线去处理其他事务。

3. 三态缓冲

由于 CPU 和总线十分繁忙，而外设的处理速度相对较慢，所以有必要把数据放在输入接口和输出接口中缓存起来。在输入接口中，通常要设置三态门等缓冲隔离器件，仅当 CPU 选通该输入接口时，才允许选定的输入设备将数据送到系统总线，此时其他输入设备与数据总线隔离。即要求接口电路能为数据输入提供三态缓冲功能。

4. 数据转换

由于外设所需的控制信号和所能提供的状态信号往往同微机的总线信号(并行的数字信号)不兼容，因而常需要接口电路来完成信号的电平转换。因此需要使用接口电路进行数据信号的转换，其中包括：模-数转换、串-并转换和并-串转换等。

5. 中断控制

为实现 CPU 与外设的并行工作、故障自动处理等功能，要求在接口电路中设置中断控制器，使 CPU 与外设采用中断传送方式，以提高 CPU 的效率。

6. 其他功能

如可编程功能、复位功能、地址选择功能、错误检测功能等。

6.1.2 接口与端口

一个典型的接口电路如图 6.1 所示，接口一边通过三总线与 CPU 连接，一边通过接口信息与外设连接。

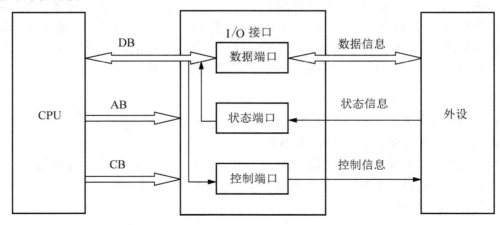

图 6.1 典型的 I/O 接口电路的结构

1. 接口信息

CPU 与 I/O 接口交换的信息分为 3 类：数据信息、状态信息和控制信息。

1) 数据信息

在微机系统中，数据信息通常包括数字量、模拟量和开关量 3 种类型。

数字量通常为 8 位或 16 位的二进制数或 ASCII 代码。

模拟量是指在计算机控制系统中，某些现场信息，如压力、位移、流量等信号经传感器转换为电信号，再通过放大得到模拟电压或电流，经过 A/D 转换变成数字量输入微机，而微机输出的数字量也必须经 D/A 转换后模拟量才能去控制执行机构。

开关量是指只含两种状态的量，如开关的断开与闭合、电路的通与断等，故只需用一位二进制数即可描述一个开关量，8 位数据线一次可以送出 8 个开关量。

2) 状态信息

状态信息作为一种 CPU 与 I/O 之间的接口信号，主要用来反映 I/O 设备当前的状态。输入时，主要反映输入设备是否准备好，若准备好，则状态信息为 Ready=1，CPU 输入信息，否则 CPU 等待；输出时，反映输出设备是否处于忙状态，如为忙 Busy=1，则 CPU 等待，不忙 Busy=0，则 CPU 输出信息。

3) 控制信息

控制信息是 CPU 通过 I/O 接口传送给外设的，专门用来控制 I/O 设备的操作，是向外设传送的控制命令。如对外设的启动和停止就是常见的控制信息。

2. 端口

I/O 端口是接口电路中能被 CPU 直接访问(读/写)的寄存器。为了区分这些端口，要给每个端口分配一个对应的地址编码，即每个端口都有一个地址。一般说来，I/O 接口电路中有 3 种端口：数据端口，状态端口和控制端口。

CPU 正是通过这些端口与 I/O 设备进行通信。

1) 数据端口

在输入时，由数据输入端口保存外设发往 CPU 或内存的数据；在输出时，由数据输出端口保存 CPU 或内存发往外设的数据。有了数据端口，就可以在高速工作的 CPU 与慢速工作的外设之间起协调与缓冲作用。

2) 状态端口

状态端口用来保存 I/O 设备或接口部件本身的工作状态信息，供 CPU 读取。

3) 控制端口

控制端口用来存放处理器发来的控制命令与其他信息，确定接口电路的工作方式和功能，便于控制接口电路和 I/O 设备的动作。

6.1.3 I/O 端口的编址方式

外设与微处理器进行信息交换必须通过访问相应接口电路中的端口来实现，而每个接口电路内部都有若干个端口，系统为每个端口分配的地址称为端口地址，一个 I/O 接口可能有多个端口地址。

I/O 端口地址通常有两种编址方式：一种是将内存地址与 I/O 端口地址统一编在同一地址空间中，称为存储器映像的 I/O 编址方式；另一种是将内存地址与 I/O 端口地址分别编在不同的地址空间中，称为 I/O 端口单独编址方式。

1. 存储器映像编址方式

这种方式也称为 I/O 端口与存储器统一编址方式，是把 I/O 端口当作存储单元看待，每个 I/O 端口被赋予一个存储器地址，I/O 端口与存储器单元的地址作统一安排。CPU 访问 I/O 端口如同访问存储器单元，所有对存储器操作的指令也适用于端口。图 6.2 给出了 I/O 端口与内存单元统一编址的示意图。

图 6.2 中，分配给 I/O 端口的地址范围为 F0000H～FFFFFH，共 65 536 个地址。存储器映像编址方式的优点是可以用访问内存单元的方法来访问 I/O 端口。由于访问内存的指令种类多、寻址方式丰富、不需要专门的 I/O 指令，所以用该方式访问外设非常灵活。该方式的缺点是端口占用了一部分存储器地址空间，造成存储器有效容量减小。此外，从指令上不容易区分当前是在对内存操作还是在对外设操作。Motorola 公司生产的 MC6800/68000 系列就采用了存储器映像编址方式。

2. I/O 端口单独编址方式

I/O 端口单独编址方式是将 I/O 端口和存储器分开编址，即 I/O 地址空间与存储器空间互相独立。I/O 端口单独编址，不占用存储器的地址空间。如 8086/8088 系统内存地址的范围是 00000H～FFFFFH，而外设端口的地址范围是 0000H～FFFFH，这两个地址相互独立，互不影响。图 6.3 为 I/O 端口单独编址方式示意图。

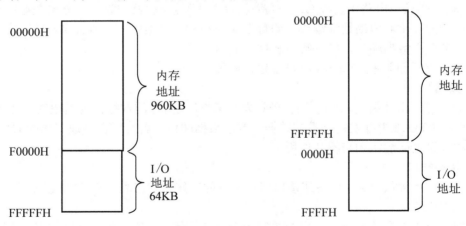

图 6.2　存储器映像编址方式　　　　　图 6.3　I/O 端口单独编址方式

由于 I/O 端口编址的独立性，微处理器需要提供两类访问指令：一类用于存储器访问，它具有多种寻址方式；另一类用于 I/O 端口的访问，称为 I/O 指令。Intel 公司的 80x86 系列微机采用单独编址方式。在 8086/8088 系统中，使用专门的输入指令 IN 和输出指令 OUT 实现对端口的访问。

CPU 在寻址内存和外设时，使用不同的控制信号来区分当前是对内存操作还是对 I/O

端口进行操作。例如，8086 的 M/$\overline{\text{IO}}$ 控制线，当 M/$\overline{\text{IO}}$＝0 时，访问 I/O 端口；当 M/$\overline{\text{IO}}$＝1 时，访问内存单元。

I/O 端口单独编址方式的优点是不占用存储器地址，因而不会减少存储器容量；地址线较少，且寻址速度相对较快；具有专门的 I/O 指令，使编制的程序清晰，便于理解和检查。缺点是 I/O 指令较少，访问端口的手段远不如访问存储器的手段丰富，导致程序设计的灵活性较差。

在 80x86 CPU 中，端口地址可达 16 位，可寻址 2^{16}＝64KB 个端口，但在 PC/XT 中，实际参与端口寻址的只有其中的低 10 位地址线 $A_9 \sim A_0$，因此 PC/XT 的 I/O 端口空间大小为 1KB(范围为 000H～3FFH)，其中以 A_9 来区别端口所在位置。当 A_9＝0 时，寻址主机板上的 512 个 I/O 端口；当 A_9＝1 时，寻址 I/O 卡上的 512 个 I/O 端口，见表 6-1。

表 6-1 PC/XT 的 I/O 空间分配

分 类	地 址 范 围	I/O 设备
主机板	000～01F	DMA 控制器 8237A
	020～03F	中断控制器 8259A
	040～05F	定时器/计数器 8253
	060～07F	并行接口电路 825A
	080～09F	DMA 页面寄存器
	0A0～0BF	NMI 屏蔽寄存器
	0C0～1FF	保留
I/O 通道	200～20F	游戏接口
	210～217	扩展箱
	220～2F7	保留
	2F8～2FF	串行通信接口 COM2
	300～31F	实验板
	320～32F	硬盘适配器
	378～37F	并行打印机接口 LPT
	380～38F	SDLC 通信接口
	3A0～3AF	保留
	3B0～3BF	单色显示/打印机适配器
	3C0～3CF	保留
	3D0～3DF	彩色图形适配器 CGA
	3E0～3E7	保留
	3F0～3F7	软盘适配器
	3F8～3FF	串行通信接口 COM1

对主板上的设备进行译码，采用图 6.4 所示的电路。其中，$A_4 \sim A_0$ 提供给 8255/8259/8253/8237 等各接口芯片，在其内部进行地址译码，负责选中芯片的不同端口或寄存器；

$A_9 \sim A_5$ 通过译码器 74LS138 对各接口芯片进行片选译码(部分译码)，图中的 $\overline{\text{AEN}}$ 是由 DMA 控制器发出的系统总线控制信号，$\overline{\text{AEN}} = 0$ 表示 CPU 占用总线，译码有效，可以访问端口地址；当 $\overline{\text{AEN}} = 1$ 时，表示 DMA 占用地址总线，译码无效，防止了在 DMA 周期误访端口地址。

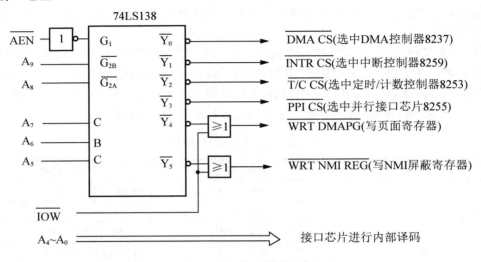

图 6.4　PC/XT 主板上的 I/O 译码电路

6.2　I/O 数据传送方式

在微机系统中，CPU 与外设的信息传送实际上是 CPU 与 I/O 接口的信息传送。CPU 与 I/O 接口的信息交换可以用不同的 I/O 方式完成，按照传送控制方式的不同，通常包括无条件传送方式、查询传送方式、中断传送方式以及 DMA 方式等。

6.2.1　无条件传送方式

无条件传送是一种最简单的程序控制传送方式，CPU 在与 I/O 接口进行信息交换前不需要查询外设的工作状态，任何时候都可访问，即接口和 I/O 设备在无条件传送时必须保持"就绪"状态。例如，开关、发光二极管、继电器、步进电机等外设在与 CPU 进行信息交换时就可以采用无条件传送方式。它的接口硬件与软件非常简单，用一条输入/输出指令就能完成对 I/O 端口的读写操作，这种工作方式的 I/O 接口电路如图 6.5 所示。

输入时，外设数据送至三态输入缓冲器，当 CPU 需要读取数据时执行 IN 指令，由端口地址译码信号与 $\overline{\text{IOR}}$(对 8086 CPU，$\overline{\text{IOR}} = 0$ 有效，是 $M/\overline{\text{IO}} = 0$ 且 $\overline{\text{RD}} = 0$)信号共同作用选通三态缓冲器，将外设数据送入 CPU 数据总线。输出时，由于 CPU 送出数据的有效时间很短，而外设需要较长的数据保持时间，为此，常在接口电路中设置数据锁存器。当 CPU 执行 OUT 指令时，在端口地址译码信号和 $\overline{\text{IOW}}$(对 8086 CPU，$\overline{\text{IOW}} = 0$ 有效，是 $M/\overline{\text{IO}} = 0$ 且 $\overline{\text{WR}} = 0$)信号共同作用下，将数据送入输出锁存器并锁存。

第6章 输入/输出接口、中断与总线

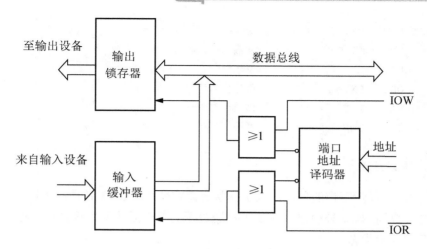

图 6.5 无条件传送方式接口电路

图 6.6 所示为一个无条件传送的接口电路的例子。其中 74LS273 锁存器构成输出口，数据的锁存由时钟信号 CLK 来控制。由于 LED 发光二极管通过的电流为 10～20mA，74LS273 不能提供这么大的电流，所以锁存器的输出端接了一个 74LS06 反相驱动器，用来驱动 8 个发光二极管发光。74LS244 三态缓冲器构成输入口，它与 8 个开关相连，当 CPU 选通三态缓冲器时，读取各开关的状态。由于两个端口分别用做输入和输出，因此 CPU 在同一时间内只能对一个端口进行访问，所以两个端口的 I/O 地址同设为 8000H。相应的程序段如下。

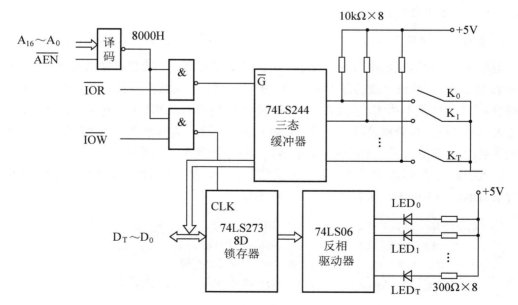

图 6.6 无条件传送的接口电路举例

```
NEXT:MOV  DX,8000H    ;DX 赋值数据端口地址
      IN  AL,DX       ;从输入端口读开关状态
      NOT AL          ;反相
      OUT DX,AL       ;送输出端口显示
      CALL DELAY      ;调用延时子程序
      JMP NEXT        ;循环
```

6.2.2 查询传送方式

有些与 CPU 异步工作的外设，其工作状态总在变化，CPU 必须在数据传送之前对外设的状态进行查询，确认外设已经满足了传送数据的条件后才与外设进行数据交换，否则，一直处于查询等待状态。

查询传送方式在执行 I/O 操作之前，需要通过程序对外设的状态进行检查。当所选定的外设已准备"就绪"后，才开始进行 I/O 操作。为了使 CPU 能够查询到外设的状态，外设需要提供一个专门的状态端口用来存放状态信息供 CPU 查询。通常，数据端口和状态端口有不同的端口地址。查询传送方式的工作流程包括两个基本的工作环节：查询和传送。这样完成一次数据传送过程的步骤如下。

(1) 通过执行一条 INT 指令，读取所选外设的当前状态。

(2) 根据该设备的状态决定程序去向，如果外设正处于"忙"或"未准备就绪"，则程序转回重复检测外设状态，如果外设处于"空"或"准备就绪"，则发出一条 INT/OUT 指令，进行一次数据传送。

1. 查询输入接口

当输入装置的数据已准备好后发出一个 $\overline{STB}$ 选通信号，一边把数据送入锁存器，一边使 D 触发器为 1，给出"准备好"(READY)的状态信号。而数据与状态必须由不同的端口分别输入至 CPU 数据总线。当 CPU 要由外设输入数据时，CPU 先输入状态信息，检查数据是否已准备好；当数据已准备好后，才输入数据。读入数据命令，使状态信息清 0(使 D 触发器复位)，以便为下一个新数据做准备，电路框图如图 6.7 所示。

读入的数据是 8 位，读入的状态信息通常是 1 位。查询输入部分的程序如下(设地址译码数据口地址为 8000H，状态口地址为 8001H)。

```
POLL: IN  AL, 8001H    ;读状态端口的信息
      TEST AL, 80H     ;设"准备就绪"(READY)信息在 D_7 位
      JE  POLL         ;READY=0,则循环再查询
      IN  AL, 8000H    ;已"准备就绪"(READY=1),则读入数据
```

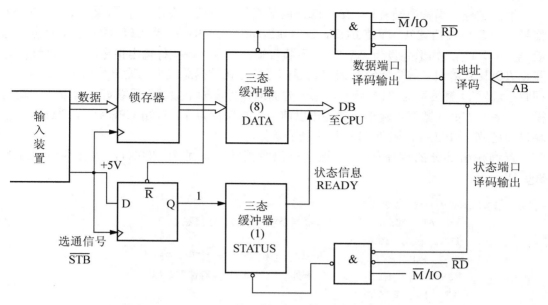

图 6.7 查询传送方式输入的接口电路框图

2. 程序查询输出

CPU 往外设输出数据时，也需看外设是否"空闲"(即外设的数据存储器已空，或未处于输出状态)，若有"空闲"，则 CPU 执行输出指令；否则就等待再查询。接口电路也必须有状态信息的端口，电路框图如图 6.8 所示。

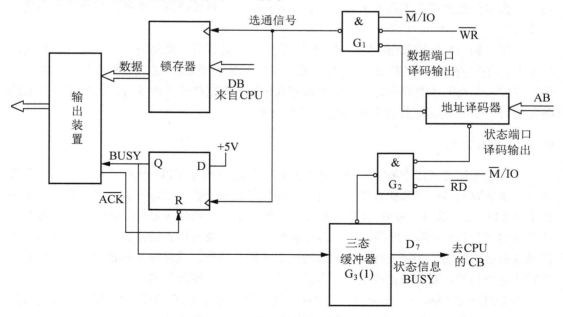

图 6.8 查询传送方式输出接口电路框图

输出过程：当输出装置把 CPU 输出的数据输出以后，发出一个 $\overline{ACK}$ (Acknowledge)信号，使 D 触发器置 0，即使 BUSY 线为 0(Empty＝$\overline{BUSY}$)，当 CPU 输入这个状态信息后(经 G_3 至 D_7)，知道外设为"空"，于是执行输出指令。待执行输出指令后，由地址信号和 $\overline{M}$/IO 及 $\overline{WR}$ 相"与"，经 G_1 发出选通信号，把在数据总线上的输出数据送至锁存器；同时，触发 D 触发器为"1"状态，它一方面通知外设输出数据已准备好，可以执行输出操作，另一方面在数据由输出装置输出以前，一直保持为 1，告知 CPU(CPU 通过读状态端口知道)外设 BUSY，阻止 CPU 输出新的数据。

查询输出部分的程序如下(设地址译码数据端口地址为 8000H，状态端口地址为 8001H)。

```
POLL:MOV  DX, 8001H
     IN   AL, DX       ;查状态端口中的状态信息 D₇
     TEST AL, 80H
     JNE  POLL         ;D₇=1,即忙线=1,则循环再查询
     MOV  AL, [SI]     ;若外设空闲,则由内存读取数据
     MOV  DX, 8000H
     OUT  DX, AL       ;输出到 8000H 地址端口单元
```

6.2.3 中断传送方式

程序查询传送方式需要占用 CPU 资源，而且，在实际的实时控制系统中，往往有数十个及以上的外设，由于外设工作速度不同，要求 CPU 为它们提供的服务也是随机的，若采用查询传送方式除了浪费大量等待查询时间外，还很难使每一个外设都能工作在最佳工作状态。

中断控制的数据输入/输出方式(中断传送方式)，是指外设就绪时，主动向 CPU 发出中断请求(有关中断的详细工作情况探讨见 6.3 节)，从而使 CPU 去执行相应的中断服务程序，完成与外设间的数据传送。采用中断方式传送，数据传送实时性好，另外在外设未准备就绪时，CPU 还可以处理其他事务，工作效率高。

6.2.4 DMA 方式

在程序查询方式或中断方式下，所有的数据传送均通过 CPU 执行指令来完成，而每条指令都需要取指时间和执行指令的时间，降低了数据交换速度，而且 CPU 的指令系统仅支持 CPU 与存储器，或者 CPU 与外设间的数据传送，当外设要与存储器交换数据时，需要利用 CPU 做中转。此外，由于传送多数是以数据块的形式进行的，因此这种传送还伴随着地址指针的改变以及传送计数器的改变等附加操作，这使得传输速度进一步降低。为解决这个问题，减少不必要的中间步骤，可采用 DMA 传送方式。

DMA(Direct Memory Access)方式又叫直接存储器存取方式，是在外设和存储器之间开辟直接的数据传送通路，数据传送不是靠执行 I/O 指令，数据不经过 CPU 内的任何寄存器，也不破坏任何寄存器原来的内容，而是在存储器和外设之间的通路上直接传送数据。这种

I/O方式的实现主要是靠硬件(DMA控制器)实现的，不必进行保护现场等一系列额外操作，从而减轻了CPU的负担，因此特别适合于高速度大批量数据传送的场合。但是，这种方式要增设DMA控制器，硬件电路比前两种方式更为复杂。

　　DMA传送方式实际上是把外设与内存交换信息的控制与操作交给了DMA控制器。当外设与内存要进行数据传输时，由CPU或总线控制器管理的系统总线被移交给DMA控制器，由DMA控制器来管理，CPU可以去干其他工作，但不能访问总线；数据交换完毕后，DMA控制器将总线控制权交还给CPU或总线控制器。DMA方式的工作原理如图6.9所示。

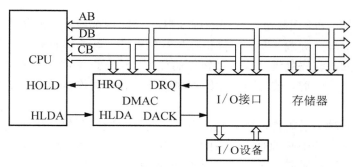

图6.9　DMA传送原理图

DMA的工作过程大致如下。

　　(1) 当外设把数据准备好以后，通过接口向DMA控制器发出一个请求信号DRQ(DMA申请)。

　　(2) DMA控制器收到此信号后，便向CPU发出HOLD信号，请求CPU让出系统总线。

　　(3) CPU在收到HOLD有效后，在当前总线周期结束后，发出HLDA信号来响应DMA控制器的请求，交出对总线的控制权，此时地址总线、数据总线和控制总线处于高阻态，CPU终止程序的执行，只监视HOLD的状态。

　　(4) DMA控制器收到HLDA信号后便接管总线的控制权，向I/O设备发出DMA请求的响应信号DACK，完成外设与存储器的直接连接。而后按事先设置的初始地址和需传送的字节数，在存储器和外设间直接交换数据，并循环检查传送是否结束。

　　(5) 当数据全部传送完毕后，DMA控制器撤销HOLD，使系统总线浮空，CPU检测到HOLD失效后，就撤销HLDA，在下一时钟周期开始收回系统总线，继续执行原来的程序。

　　可以看出，采用DMA方式进行数据传输的响应时间短，省去了中断管理中CPU保护和恢复现场的麻烦，减少了CPU的开销。随着大规模集成电路技术的发展，DMA传送可以应用于存储器与外设间的信息交换，也扩展到两个存储器之间或两种高速外设之间进行信息交换。

6.3 中断技术

6.3.1 中断概述

中断是一种十分重要而复杂的软、硬件相结合的技术，CPU 的中断功能可以实现如实时处理(实时控制系统中装置利用中断功能及时获得 CPU 的处理)、与外设同步工作(不同速度的外设可以通过中断与 CPU 交换数据)、故障处理(微机系统故障时利用中断功能自行处理)等。

所谓中断是指 CPU 正常运行程序的过程中，CPU 内部或外部的某些事件或紧急、异常情况需要及时处理，导致 CPU 暂停正在执行的程序，转去执行处理该事件的程序，并在处理完毕后返回原程序处继续执行被暂停的程序，这一过程称为中断。中断过程的示意图如图 6.10 所示。中断时，被打断执行的程序中下一条被暂停执行的指令所在的地址称为断点。

能够实现中断功能的硬件电路和相应软件，统称为中断系统。任何能够引发中断的时间称为中断源。常见的中断源有：一般的输入/输出外设，如键盘、打印机等；数据通道，如磁盘机、磁带机等；实时时钟，如定时器/计数器 8253 提供的定时信号灯；故障源，如电源掉电、内存出错等；为调试程序设置的断点等。

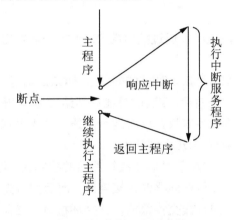

图 6.10 中断过程示意图

6.3.2 中断处理过程

从中断源向 CPU 发出中断请求信号到 CPU 将这一请求处理完成的过程，称为中断处理过程。这一过程包括：中断请求、中断响应、断电保护、中断处理和中断返回几个步骤。

1. 中断请求

根据中断请求信号引入 CPU 内部中断处理逻辑部件的不同渠道，中断请求分为内部请求和外部请求,也称软件中断请求和硬件中断请求。软件中断请求在 CPU 内部由中断指令或程序出错直接引发中断;硬件中断请求必须通过专门的引脚引入中断请求信号。例如,8086/8088 CPU 用 INTR 引脚和 NMI 引脚接收硬件可屏蔽和非可屏蔽中断请求信号。

2. 中断响应

对于可屏蔽的硬件中断请求,CPU 执行程序的时候,在每条指令执行过程中检测判断有无中断请求信号。当 CPU 检测到中断请求信号,且内部的中断允许触发器的状态 IF=1 允许中断时,CPU 在执行完现行指令后,发出 INTA 中断响应信号。

图 6.11 所示为 CPU 内部产生中断响应信号的逻辑电路。对于 8086/8088 CPU 可以用开中断(STI)或关中断(CLI)指令来改变中断允许触发器 IF 标志位的状态。要注意的是一旦 CPU 发出中断响应信号,应立即清除中断请求信号,以避免一个中断请求被 CPU 多次处理。

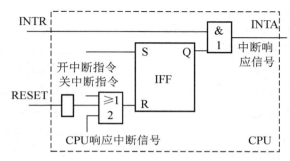

图 6.11　CPU 内设置的中断允许触发器 IFF

在 CPU 开中断时,若有中断请求信号发至 CPU,它并不立即响应。而只有当现行指令运行到最后一个机器周期的最后一个 T 状态时,CPU 才采样 INTR 信号;若有此信号,则把与门 1 的允许中断输出端置 1,于是 CPU 进入中断响应周期。其时序流程如图 6.12 所示。

3. 中断处理

CPU 一旦响应中断,立即进入中断处理过程。该过程实际上就是 CPU 中止正在运行的程序,转去执行引起该中断事件的程序,即中断处理(服务)子程序。主要操作如下。

(1) 关中断。当 CPU 发出中断响应信号后,内部(主要由硬件电路完成)自动关中断,CPU 不再响应其他中断。

(2) 保护断点。为保证 CPU 执行完中断处理子程序后能够正确返回主程序处继续运行,必须对正在执行的主程序断点进行保护。

(3) 确定中断处理子程序入口地址。不同的中断请求需要不同的中断处理子程序。CPU 应该能够根据不同的中断源所提供的不同中断类型码,找到相应处理子程序的入口地址,并执行该中断处理子程序。

(4) 执行中断处理子程序。中断处理子程序是程序员预先编制好并存放在内存中的,其首地址(入口地址,也称为中断向量)应与其所处理的中断源的中断类型码一一对应。根据上一步确定的入口地址开始执行中断处理子程序。中断处理子程序需注意：对现场的保护(主程序中间结果的保护)、对更高级中断请求的响应(如果希望在中断处理过程中实现中断嵌套，即较高一级的中断请求可以中断较低一级的中断处理，可用指令开中断)、最后一条指令是中断返回指令。

4. 中断返回

执行完中断处理子程序后，要返回到主程序的断点处，此过程称为中断返回，即在中断处理子程序最后执行一条中断返回指令(如 8086/8088 的 IRET 指令)。中断返回指令的操作是保护断点的逆过程。单个中断源中断处理流程如图 6.13 所示。

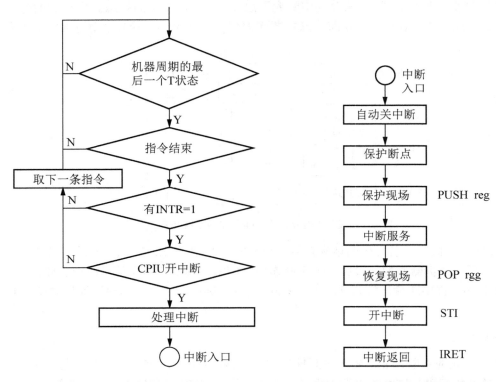

图 6.12　中断时序流程图　　　　图 6.13　单个中断源中断处理流程图

6.3.3　中断优先级

1. 中断优先级

当系统中有多个设备用中断方式与 CPU 进行数据交换时，由于各设备随时会向 CPU 提出中断请求，所以就避免不了有时会同时出现多个中断请求的情况。而此时 CPU 只能按优先级别(也称优先权,是设计者根据引起中断事件的轻重缓急为每个中断源事先确定好的中断优先级别)的次序予以响应和处理。这个响应的次序称为中断优先级。中断系统对不同级别的中断请求，常遵循的处理原则如下。

(1) 不同优先级的多个中断源同时发出中断请求时,应按优先级别由高到低次序响应并处理。实现优先级排队。

(2) 高优先级请求可以中断低优先级的中断处理程序,实现中断嵌套。如果正在处理高优先级中断,出现低优先级中断请求,可暂不响应。

(3) 中断处理时,出现同级别中断请求,应在当前中断处理结束后再处理新的请求。

2．确定中断优先级

在微型计算机系统中通常用三种方法来确定中断源的优先级别,分别为软件查询法、简单硬件电路排队法和使用专用的中断控制器芯片解决的方法。

6.3.4 中断嵌套

中断嵌套是指 CPU 在执行低级别中断处理子程序时,有较高级别的中断请求产生,CPU 能够暂停执行级别低的中断处理子程序,转去处理这个级别高的中断并为其服务,处理完后再返回低级别的中断处理子程序继续运行。图 6.14 所示为实现两级嵌套的过程。如果系统需要还可以实现更多级别的嵌套。

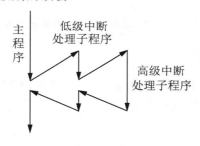

图 6.14 中断嵌套示意图

在允许中断嵌套的系统中应注意:一般 CPU 响应中断请求后,硬件会自动关闭中断,这样,CPU 在执行中断处理子程序时将不能再响应其他任何中断请求。若要实现中断嵌套,应在进入低级别中断处理子程序之初设置一条开中断指令 STI。

6.4 8086/8088 中断系统

中断系统为区别不同种类的中断源,一般采用若干位二进制编码进行区分,方法是为每个中断源分配一个不同编码,称为中断类型码。8086/8088 CPU 的中断类型码使用 8 位二进制数,范围为 0~255,可以处理 256 种不同类型的中断,CPU 根据中断类型码来识别不同的中断源。8086/8088 的中断源如图 6.15 所示。从图 6.15 可以看出这 256 个中断源可分为两大类:一类是外设接口的中断请求,由 CPU 的引脚引入,中断源来自 CPU 外部,故称外部中断(又称硬件中断);另一类在执行指令时引起,来自 CPU 的内部,故称内部中断(又称软件中断)。

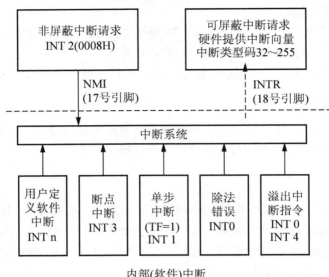

图 6.15 8086/8088 的中断系统结构

6.4.1 8086/8088 的外部中断

外部中断是由 CPU 引脚引入的请求信号。8086/8088 CPU 有两条外部中断请求引脚：NMI(非屏蔽中断)和 INTR(可屏蔽中断)引脚。

1. 非屏蔽中断

从引脚 NMI 引入的中断请求信号称为非屏蔽中断，上升沿有效，并且不受标志寄存器中 IF 位的影响。其信号一旦有效，CPU 在执行完现行指令后，立即响应。非屏蔽中断一般用于紧急故障处理，如电源故障、存储器错等。中断类型码为 2。

2. 可屏蔽中断

可屏蔽中断请求信号从 INTR 引脚引入 CPU，其信号受 IF 标志位的影响。当外设有中断请求且 IF＝1 时，一般情况下 CPU 执行完本条指令后予以响应。随后 CPU 将执行两个连续的总线周期响应中断，送出两个中断响应信号 $\overline{\text{INTA}}$。在第一个总线周期，CPU 将地址及数据总线置高阻；在第二个总线周期，8259A 中断控制器向数据总线输送一字节的中断类型码，CPU 读入后，就可在中断向量表中找到该类型码的中断处理子程序的入口地址，转入中断处理。IF＝0 时，屏蔽所有从 INTR 引脚进入的中断请求信号。

在 8086/8088 系统中，由于可屏蔽中断引入脚只有 1 条，而 CPU 要达到管理多个外设的目的，于是就要有专门管理可屏蔽中断请求的管理部件。这就是后面将要介绍的中断控制器 8259A 芯片。

6.4.2 8086/8088 的内部中断

1. 内部中断(软件中断)

CPU 内部请求信号引起的中断均为内部中断。内部中断根据引起中断的原因不同可分为以下几种。

1) 除法错误中断——类型 0

当 CPU 执行除法指令(DIV/IDIV)时,若除数为 0 或所得的商超过了寄存器所能表示的最大值,则立即产生一个除法错误中断。该中断是类型码为 0 的内部中断,CPU 响应中断后转去执行除法错误中断处理程序。

2) 溢出中断 INT0——类型 4

CPU 进行带符号数的算术运算时,若发生了溢出,则标志位 OF=1,如果此时执行 INT0 指令,会产生溢出中断。若 OF=0,则 INT0 不产生中断,CPU 继续执行下一条指令。INT0 指令通常安排在算术指令之后,以便在溢出时能及时处理。例如:

```
ADD AX,1000
INT0                    ;测试加法是否溢出,其中断类型码为 4
```

3) 单步执行中断——类型 1

当 TF=1 时,每执行一条指令,CPU 会自动产生一个单步中断。单步中断处理子程序显示各个寄存器及使用的存储单元内容,以便分析单条指令执行的结果。单步中断又称为陷阱中断,主要用于程序调试。此中断类型码为 1。

4) INT n 中断指令引起的中断——类型 n

中断指令的操作数 n 就是中断类型码。CPU 执行 INT n 指令后,会立即产生一个类型码为 n 的中断,转入相应的中断处理程序,是一个可由用户定义的中断指令。

5) 断点中断——类型 3

断点中断即 INT 3 指令引起的中断,中断类型码为 3,一般在调试程序中设置断点可使用本指令实现。程序执行到本指令停下转入中断处理子程序显示相关寄存器和内存单元的值。

2. 内部中断的特点

内部中断具有如下特点。

(1) 所有内部中断的中断类型码及相应优先级均由系统确定,见表 6-2。前三种内部中断优先级均高于外部中断,外部中断中 NMI 级别高于 INTR,只有单步中断优先级最低且低于外中断。

表 6-2 软中断优先级及类型码

优 先 级	中 断 类 型	中断类型码
最高	除法错中断	0
高	溢出中断	4

续表

优 先 级	中 断 类 型	中断类型码
次高	INT n 指令中断	n
低	单步运行中断	1

(2) 除单步中断外其他内部中断均无法禁止。

(3) 由于中断类型码已确定，所以不用执行中断响应周期取中断类型码。

(4) 由于内部中断均处于程序的固定位置处，所以无随机性。

6.4.3 中断向量表

8086/8088 最多可以处理 256 个中断，为统一管理这些存放在内存不同区域的中断处理子程序，8086/8088 将这些中断处理子程序的入口地址统一存放在内存的一个固定区域。每个中断处理子程序的入口地址占用 4 字节存储单元，低地址的两字节存放中断处理子程序入口地址的偏移量(IP)，高地址的两字节存放段地址(CS)。这些中断处理子程序的入口地址，称为中断向量。256 个中断向量要使用 256×4＝1024 个字节，这 1024 字节所占的内存区域，称中断向量表。同时，中断系统又为每个中断源分配一个中断类型码，这样 CPU 根据中断类型码查找与之对应的中断处理程序，由一个中断类型码可以找到一个中断处理子程序的入口地址。8086/8088 系统的中断向量表位于内存的前 1024 字节，地址范围为 00000H～003FFH，如图 6.16 所示。

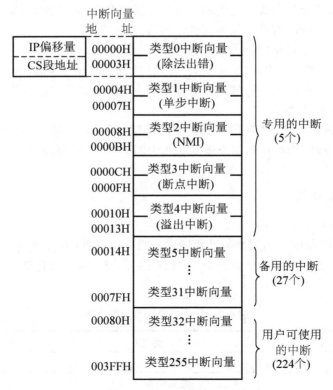

图 6.16 8086/8088 的中断向量

注意图中的中断服务程序入口地址在中断向量表中是按中断类型码顺序存放的,因此每个中断服务程序入口地址在中断向量表中的位置可由"中断类型码×4"计算出来。CPU响应中断时,把中断类型码 n 乘以 4,得到对应地址 4n(该中断服务程序入口地址所占 4 个字节的第一个字节的地址),然后把由此地址开始的两个低字节单元(4n,4n+1)的内容装入 IP 寄存器,再把两个高字节单元(4n+2,4n+3)的内容装入 CS 寄存器,CPU 即转向中断类型码为 n 的中断服务程序。例如,若中断类型码 n=08H,则其中断向量存放在中断向量表 00020H(8×4=32=20H)开始的连续 4 个单元中,若物理地址 00020H、00021H、00022H、00023H 这 4 个连续的单元中存放的数据分别是 50H、00H、00H、30H,则对应中断处理子程序入口地址为 3000H:0050H。

在 8086/8088 的中断向量表中有 5 个专用中断(中断类型码为 0～4);27 个系统保留的中断(中断类型码为 5～31)是供系统软、硬件开发保留的中断类型,不允许用户作其他用途,如类型 21H 已作系统功能调用的软中断;224 个用户自定义中断(中断类型码为 32～255),这些中断类型码可供软中断 INT n 或可屏蔽中断 INTR 使用。由用户确定了中断类型码后,还应先将相应的中断处理子程序入口地址填入中断向量表,以便 CPU 根据提供的中断类型码找到相应的中断向量。其方法有直接装入和 DOS 系统功能调用两种。

1. 直接装入法

用传送指令直接将中断处理子程序首地址装入中断向量表中。设中断类型码为 8,程序段如下。

```
XOR AX, AX
MOV DS, AX
MOV AX, OFFSET INT8      ;INT8 为中断处理子程序开始语句的标号
MOV [0020H], AX          ;设中断处理子程序偏移地址
MOV AX, SEG INT8
MOV [0020H +2], AX       ;设中断处理子程序所在的代码段的段地址
```

2. DOS 系统功能调用法

利用 DOS 系统功能调用的 25H 子功能,可以把中断向量放入中断向量表中相应的位置,方法是将 DOS 调用入口参数置成如下。

功能号:(AH)=25H;

入口参数:(AL)=中断类型码;

(DS)=中断处理子程序入口地址的段地址;

(DX)=中断处理子程序入口地址的偏移地址。

下面程序段是完成中断类型码为 08H 的入口地址的设置。

```
PUSH DS                  ;保护 DS
MOV DX, OFFSET INT8      ;取中断处理子程序偏移地址
MOV AX, SEG INT8         ;取中断处理子程序段地址
MOV DS, AX
MOV AH, 25H              ;送功能号
```

```
        MOV AL, 08H              ;送中断类型码
        INT 21H                  ;DOS 功能调用
        POP DS                   ;恢复 DS
        …
        INT8  PROC  FAR
        …                        ;中断功能子程序
        IRET
        INT8  ENDP
        …
```

6.4.4 8086/8088 的中断过程

图 6.17 所示为 8086/8088 CPU 中断处理的基本过程。CPU 在每条指令的最后一个机器周期的最后一个 T 状态，均按顺序采样中断请求信号。首先采样的是中断优先级最高的内部中断，其次采样 NMI、INTR 和 TF。对这几种中断的处理过程基本类似，所不同的是获取中断类型码的方法不同。对于软中断和非屏蔽中断，其中断类型码由系统设定。对于可屏蔽中断，其中断类型码由发出 INTR 请求的 8259A 提供。

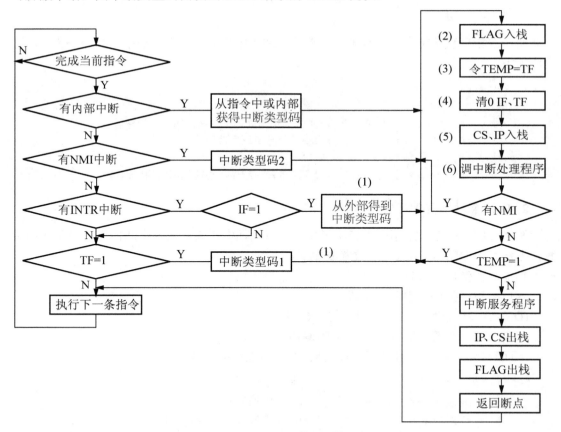

图 6.17 8086/8088 CPU 中断处理的基本过程

在 8086/8088 系统中，CPU 对可屏蔽中断的响应处理要经过以下几步。

(1) 执行两个中断响应总线周期，取得中断类型码。当 CPU 响应 INTR 引脚上的中断请求后，在两个总线周期的 $T_2 \sim T_4$ 状态分别输出两个 $\overline{INTA}$ 负脉冲，在第二个总线周期的 $T_2 \sim T_4$ 状态内，CPU 在低 8 位数据总线上获得 8259A 送来的中断类型码。

(2) 执行一个总线写周期将标志寄存器 FLAG 的值入栈。

(3) 保存 TF，将 TF 送入 TEMP。

(4) 设置 IF=0，TF=0，即关中断和禁止单步中断。

(5) 执行两个总线写周期，将断点处的段地址 CS 和偏移地址 IP 的内容入栈保护。

(6) 执行两个总线读周期，将中断向量前两个字节，即中断处理程序偏移地址和后两个字节段地址的内容分别送入 IP 和 CS 寄存器，调用中断处理程序。

在图 6.17 所示的流程中，(1)~(6)是 CPU 的内部处理，由硬件自动完成。对于非屏蔽中断和软件中断不需要第(1)步，只需从第(2)步开始。

6.4.5 中断响应时序

下面以 8086 CPU 的最小方式及可屏蔽硬件中断来讨论中断响应的时序，如图 6.18 所示。

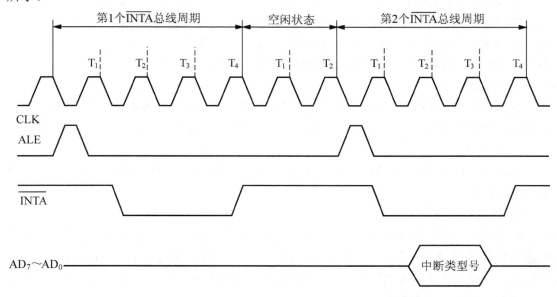

图 6.18 最小方式的可屏蔽中断响应时序

8086 的中断响应时序由两个连续的 $\overline{INTA}$ 中断响应总线周期组成，中间由两个空闲时钟周期 T_1 隔开。在两个总线周期中，$\overline{INTA}$ 输出为低电平，以响应这个中断。

第 1 个 $\overline{INTA}$ 总线周期表示有一个中断响应正在进行，这样可以使申请中断的设备有时间去准备在第 2 个 $\overline{INTA}$ 总线周期内发出中断类型号。在第 2 个 $\overline{INTA}$ 总线周期中，中断类型号必须在 16 位数据总线的低 8 位($AD_0 \sim AD_7$)上传送给 8086。因此，提供中断类型号的中断接口电路 8259A 的 8 位数据线是接在 8086 的 16 位数据线的低 8 位上。在中断响应总线周期期间，经 DT/R 和 DEN 的配合作用，使得 8086 可以从申请中断的接口电路中取得一个单字节的中断类型号。

8088 中断响应周期之间没有插入空闲状态。对于由软件产生的中断，除了没有执行中断响应总线周期外，其余的则执行同样序列的总线周期。

6.5 总　　线

6.5.1 总线的概念

1. 总线

总线是一组信号线的集合，是传送信息的公共通道。在微型计算机系统中，利用总线实现芯片内部、印刷电路板各部件之间、机箱内各插件板之间、主机与外部设备之间以及系统与系统之间的连接与通信。

2. 片总线、内总线和外总线

总线的应用范围很广，从不同角度看可以有不同的分类方法。按数据传送方式可分为并行传输总线和串行传输总线。在并行传输总线中，又可按传输数据宽度分为 8 位、16 位、32 位、64 位等传输总线。若按总线的使用范围划分，则又有计算机(包括外设)总线、测控总线、网络通信总线等。下面按连接部件的不同来分类介绍总线。

1) 片总线

片总线是指从 CPU 芯片到存储器芯片或 I/O 端口芯片之间直接连接的总线，也称元件级总线，一般是指与 CPU 芯片在同一块板卡上同别的芯片之间互连的总线。

2) 内总线

内总线又称系统总线或板级总线，是指 CPU、主存、I/O(通过 I/O 接口)各大部件之间的信息传输线。

3) 外总线

外总线又称通信总线，用于计算机系统之间或计算机系统与其他系统(如控制仪表、移动通信设备等)之间的通信。由于通信涉及很多内容，如外部连接方法、传输距离远近、速度快慢、工作方式等，差别较大，因此通信总线的类别很多。但按传输方式可分为两种：串行通信总线和并行通信总线。

微机系统各总线的位置关系如图 6.19 所示。

3. 片总线的组成

片总线通常包括数据总线、地址总线和控制总线，了解并掌握这三组总线的具体组成、用途及其相互关系，对于理解微型机系统内部信息的传输过程和传输方法非常重要。

1) 数据总线(Data Bus，DB)

数据总线用来在各个部件之间传送数据信息，为双向总线。若数据总线的宽度为 8(即有 8 根传输线),则一次可以同时传送 8 位二进制信息。一般微型机的字长和数据总线的宽度是一致的。例如,16 位机的字长为 16 位,表示机器可以同时并行处理 16 位二进制信息,机器中的通用寄存器、算数逻辑单元、数据总线的宽度均为 16 位。

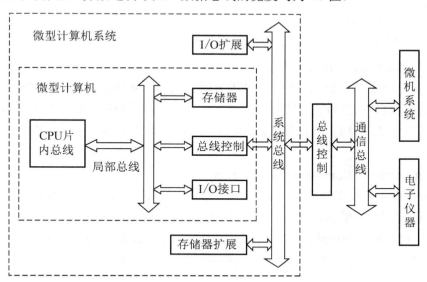

图 6.19 微机系统各级总线的位置关系

2) 地址总线(Address Bus,AB)

地址总线用来传送 CPU 发出的存储单元地址或外部设备端口地址,为单向总线。地址总线的宽度决定了同时传送地址码的位数,而地址码的位数又决定了存储器的最大容量。若地址码为 n 位二进制代码,则最多有 2^n 个存储单元。例如,地址码为 20 位,则存储器最多包含 $2^{20}=1M$ 个存储单元,该存储器最多能够存储 1MB 的数据和指令。

3) 控制总线(Control Bus,CB)

控制总线用来传送控制信息。控制总线既包括 CPU 向其他部件发出的定时信号和控制信号,也包括其他部件传送给 CPU 的状态信号。控制总线是一组信号线,一般每根信号线都是单向的。

4. 总线标准

总线标准是系统与各模块、模块与模块之间的一个互连的标准界面。目前流行的总线标准有 ISA、EISA 和 PCI。

1) ISA(Industry Standard Architecture)

ISA 是工业标准体系结构总线的简称,是由美国 IBM 公司推出的 16 位标准总线,数据传输率为 16MB/s。它使用独立于 CPU 的总线时钟,因此 CPU 可以采用比总线频率更高的时钟,有利于 CPU 性能的提高。但是 ISA 总线没有支持总线仲裁的硬件逻辑,所以它不能支持多台主设备系统,而且 ISA 上的所有数据的传送必须通过 CPU 或 DMA 控制器来管理,因此 CPU 花费了大量的时间进行控制并且与外部设备交换数据。IS 总线的主要性能如下。

(1) 24 位地址线可直接寻址的内存容量为 16MB。

(2) 数据总线宽度为 8/16 位，最高时钟频率为 8MHz，最大稳态传输率为 16MB/s。

(3) 支持 15 个中断源。

(4) 7 个 DMA 通道。

(5) 开放式总线结构，循序多个 CPU 共享系统资源。

2) EISA(Extended Industrial Standard Architecture)

EISA 是一种在 ISA 基础上扩充开放的总线标准，可与 ISA 完全兼容，它从 CPU 中分离出了总线控制权，能支持多总线主控和突发方式的传输。EISA 总线的时钟频率为 8MHz，最大传输率可达 33MB/s，数据总线为 32 位，地址总线为 32 位，扩充 DMA 访问范围达 232B。

3) PCI(Peripheral Component Interconnect)

PCI 是外设互连总线的简称，是由 Intel 公司提供的 32/64 位标准总线。PCI 总线是一种与 CPU 隔离的总线结构，能与 CPU 同时工作，具有很好的兼容性(与 ISA、EISA 总线均可兼容)，可以转换为标准的 ISA、EISA 总线。PCI 总线支持 33MHz 的时钟频率，数据宽度为 32 位，可扩展到 64 位，数据传输率可达 132～264MB/s。

6.5.2 PCI 总线

1. PCI 总线的发展

微型计算机中的一些关键部件如 CPU、内存、显示卡、硬盘等经过多年来的不断改进，在性能上有了很大的提高，而图形、视频、音频以及多媒体应用的特点要求现代微型计算机应具有更快的处理速度、更大的存储空间和更高的总线带宽。通常认为 I/O 总线的速度应为外设速度的 3～5 倍，所以原有的 ISA、EISA 总线已远远不能适应要求。在这种情况下，PCI 总线标准便应运而生了。1991 年下半年，Intel 公司首先提出了 PCI 总线的概念，并联合 IBM、Compaq、AST、HP、DEC 等 100 多家公司成立了 PCI 集团，之后共同推出了 PCI 总线标准，PCI 是外设互连总线的简称，是由美国 Intel 等公司推出的 32/64 位标准总线。PCI 总线是一种与 CPU 隔离的总线，并能与 CPU 同时工作。

2. 桥接器与配置空间

PCI 总线控制器像桥梁一样，一边连接 CPU 总线，另一边连接 CPU 访问相对频繁、速度也比较快的部件，如图 6.20 所示。因此 PCI 总线控制器也被称为 "PCI 桥"，但其负载有限，所以 PCI 总线用来连接和 CPU 工作最密切的主存储器、速度相对快的高速图形适配器(通过 AGP 接口相连)。

PCI 总线上也可以连接下一级总线控制器，从而可以扩展出多级 PCI 总线，使系统中容纳更多的 PCI 卡。此外，通过 "PCI 转换桥" 还可以扩展出 ISA/EISA 总线。

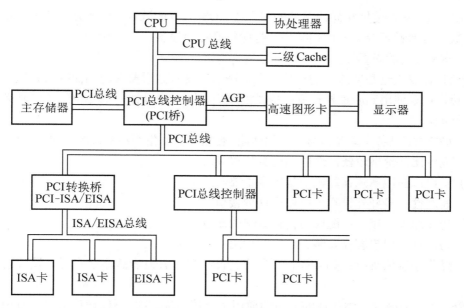

图 6.20 以 PCI 总线为主的多层次局部总线图

6.5.3 通用串行总线 USB

在 PC 机主机与外设的连接方式中存在很多问题，一般涉及成本、配置以及和 PC 的接口、连接电缆等方面。而 USB(Universal Serial Bus，通用串行总线)正是作为解决这些问题的一种方案而出现的。USB 建立了一套连接和访问外围设备的方法，其连接方式简单，而且可使中速、低速的串行外设很方便地与主机连接，不需要另加接口卡，并在软件配合下支持即插即用功能。

1. USB 概述

1) USB 的发展

USB 是一种新接口。由于人们已经习惯使用旧接口，对于一个新的接口往往很难立即接受。但如果新接口是建立在旧接口的基础之上，那么不仅可以节省开发的时间和成本，而且用户也比较容易接受。USB 正是在此基础之上，突破了旧接口的限制，不仅具备快速的通信速度，并将逐步取代多种外设所使用的原有接口。

以前，一个新的接口通常都是由单个公司开发的。但由单个公司开发的接口通常在其他公司使用时需要付费。所以许多公司不愿使用单个公司所开发的接口。现在开发的接口则通常由一群有共同利益的公司或组织联合开发。这些组织除了更改旧的规范外，也制定新的规范。USB 是由 Intel、Microsoft、Compaq 等 7 家公司共同制定的标准。

USB 1.0 发表于 1996 年 1 月。USB 1.1 则修订了 1.0 版本的问题，并且新增了一个传输类型(中断输出)。从 1998 年 7 月的 Windows 98 开始，USB 接口的外围设备开始陆续出现，同时 USB 也成为最受欢迎的接口。在 Windows 上的 USB 接口比较稳定，主要使用在商业上。USB 2.0 是版本更新的改进，它加入了许多高速传输的特性支持。USB 2.0 向下兼容 USB 1.1，它们使用相同的连接器与电缆。USB 2.0 的数据传输率达到 120～480Mb/s，还支持数字摄像设备及下一代扫描仪、打印机及存储设备。

2) USB 开发的必要性

无论是计算机还是所连接的外设，在新产品开发时必须要考虑到保持兼容性。即使是新的外设，也要使用到所连接计算机提供的接口。所以当设计一个外设的接口时必须要考虑下列性能。

(1) 稳定性：具备自动差错与排错的功能，使错误的发生率和错误产生的影响尽可能低。

(2) 性价比：价格较低，性能比同类接口高。

(3) 省电：在便携式计算机上省电很重要。

(4) 通用性：多种外设都可以使用这种接口。

(5) 传输速率：接口不能成为传输数据的瓶颈。

(6) 易用性：用户容易安装、设置与使用。

(7) 操作系统的支持：如果操作系统支持此接口，开发者就不必自行开发底层的驱动程序。

USB 是一个符合上述条件的较新的通用串行接口。USB 不仅设计简单，且使用起来非常有效，许多不同种类的外围设备，如鼠标、键盘、扫描仪、打印机等都可以使用 USB 接口。现在，新式的 PC 上几乎都有多个 USB 接口，可以连接标准的外设或是用户自行设计的外设。由于 USB 容易使用，而且使用时比较灵活，同时 USB 接口需要被设计成让不同种类的硬件设备都可以使用的接口，所以开发 USB 接口成为一项新的热门技术。现在，越来越多的控制芯片、开发工具以及操作系统都支持 USB 接口，USB 接口成为外围设备的最新标准接口。

2. USB 功能

将外部设备连接到计算机上时，USB 接口是优先的选择。不管是使用外设的用户，还是开发 USB 软硬件的设计者，USB 都有如下让双方满意的性能。

(1) 自动设置。当用户将 USB 设备连接到计算机上时，Windows 等操作系统会自动检测该设备，并且加载适当的驱动程序。

(2) 用户不需要进行设置。USB 外围设备没有用户设置的选项。在安装 USB 设备时，PC 会自动检测。

(3) USB 总线提供电源。USB 接口提供＋5V 电源及 500mA 的供电电流，可以由计算机或集线器提供，免去功耗较小的外设自带电源的麻烦，对于大功耗的外设仍需外设自备电源。

(4) 不同种类的 USB 外围设备可以使用相同的接口。

(5) 不同 USB 版本可支持 3 种心道速度：低速(Low Speed)的 1.5Mb/s、全速(Full Speed)的 12Mb/s，以及高速(High Speed)的 480Mb/s，适用于不同设备的要求。可连接键盘、鼠标、移动盘、Modem、扫描仪、数码相机、打印机等外设。具备 USB 功能的 PC 都支持低速与全速，而高速则需要支持 USB 2.0 的主机板或扩充卡。

第 6 章 输入/输出接口、中断与总线

(6) USB 外围设备处在待机状态时，会自动启动省电的功能来降低功耗。当要使用设备时，又会自动恢复原来的状态。

(7) USB 硬件设计成熟，数据传输稳定。USB 驱动程序、接收器以及电缆的硬件规范都能尽量减少因噪声干扰而产生的数据错误。若 USB 协议检测到数据有错误，它会通知发送端重新传送数据。

(8) USB 的 4 种传输类型(控制、中断、批量、实时)和 3 种传输速度(低速、全速、高速)让外围设备可以有广泛的选择。不管是交换少量数据还是大量的数据，或有无时效的限制，都是适合的传输类型。

(9) 操作系统的支持。在微软的操作系统中，Windows 98 是第一个支持 USB 的操作系统，其后是 Windows 2000。每一种操作系统支持 USB 的程度各有不同，但基本上都支持下列三项底层的功能。

① 新连接的设备通过沟通来确认交换数据的方式。
② 自动检测设备是否已经连接到系统上或已经移除。
③ 提供驱动程序与 USB 硬件以及应用程序进行沟通。

USB 虽然有如此强大的功能与优越性，但从用户的角度看，它有如下的缺点。

(1) 缺乏对原有设备的支持。旧式的计算机与外设都没有 USB 连接端口。若要将一个非 USB 设备连接到 USB 接口上，必须使用转换器。另外，若要将一个 USB 设备连接到不支持 USB 的 PC 上，必须在该 PC 上加上 USB 的功能，那么就需要有 USB 的主机控制器硬件以及支持 USB 的驱动程序。

(2) 点对点的通信。USB 系统是由一个主机来管理所有的通信，外设不能直接互相沟通。

(3) 距离的限制。USB 虽然是设计使用在台式计算机上，但其预期与外设的距离相当短，电缆长度最长只能达到 5m，若要延伸 USB 连接的距离，就必须通过集线器来延伸。

本 章 小 结

本章介绍了输入/输出的基本概念，对数据传送的方式进行了阐述。从中断的基本概念着手介绍了中断的处理过程。总线技术在微型机应用系统中设备或硬件连接方面起着重要的作用。本章对总线的基本概念、三类总线和总线标准做了简单介绍，着重讲述了 PCI 总线和 USB 串行总线。

习 题

1. 为什么外设要通过接口电路和主机系统相连？
2. CPU 与外设间数据传送的控制方式有哪几种？它们各自的优缺点是什么？
3. 什么叫端口？通常有哪几类端口？计算机对 I/O 端口编址时通常采用哪两种方法？在 8086/8088 系统中，用哪种方法对 I/O 端口进行编址？

4. 结合指令简述图 6.21 中 CPU 与外设以查询传送方式输出数据的接口电路的工作过程(设地址译码数据口地址为 60H，状态口地址为 61H)。

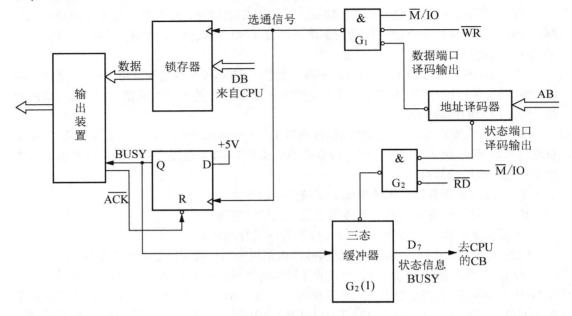

图 6.21　习题 4 图

5. 什么是中断向量表？在 8086/8088 的中断向量表中有多少不同的中断向量？若已知中断类型号是 10，说明如何在中断向量表中查找中断向量。

6. 8086/8088 的内部中断的特点是什么？

7. 简述 8086 CPU 响应可屏蔽中断的过程。

第 7 章 可编程接口芯片

微机与外设交换信息必须通过接口电路来实现,目前有各种通用的可编程接口芯片供选用。微机的接口一般可分为并行接口和串行接口,并行接口如 Intel 公司的 8255A,串行接口如 Intel 公司的 8251A。

除了 I/O 接口外,微机系统中往往还需要一些专业功能的接口芯片,以增强系统的综合处理能力。例如,用于定时、对脉冲信号(或开关信号)进行计数及作为串行通信波特率发生器的定时器/计数器 Intel8253/8254 等;用于中断源管理和控制的中断控制器 8259A;及用于存储器和接口之间直接进行数据传输管理的 DMA 控制器 8237 等。

本章重点介绍的可编程接口电路有并行 I/O 接口 8255A、定时器/计数器 8253/8254、中断控制器 8259A、串行通信接口 8251A 等。

7.1 可编程并行通信接口芯片 8255A

Intel 8255A 是一种可编程并行通信接口芯片。

7.1.1 8255A 芯片的结构和引脚

8255A 为 40 引脚、双列直插式封装结构,其内部结构和引脚如图 7.1 所示。

1. 内部逻辑结构

1) 数据端口 PA、PB、PC

图 7.1(a)所示为 8255A 内部结构原理图。8255A 有 3 个可编程控制的 8 位并行 I/O 接口。一般情况下端口 A 或 B 作为 I/O 的数据端口,而端口 C 则作为控制或状态信息的端口,C 口在"方式"字的控制下,可分成两个 4 位端口,每个端口包含一个 4 位锁存器,分别与端口 A 和 B 配合使用,可用作控制信号的输出,或作为状态信号的输入。

A 组控制电路控制端口 A 和端口 C 的上半部($PC_7 \sim PC_4$)。
B 组控制电路控制端口 B 和端口 C 的下半部($PC_3 \sim PC_0$)。

2) 数据总线缓冲器

双向三态的 8 位数据缓冲器实现 8255A 与 CPU 之间的数据传输接口。CPU 执行输出指令时,可将控制字或数据通过该缓冲器送给 8255A 的控制口或数据口;CPU 执行输入指令时,8255A 可将数据端口的状态信息或数据通过它传送给 CPU。

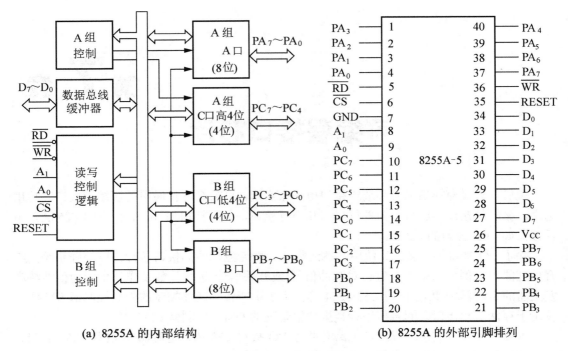

(a) 8255A 的内部结构 (b) 8255A 的外部引脚排列

图 7.1 8255A 的结构与引脚

3) A、B 组控制部件

这两组控制部件有两个功能：一是接收来自芯片内部数据总线上的控制字；二是接收来自读/写控制逻辑电路的读/写命令，以此来决定两组端口的工作方式和读/写操作。

4) 读/写控制逻辑电路

8255A 的读/写控制电路接收来自 CPU 的控制命令，并根据命令向片内各功能部件发出操作命令。它接收 $\overline{CS}$，来自地址总线的信号 A_1、A_0 和控制总线信号 RESET、$\overline{WR}$、$\overline{RD}$，将它们组合后，得到对 A 组控制部件和 B 组控制部件的控制命令，并将命令送给这两个部件，再由它们完成对数据、状态信息和控制信息的传输。

2. 引脚功能

(1) $D_0 \sim D_7$：8 位双向数据总线。

(2) $PA_0 \sim PA_7$：端口 A 的 I/O 引线。

(3) $PB_0 \sim PB_7$：端口 B 的 I/O 引线。

(4) $PC_0 \sim PC_3$：端口 C 的低 4 位 I/O 引线。

(5) $PC_4 \sim PC_7$：端口 C 的高 4 位 I/O 引线。

(6) A_1、A_0：地址引线。

(7) RESET：复位输入信号。高电平有效，复位时清除内部控制寄存器，同时将 3 个 I/O 端口全部设为输入。

(8) $\overline{CS}$：片选信号。$\overline{CS}=0$ 时将内部数据总线与系统总线连接在一起，该芯片被选中，允许工作。

(9) $\overline{RD}$：读输入控制信号。$\overline{RD}=0$ 时，配合 $\overline{CS}$ 信号读取 8255A 内部寄存器的值。

(10) $\overline{WR}$：写输出控制信号。$\overline{WR}=0$ 时，配合 $\overline{CS}$ 信号将 CPU 处理器数据写入 8255A 内。

7.1.2　8255A 的寻址方式

8255A 内部有 3 个 I/O 端口和一个控制字端口，通过地址线 A_0、A_1，读/写控制线 $\overline{RD}$、$\overline{WR}$ 与 $\overline{CS}$ 进行寻址并实现相应的操作。表 7-1 所示为 8255A 的寻址与相应操作。

表 7-1　8255A 寻址方式与相应操作

A_1	A_0	$\overline{RD}$	$\overline{WR}$	$\overline{CS}$	操作
0	0	0	1	0	读端口 A
0	1	0	1	0	读端口 B
1	0	0	1	0	读端口 C
0	0	1	0	0	写端口 A
0	1	1	0	0	写端口 B
1	0	1	0	0	写端口 C
1	1	1	0	0	写控制寄存器
×	×	×	×	1	无操作
×	×	1	1	0	无操作
1	1	0	1	0	非法操作

注：写控制寄存器操作时，若 $D_7=1$，则写入的是工作方式控制字；若 $D_7=0$，则写入的是对 C 口某位置位/复位控制字。

7.1.3　8255A 的工作方式

8255A 有以下 3 种工作方式。

(1) 方式 0，又称基本 I/O 方式。在这种工作方式下，A、B、C 三个端口都可用作 I/O，但不能既作输入又作输出。端口 C 分为两部分，即高 4 位和低 4 位。每个数据端口都可用方式 0 进行简单的数据输入或输出。在输出时，3 个数据口都有锁存功能；而在输入时，只有 A 口有锁存功能，而 B 和 C 口只有三态功能。

(2) 方式 1，又称选通 I/O 方式。只有端口 A、端口 B 可工作于此方式，端口 C 用于提供联络信号。

(3) 方式 2，又称双向传输方式。只有端口 A 可编程为双向传输方式。通过 C 口的高 5 位进行控制，此时 A 口既可作输入也可作输出，而 $PC_0 \sim PC_2$ 及 B 口可工作于方式 0，具体可由适当的工作命令字来进行设定。

图 7.2 为 8255A 方式控制字格式。图 7.3 为 C 口置位/复位控制字格式，8255A 对端口 C 具有置位/复位功能，只要使用一条输出控制指令便可完成位控的目的，可以设置 C 口引脚的状态。

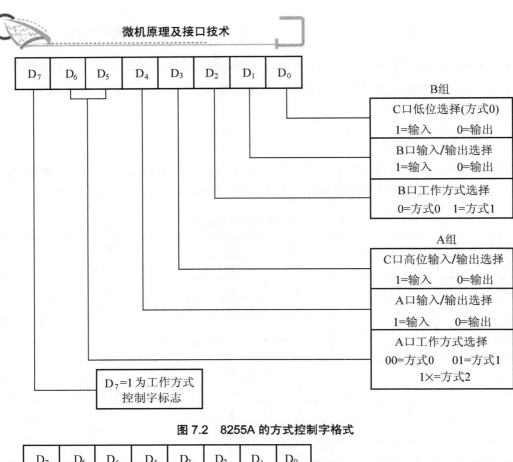

图 7.2　8255A 的方式控制字格式

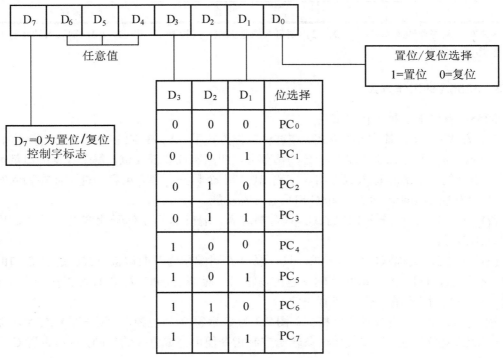

图 7.3　C 口置位/复位控制字格式

7.1.4 8255A 的编程控制字

1. 方式 0

方式 0 主要工作在无条件的 I/O 方式下，在这种工作方式下，不需要"联络"信号。A 口、B 口、C 口均可工作在此方式下。C 口的输出位可由用户直接独立设置"0"或"1"。控制字格式如图 7.2 及图 7.3 所示。

例如，当 8255A 的各个端口都处于方式 0，若将端口 A 作为输出，端口 B 作为输入，端口 C 的高 4 位作为输入，端口 C 的低 4 位作为输出，则其方式控制字为 10001010(8AH)。

2. 方式 1

方式 1 主要工作在异步或条件传输方式(需要先检查状态，然后才能传输数据)下。在这种工作方式下，仅有 A 口、B 口可工作在此方式。由于条件传输需要联络线，所以在方式 1 下 C 口的某些位分别为 A 口和 B 口提供 3 根联络线。

(1) 方式 1 A 口、B 口均为输入方式，其控制字格式和连接图如图 7.4 所示。

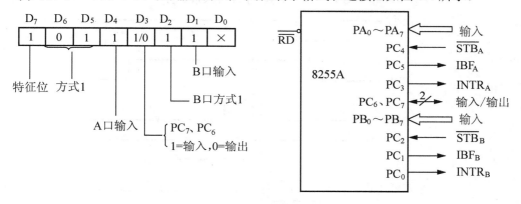

图 7.4 方式 1 下 A 口、B 口均为输入

方式 1 输入时，8255A 各控制信号的意义如下。

$\overline{STB}$：选通输入，低电平有效，这是由外设提供的输入信号，当其有效时，由输入设备来的数据将送入端口的输入锁存器。

IBF(Input Buffer Full)：输入缓冲器满信号，高电平有效。这是由 8255A 输出的状态信号。当其有效时，表明数据已输入至锁存器。

INTR(Interrupt Request)：中断请求信号，高电平有效。当某输入设备请求服务时，8255A 就由 INTR 输出端输出高电平，向 CPU 提供中断请求信号，用来请求 CPU 为其服务。当 $\overline{STB}$、IBF 和 INTE 都为高电平时，INTR 输出才为高电平。

$INTE_A$(Interrupt Enable A)：端口 A 中断允许信号。它是 8255A 内部的控制发中断请求信号允许或禁止的控制信号，由 PC_4 的置位/复位来控制，$PC_4=1$ 时，允许端口 A 中断。

$INTE_B$(Interrupt Enable B)：端口 B 中断允许信号。由 PC_2 的置位/复位来控制，$PC_2=1$

时，允许端口 B 中断。在方式 1 输入时，端口 C 的 PC_6 和 PC_7 两位是空闲的，如果要利用它们，可用方式控制字中的 D_3 来设定。

图 7.5 是 A 口方式 1 选通输入示意图，图 7.6 是方式 1 选通输入引脚时序图。

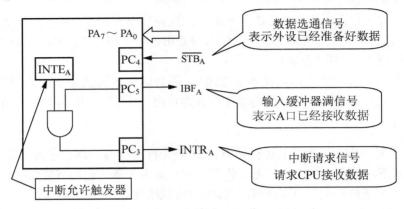

图 7.5 A 口方式 1 选通输入示意图

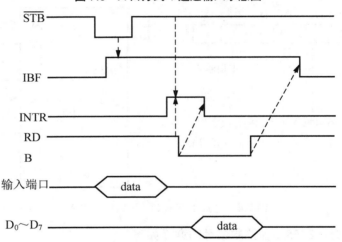

图 7.6 方式 1 选通输入引脚时序图

选通输入的工作过程如下。

① 当外设准备好数据送到 A 口线上时，发出 $\overline{STB}=0$ 的信号。

② 8255A 接收到此负脉冲信号后自动完成：一是将数据输入到输入缓冲/锁存器；二是将内部的 IBF 置位，使 IBF 变为高电平，通知外设已收到数据。

③ 8255A 在检测到 $\overline{STB}$ 变为高电平、IBF＝1 和 INTE＝1 同时有效时，置位 INTR，向 CPU 申请中断。

④ 在响应中断后，进入中断服务子程序读取 8255A 端口数据，在 $\overline{RD}$ 的下降沿将 INTR 复位。本次输入结束，可进入下一次输入操作。

(2) 方式 1A 口、B 口均为输出方式，其控制字格式和连接图如图 7.7 所示。

第 7 章 可编程接口芯片

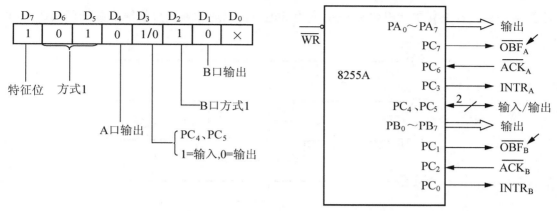

图 7.7 方式 1 下 A 口、B 口均为输出

方式 1 输出时，8255A 各控制信号的意义如下。

$\overline{OBF}$ (Output Buffer Full)：输出缓冲器满信号，低电平有效。这是由 8255A 输出给外设的一个控制信号。当其有效时，表明 CPU 已经将数据输出到指定的端口，外设可以把数据取走。

$\overline{ACK}$：响应信号，低电平有效。这是来自外设的响应信号，告诉 CPU 输出给 8255A 的数据已经被外设接收。

INTR(Interrupt Request)：中断请求信号，高电平有效。当某输出设备已经接收了 CPU 输出的数据后，8255A 就用 INTR 输出端向 CPU 发出中断请求信号，要求 CPU 继续输出数据。当 $\overline{ACK}$、$\overline{OBF}$ 和 INTE 都为高电平时，INTR 才被置为高电平。

$INTE_A$ 由 PC_6 的置位/复位来控制。$INTE_B$ 由 PC_2 的置位/复位来控制。在输出方式中，端口 C 的 PC_4 和 PC_5 是空闲的，如果要利用它们，可用方式控制字中的 D_3 来设定。

图 7.8 是 A 口方式 1 选通输出示意图，图 7.9 是方式 1 选通输出引脚时序图。

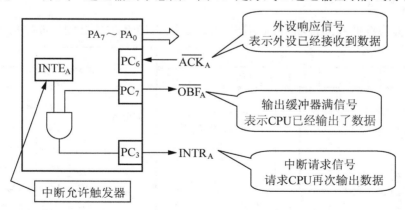

图 7.8 A 口方式 1 选通输出示意图

选通输出的工作过程如下。

① CPU 通过 OUT 输出指令将第一组数据输出到 A 口或 B 口的输出锁存器，8255A

收到数据后，在 $\overline{WR}$ 的上升沿将 $\overline{OBF}$ 变为低电平，以通知输出外设输出数据已到达端口线上。

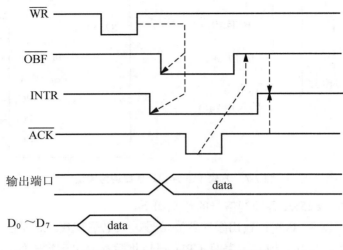

图 7.9 方式 1 选通输出引脚时序图

② 输出设备收到 $\overline{OBF}$ 后自动完成：一是从端口取走输出数据；二是使 $\overline{ACK}$ 变为低电平，以告知 8255A 外设已接收到数据。

③ 8255A 接到应答信号 $\overline{ACK}$ 后，将 $\overline{OBF}$ 置位，然后就对 $\overline{OBF}$、$\overline{ACK}$ 和 INTE 进行检测，当三者皆为高电平时，INTR 变为高电平，向 CPU 申请中断。

④ CPU 响应中断后便进入中断服务子程序，将下一个要输出的数据进行输出操作，数据送到 8255A 的输出锁存器，并重复上述过程，完成第二个数据的输出。

(3) 混合输入输出，可以是端口 A 为输入，端口 B 为输出；也可以是端口 A 为输出，端口 B 为输入。其控制字格式和连线图略。

3. 方式 2

方式 2 称为选通双向传输，仅适用于端口 A。图 7.10 为方式 2 的控制字格式和连线图。

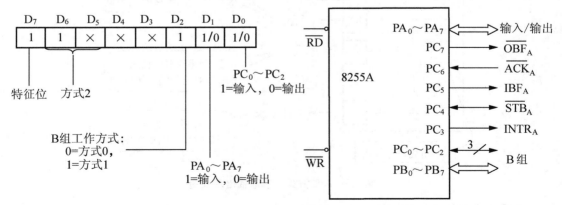

图 7.10 方式 2 的控制字格式

选通双向操作时，8255A 各控制信号的意义如下。

INTR：中断请求信号，高电平有效。在输入和输出时，都可以用来作为对 CPU 的中断请求信号。

$\overline{OBF}$：输出缓冲器满信号，低电平有效。它可以作为对外设的选通信号。当其有效时，表明 CPU 已经将数据输出到端口 A，外设可以把数据取走。

$\overline{ACK}$：响应信号，低电平有效。当有效时，启动端口 A 的三态输出缓冲器送出数据，否则输出缓冲器处于高阻状态。

INTE1：与 $\overline{OBF}$ 有关的中断触发器，它由 PC_6 置位/复位控制。

$\overline{STB}$：选通输入，低电平有效，这是由外设提供给 8255A 的选通信号，当其有效时将输入数据选通输入锁存器。

IBF：输入缓冲器满，高电平有效。这是一种状态信息，当其有效时，表示数据已进入输入锁行器。

INTE2：与 IBF 有关的中断触发器，它由 PC_4 置位/复位控制。

7.1.5 8255A 应用举例

【例 7.1】 8255A 的 PA 口和 PB 口工作方式 0 下，PB 口为输入端，连接有 4 个开关，PA 口为输出端，接有数码管($PA_0 \sim PA_7$ 分别接数码管 a～g、dp 段，a～g、dp 段为共阳极发光二极管)，电路如图 7.11 所示，数据、地址和控制引脚接 8088 CPU 的相应引脚。其中 8255A 各地址为：8000H～8003H。试编写一段程序，要求数码管显示开关所拨通的数字。

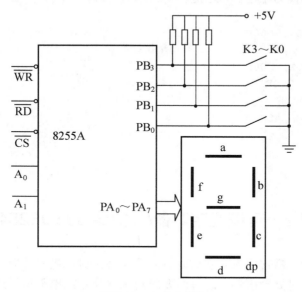

图 7.11 方式 0 举例

分析：本例 8255A 地址分配为：PA 口：8000H，PB 口：8001H，PC 口：8002H，控制口：8003H。七段发光二极管为共阳极 LED，要点亮"a"段，要求从 PA_0 输出高电平"1"；要熄灭"a"段，要求从 PA_0 输出低电平"0"，其余各段类似。8255A 的 PB 口接有 4 位开关，其组合分别为 0～FH，则数码管显示 0～FH 各字符的段码列于表 7-2 中。

表 7-2 段码表

显示字符	0	1	2	3	4	5	6	7	8	9	A	B	C	D	E	F
段码(H)	3F	06	5B	4F	66	6D	7D	07	7F	6F	77	7C	39	5E	79	71

参考程序如下。

```
        DATA  SEGMENT
            TABLE DB  3FH,06H,5BH,4FH,66H,7D,07H,7FH,6FH,77H,7CH,
                      39H,5EH,79H,71H
        DATA  ENDS
        CODE  SEGMENT
            ASSUME  DS:DATA,CS:CODE
        START:MOV  AX,DATA
            MOV  DS,AX
            MOV  AL,82H          ;设置8255A方式字(方式0,PA口输出,PB口输入)
            MOV  DX,8003H
            OUT  DX,AL           ;方式字送控制口
        DISP:MOV  DX,8001H
            IN   AL,DX           ;取开关状态信息
            AND  AL,0FH          ;屏蔽高4位
            MOV  BX,OFFSET TABLE ;查表得到段码
            XLAT
            MOV  DX,8000H
            OUT  DX,AL           ;输出显示
            MOV  CX,1000H
        DISP1:LOOP DISP1         ;循环延时
            JMP  DISP
            MOV  AH,4CH
            INT  21H
        CODE  ENDS
        END   START
```

7.2 可编程定时器/计数器 8253/8254

在工业控制现场，常常要求有实时时钟用于实现定时或延时控制，如定时中断、定时检测、定时扫描等定时处理事件。还有时要求对脉冲信号或电平信号进行处理，即利用计数器对外部事件进行计数、统计事件发生频率等。

1. 软件定时

在微机应用技术中，实现定时或延时有两种基本办法：利用软件定时或使用可编程硬件芯片。前者常用于延时精度要求不高的场合，后者则用于延时精度要求较高的场合。软

件定时的原理比较简单，即让 CPU 执行一段程序花费时间，调整程序执行次数来实现定时的长短，这种方法不能做到很精确地定时，而且占用 CPU 资源，降低了 CPU 的利用率。利用软件延时的例子，如 LED、LCD 扫描显示延时，按键"去抖"延时，A/D 转换等待转换结束时的延时，某些芯片初始化时的延时等。

2. 外部事件计数

外部事件计数就是对外部脉冲信号计数。实现外部事件计数同样也有两种基本办法：一是利用软件进行计数；二是使用可编程计数器。

利用软件进行计数的方法就是外部脉冲通过某一并口 I/O 线送入计算机，软件不断地检测这根线的状态。当检测到其逻辑电平发生变化时，就认为有一次外部事件发生。这种方法的特点是要求 CPU 始终查询输入线的状态，这种方案占用了 CPU 的大量资源。

使用可编程计数器芯片，其脉冲记录方式和计数"溢出"方式都可以通过编程设定。其特点是编程灵活，完全可以代替软件计数，减轻了 CPU 的负担。

常用的定时器/计数器芯片有 Intel 8253、Intel 8254 等。

7.2.1 8253 的内部结构和引脚

8253 具有 3 个功能相同的 16 位减法计数器 0 号、1 号和 2 号，可进行二进制或二-十进制(BCD)计数或定时操作。采用二进制时，最大计数值为 0FFFFH；采用 BCD 码计数时，最大计数值为 9999。工作方式和计数常数可由软件编程来选择，可以方便地与 PC 总线连接，其内部结构和外部引脚如图 7.12 所示。每个计数器有 3 个引脚：CLK 为时钟输入线，在计数方式时是计数脉冲输入端；OUT 为计数器输出端，当计数器减为零时，根据所置的工作方式输出相应信号；GATE 为门控信号，用于启动或禁止计数器操作；控制字寄存器用来寄存工作方式控制字，只能写入不能读出。CLK、GATE 和 OUT 信号与计数器 8253 的逻辑关系如图 7.13 所示。

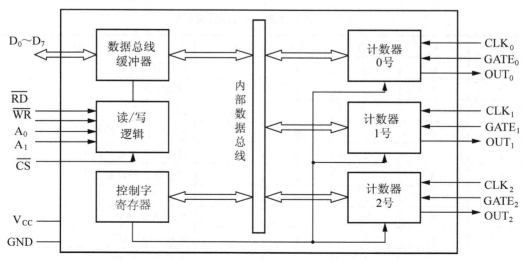

图 7.12 8253 内部结构和引脚

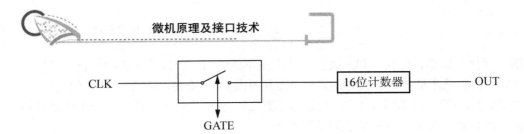

图 7.13　CLK、GATE 和 OUT 信号与计数器 8253 的逻辑关系

16 位计数预置寄存器 CR 用来存放计数初值，可通过程序来设定。计数执行单元 CE 是一个 16 位减法计数器，它的初值便是预置寄存器的内容，它只对 CLK 脉冲计数，一旦计数器被启动后，每出现一个 CLK 脉冲，计数执行单元中的计数值减 1，当减为零时，通过 OUT 输出指示信号，表明 CE 已为 0。

计数输出锁存器 OL 通常跟随减 1 计数器的内容变化，当接收到 CPU 发来的锁存命令时，就锁存当前的计数值而不跟随 CE 变化，直到 CPU 从中读取锁存值后，才恢复到减 1 计数器变化的状态，如图 7.14 所示。

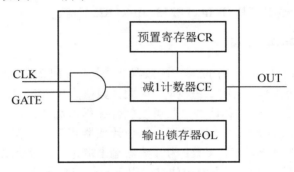

图 7.14　16 位计数器结构示意图

面向 CPU 的引脚信号共有 13 根，其计数通道及操作地址分配见表 7-3。

表 7-3　计数通道及操作地址分配表

A_1	A_0	$\overline{RD}$	$\overline{WR}$	$\overline{CS}$	操作
0	0	0	1	0	读计数器 0
0	1	0	1	0	读计数器 1
1	0	0	1	0	读计数器 2
0	0	1	0	0	计数初值写计数器 0
0	1	1	0	0	计数初值写计数器 1
1	0	1	0	0	计数初值写计数器 2
1	1	1	0	0	写方式控制字
×	×	×	×	1	禁止(高阻抗)
1	1	0	1	0	无操作(高阻抗)
×	×	1	1	0	无操作(高阻抗)

(1) $D_0 \sim D_7$:8 位双向三态数据总线,是 PC 总线与 8253 之间的数据传输线。

(2) $\overline{RD}$:读控制信号。$\overline{RD}=0$ 时,配合 $\overline{CS}$ 信号读取 8253 内部计数器的值。

(3) $\overline{WR}$:写控制信号。$\overline{WR}=0$ 时,配合 $\overline{CS}$ 信号将计数常数写入 8253 计数器内。

(4) $\overline{CS}$:片选信号。通常接地址译码器输出。$\overline{CS}=0$ 时将 8253 内部数据总线与系统总线连接在一起,该芯片被选中,允许工作。

(5) A_1、A_0:地址选择线,4 种组合分别选择 3 个计数器和控制字寄存器。

7.2.2 8253 的工作方式

8253 的工作方式是由其控制字所决定的。将设定的工作方式控制字写入控制寄存器,就可以使 8253 按照给定的方式工作。控制字的定义如图 7.15 所示。

最高两位 SC_1 和 SC_0 用于选择哪个计数器。操作类型位(RL_1、RL_0)规定 8253 的数据读/写格式。当 $RL_1 RL_0=00$ 时,是将计数器的计数值锁存操作,在计数过程中读计数值时,先送出锁存命令锁存计数值,再读取计数值;其他 3 种组合规定了读/写格式。工作方式位(M_2、M_1、M_0)用来指定所选择计数器的工作方式,8253 有 6 种工作方式。

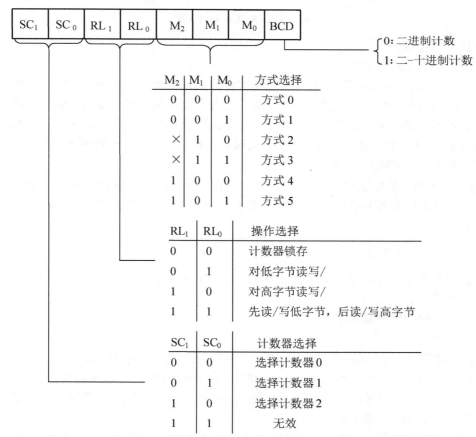

图 7.15 8253 工作方式控制字格式

1. 方式0——计数结束中断方式

方式0是典型的事件计数用法，CLK端作为事件计数输入信号，当减1计数器到零时，OUT端变为高电平，它可作为中断请求信号。

方式0的时序波形如图7.16所示。

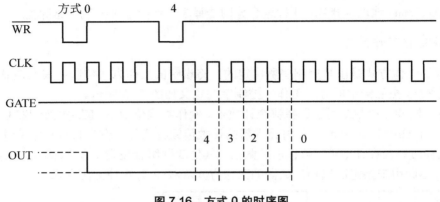

图7.16 方式0的时序图

方式0的特点如下。

(1) 计数过程由软件启动。

(2) 当写入控制字后，OUT端输出低电平作为起始电平，在有两个负脉冲宽度的$\overline{WR}$的信号的上升沿将初值写入预置寄存器(CR)，待计数初值装入计数器后，输出仍保持低电平。若GATE端为高电平，当CLK端每来一个计数脉冲时，计数器就作减1计数，当计数值减为0时，OUT端输出变为高电平，同时计数器停止工作；若要使用中断，则可利用此上跳的高电平向CPU发中断请求。

(3) GATE为计数控制门。当GATE=1时，允许计数；而GATE=0时，停止计数。当GATE信号再次变为高电平时，计数器才又恢复作减1计数。GATE信号的变化不影响OUT端的状态。

2. 方式1——可编程单稳态触发器

计数器相当于一个可编程的单稳态电路，触发输入为GATE信号，由GATE的上升沿触发计数器工作。

方式1的时序波形如图7.17所示。

方式1的特点如下。

(1) 计数器的启动只能由门控脉冲的上升沿产生，即只能用硬件启动。

(2) OUT输出为一个单稳态负脉冲，其脉宽为计数初值个数的CLK时钟脉冲周期之和。

(3) 在计数过程期间，当GATE又出现上升沿时，即可重触发计数器。计数器将从原来的初始值重新减1计数，输出脉冲宽度延长。

(4) 在计数过程期间，如果重新装入新的计数初始值，并不影响当前的计数状态。其响应过程是等本次计数结束、下一个GATE正脉冲触发信号到来时，才会将新的计数初始值装入计数器重新计数。

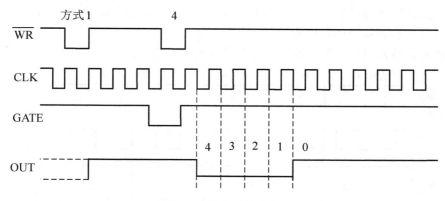

图 7.17　方式 1 的时序图

3. 方式 2——分频器

方式 2 下，OUT 输出是输入时钟被计数值 N 分频后的连续脉冲，可见方式 2 是 N 分频计数器。方式 2 的时序波形如图 7.18 所示。

方式 2 的特点如下。

(1) 预置寄存器(CR)内容能自动地、重复地装入减 1 计数器(CE)中，OUT 端上就能连续地输出周期性分频信号。

(2) 既可以软件启动，也可以硬件启动。

(3) 负脉冲宽度均为一个 CLK 脉冲的周期。

(4) 改变计数初值，即可获得不同速率的 OUT 输出信号。

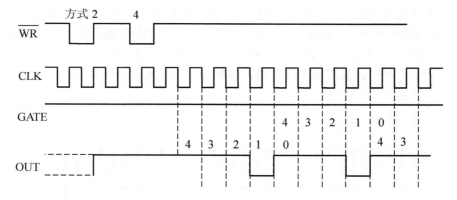

图 7.18　方式 2 时序图

4. 方式 3——方波频率发生器

方式 3 与方式 2 类似，采用方式 3 时，OUT 输出的是方波，当计数值 N 为偶数时，输出的方波是对称的，前 N/2 计数期间 OUT 输出的是高电平，后 N/2 计数期间 OUT 输出的是低电平；当 N 为奇数时，前 (N+1)/2 计数期间 OUT 输出的是高电平，后 (N−1)/2 计数期间 OUT 输出的是低电平。方式 3 的时序波形如图 7.19 所示。

方式 3 的特点如下。

(1) 方式 3 的计数过程是 CE 内容减 2，OUT 端连续地输出周期性分频信号。

(2) 有软件启动和硬件启动两种。

(3) 改变计数初值，即可获得不同速率的方波输出信号。

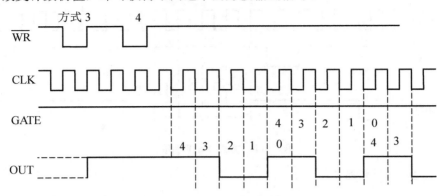

图 7.19　方式 3 时序图

5. 方式 4——软件触发选通脉冲

当写入方式控制字后，OUT 端输出高电平。在写入计数初值后的一个 CLK 脉冲开始减 1 计数，直到 CE 为零时，使 OUT 输出变为低电平，当持续一个 CLK 脉冲周期后又恢复到高电平。在 OUT 端产生一个 CLK 脉冲周期宽度的选通负脉冲输出。方式 4 的时序波形如图 7.20 所示。

方式 4 的特点如下。

(1) 写入计数初值后立即开始计数(相当于软件触发启动)，当计数到 0 后，输出一个 CLK 时钟周期的负脉冲，计数器停止计数。只有在输入新的计数值后，才能开始新的计数。

(2) 当 GATE＝1 时，允许计数；GATE＝0 时，禁止计数。

(3) 在计数过程中，如果改变计数值，则按新计数值重新开始计数。

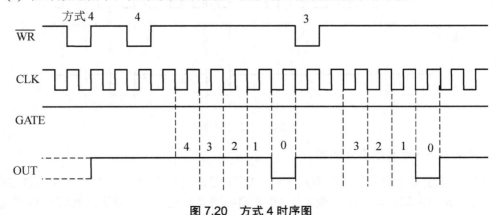

图 7.20　方式 4 时序图

6. 方式 5——硬件触发选通脉冲

方式 5 类似于方式 4，所不同的是 GATE 端输入信号上升沿启动计数，方式 5 像方式

1一样，都是硬件触发的。计数到零 OUT 端产生宽度为 1 个 CLK 脉冲周期的负脉冲选通信号。方式 5 的时序波形如图 7.21 所示。

方式 5 的特点如下。

(1) 当写入计数初值后，计数器并不立即开始计数，而要由门控信号的上升沿启动计数。

(2) 在计数过程中或计数结束后，如果门控再次出现上升沿，计数器将从原装入的计数初值开始重新计数。

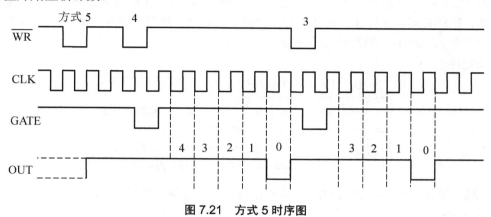

图 7.21　方式 5 时序图

7. 8253 六种工作方式的比较

(1) 方式 0 与方式 4 都属于软件触发计数，无自动重新装入计数初始值的能力，除非重新写入初始值。门控信号 GATE 用于开始计数控制，当 GATE＝1 时，计数减 1，当 GATE＝0 时，计数停止。

两种方式的区别主要在于 OUT 的输出波形不同。

(2) 方式 1 与方式 5 都属于硬件触发计数，计数器写入初始值后并不马上开始计数，必须在门控信号 GATE 的触发下，使得计数器装入初始值并开始计数，GATE 的信号只是上升沿起作用。

两种方式的区别主要在于 OUT 的输出波形不同。

(3) 方式 2 与方式 3 的共同点就是具有自动重新装入计数初始值的能力，即当计数器计数减为 0 时，计数器的内容会自动将初始值装入并继续计数。由此可见，方式 2 与方式 3 的输出都是连续波形。

两种方式的区别在于：方式 2 每当计数值为 0 时，输出 1 个 CLK 脉冲宽度的负脉冲；方式 3 则输出方波信号(或近似方波)。

总结如下。方式 0、1、4 和 5 作计数器用(输出一个电平或脉冲)，而方式 2 和 3 可以作定时器用。

7.2.3　8254 与 8253 的区别

8254 兼容 8253，凡是使用 8253 的系统，均可由 8254 来取代。但反过来 8253 不能完全代替 8254。二者的明显区别在于：8254 的工作频率比 8253 高，另外其控制命令功能也有差别。8254 除了包含 8253 的全部控制命令外，还具有读回命令，使用的端口地址仍然是控制口地址，该命令用于控制计数值和状态寄存器的状态信息获取。

7.2.4　8253 的应用举例

1. 初始化编程

对 8253 初始化编程包括 2 个步骤：写入控制字和写入计数值。在不需要外部触发的方式中，这样就可以工作了。例如，对计数器 0 初始化，使其工作于方式 1，按 BCD 码计数，计数值为 1000H。则初始化编程为：

确定控制字

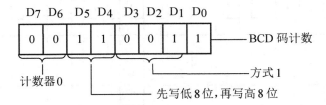

【例 7.2】 设计数值低 8 位为 00H，高 8 位为 10H。设端口地址为 F000H～F003H，则初始化程序为：

```
        MOV   DX, 0F003H      ;控制端口地址为 0F003H
        MOV   AL, 33H         ;00110011B
        OUT   DX, AL          ;送方式控制字
        MOV   DX, 0F000H      ;计数器 0 端口地址为 0F000H
        MOV   AL, 00H
        OUT   DX, AL          ;先写低 8 位计数值到计数器 0
        MOV   AL, 10H
        OUT   DX, AL          ;再写高 8 位计数值到计数器 0
```

2. 读取 8253 的计数值

当 8253 计数器是 16 位时，CPU 要分两次读入。通常的做法有以下两种。
(1) 利用 GATE 信号使计数过程暂停。
(2) 利用命令控制字将待读计数值锁存至其锁存器，这种方法不影响计数过程。注意，控制字仍写入控制端口。CPU 读取此锁存值后，锁存器自动解除。

【例 7.3】 设要读取计数器 0 的 16 位计数值，采用锁存器锁存方式，其程序为：

```
        MOV   AL, 00H
        MOV   DX, 0F003H
        OUT   DX, AL          ;命令控制字送控制端口
        MOV   DX, 0F000H
        IN    AL, DX          ;读取计数器 0 低 8 位数据
```

```
        XCHG  AL,AH              ;暂存 AH
        IN    AL, DX             ;读取计数器 0 高 8 位数据
        XCHG  AL, AH             ;AX 中为计数器 0 的 16 位计数值
```

3. 应用举例

【例 7.4】 PC 系列微机通常使用一片 8253/8254，其 3 个计数通道分别用于时钟计时、DRAM 刷新定时和扬声器发声声调的控制等。其连接图如图 7.22 所示，这为 8253/8254 在 PC 系列微机系统中的典型应用电路图。

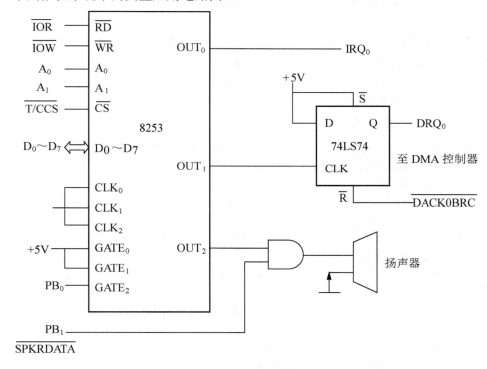

图 7.22 8253 在 PC 系列微机中的应用

1.193182MHz 的周期信号同时送到 3 个定时器/计数器的时钟输入端 $CLK_0 \sim CLK_2$。定时器 0 和定时器 1 的门控信号一直有效，而定时器 2 的门控信号受系统中 8255 的端口 PB 的最低位 PB_0 控制。定时器 0 的输出连接系统硬中断 IRQ_0，定时器 1 的输出经 74LS74 后作为 DMA 控制器 8237A 通道 0 的 DMA 服务请求信号 DRQ_0，用于定时启动刷新 DRAM，定时器 2 的输出与 8255 端口 PB 的次低位 PB_1 相与后驱动扬声器发声。从电路结构分析可知，只有 $PB_0=1$ 且 $PB_1=1$ 时，扬声器才可能发声，发声频率由定时器 2 输出的脉冲信号的频率决定。

图 7.22 所示电路中，8253 的端口地址为 40H～43H。3 个计数器的用途如下。

(1) 计数器 0。

该计数器为系统日历时钟提供定时中断，它选用方式 3 工作，设置的控制字为 36H。计数器值预置位 0(65536)，$GATE_0$ 接＋5V，允许计数。因此，OUT_0 输出时钟频率为

1.19MHz/65536＝18.21Hz。它直接接到中断控制器 8259A 的中断请求端 IR0，即 0 级中断，每秒 18.2 次。因此，每间隔 55ms 产生一次 0 级中断请求。并且，每一个输出脉冲均以正跳变产生一次中断。

(2) 计数器 1。

该计数器向 DMA 控制器定时发动态存储器刷新请求，它选用方式 2 工作，设置的控制字为 54H。计数器初始值为 18，$GATE_1$ 接＋5V，允许计数。因此，OUT_1 输出分频脉冲频率为 1.19MHz/18＝66.1kHz，相当于周期为 15.3μs。这样，计数器 1 每隔 15.3μs 经由 74LS74 产生一个 DRAM 刷新的请求信号 DRQ_0。

(3) 计数器 2。

该计数器控制喇叭发声音调，用方式 3 工作，设置的控制字为 B6H，计数器的初值置 533H(即 1331)，OUT_2 输出方波频率为 1.19MHz/1331＝894Hz。该计数器的工作由主板 8255 的 PB_0 端控制。当 PB_0 输出为高电平时，计数器方能工作。OUT_2 的输出与 8255 PB_1 端产生的喇叭音响信号 SPKRDATA 相与后送到喇叭发声。

按上述功能，8253 计数器的预置程序如下。

```
PR0:MOV  AL,36H        ;选择计数器 0,计数初值为 16 位,方式 3,二进制计数
    OUT  43H,AL        ;写控制字
    MOV  AL,0          ;预置计数初值 65536
    OUT  40H,AL        ;先送低字节计数初值
    OUT  40H,AL        ;后送高字节计数初值
PR1:MOV  AL,54H        ;选择计数器 1,计数初值为 16 位,方式 2,二进制计数
    OUT  43H,AL
    MOV  AL,12H        ;预置计数初值 18
    OUT  41H,AL
PR2:MOV  AL,0B6H       ;选择计数器 2,计数初值为 16 位,方式 3,二进制计数
    OUT  43H,AL
    MOV  AX,533H       ;送分频数 1331
    OUT  42H,AL        ;先送低字节
    MOV  AL,AH
    OUT  42H,AL        ;后送高字节
```

7.3　可编程中断控制器 8259A

7.3.1　8259A 的功能与引脚

Intel 8259A 是可编程中断控制器芯片，它是专门为 8086/8088 和其他 Intel 系列微处理器设计的，用于管理和控制外部中断请求，主要功能为：每片具有 8 级中断优先级控制，若采用级联方式，9 片最多可管理 64 级中断；对每一个中断请求均有屏蔽功能；在中断响应期间，可向 CPU 提供中断类型码；8259A 是可编程器件，可以通过编程来设置中断管理方式。

第 7 章 可编程接口芯片

8259A 是 28 脚双列直插式芯片，其引脚图如图 7.23 所示。

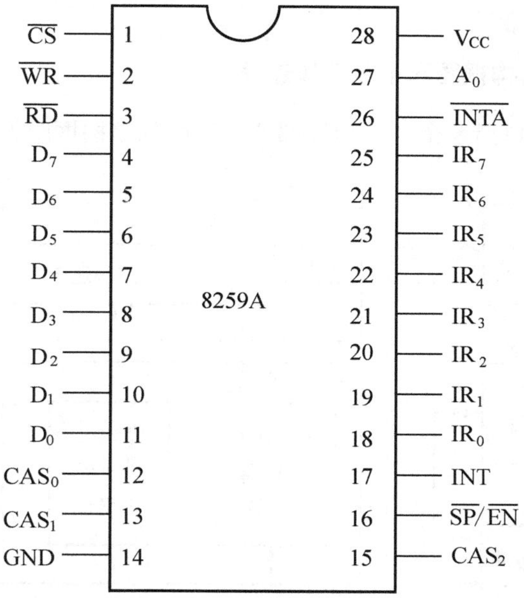

```
      ┌──────────────┐
 CS ──┤ 1         28 ├── V_CC
 WR ──┤ 2         27 ├── A_0
 RD ──┤ 3         26 ├── INTA
 D_7 ─┤ 4         25 ├── IR_7
 D_6 ─┤ 5         24 ├── IR_6
 D_5 ─┤ 6   8259A 23 ├── IR_5
 D_4 ─┤ 7         22 ├── IR_4
 D_3 ─┤ 8         21 ├── IR_3
 D_2 ─┤ 9         20 ├── IR_2
 D_1 ─┤10         19 ├── IR_1
 D_0 ─┤11         18 ├── IR_0
CAS_0─┤12         17 ├── INT
CAS_1─┤13         16 ├── SP/EN
 GND ─┤14         15 ├── CAS_2
      └──────────────┘
```

图 7.23　8259A 的引脚

1. 与 CPU 相连的引脚信号

$\overline{CS}$：片选信号(输入)，低电平有效。有效时，CPU 可以对 8259A 进行读/写操作。

$\overline{RD}$：读信号(输入)，低电平有效。$\overline{CS}$ 和 $\overline{RD}$ 都有效，允许 CPU 读 8259A 的状态信息。

$\overline{WR}$：写信号(输入)，低电平有效。$\overline{CS}$ 和 $\overline{WR}$ 都有效，允许 8259A 接收 CPU 发来的命令字。

A_0：地址线(输入)。选择 8259A 内部的两个可编程地址，接在 8086 系统地址总线的 A_1 上或 8088 系统地址总线的 A_0 上。

$D_0 \sim D_7$：数据总线(双向)。用来传送控制命令字、状态和中断类型码。

INT：中断请求信号(输出)。由 8259A 向 CPU 发出中断请求信号。

$\overline{INTA}$：中断响应信号(输入)，低电平有效。接收 CPU 发来的中断响应信号 $\overline{INTA}$。

2. 与中断源相连的引脚信号

$IR_0 \sim IR_7$：外部中断请求信号(输入)，高电平或上升沿有效。接外部中断源的中断请求。

3. 级联扩展时的引脚信号

$CAS_0 \sim CAS_2$：级联信号(双向)。8259A 级联时使用，对于主片，$CAS_0 \sim CAS_2$ 为输出；对于从片，$CAS_0 \sim CAS_2$ 为输入。

$\overline{SP}/\overline{EN}$：从片/允许缓冲器信号，低电平有效。当 8259A 处于非缓冲器方式时，该引脚输入，$\overline{SP}=0$ 表示该 8259A 是从片，$\overline{SP}=1$ 表示该 8259A 是主片；当 8259A 处于缓

冲器方式时，8259A 通过总线收发器和数据总线相连，该引脚输出，是总线收发器的使能信号。

7.3.2 8259A 的内部结构框图和中断工作过程

8259A 中断控制器包括 8 个主要功能部件，其内部结构框图如图 7.24 所示。

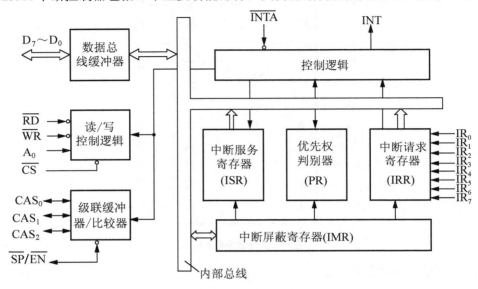

图 7.24 8259A 内部结构框图

1. 中断请求寄存器

中断请求寄存器 IRR(Interrupt Request Register)由一个 8 位锁存器构成，接收并锁存来自引脚 $IR_7 \sim IR_0$ 上的中断请求信号，当 $IR_7 \sim IR_0$ 某一引脚上出现有效中断请求信号时，IRR 对应位被置 1，该锁存器可被 CPU 读取。

2. 中断屏蔽寄存器

中断屏蔽寄存器 IMR(Interrupt Mask Register)由一个 8 位寄存器组成。若 IRR 中记录的各个中断请求由任何一个需要屏蔽，只要将 IMR 的相应位置 1 即可，未被屏蔽的中断请求允许进入优先权电路。中断屏蔽寄存器通过编程进行设置。

3. 中断服务寄存器

中断服务寄存器 ISR(In-Service Register)是一个 8 位寄存器，通过 8 位二进制数的值记录当前正在处理的中断请求。例如，当 ISR 的 $D_3=1$ 时，表示 CPU 正在处理来自 IR_3 引脚的中断请求。ISR 的置位是在相应引脚的中断请求被响应时，由 8259A 的控制逻辑设置。相应位被清零，表示中断处理结束。清零动作的发生时间及方式可通过编程设置。

4. 优先权判别器

优先权判别器电路用于识别和管理各个中断请求信号的优先级别，当有多个中断请求信号同时申请时,优先权电路根据编程设置的优先权管理方式,选择 IRR 中优先级最高者,在 CPU 响应中断时将 ISR 中相应位置 1。若某中断请求正在被处理时,又有新的中断请求,则由优先权电路将新进入的中断请求的优先级和当前正在处理的中断的优先级进行比较。若比较结果是新的中断请求比正在处理的优先级高,则正在处理的中断程序自动被中断,由优先权电路通过控制逻辑向 CPU 发出中断请求 IN 信号,CPU 处理级别高的中断请求,形成中断嵌套。

5. 数据总线缓冲器

数据总线缓冲器是一个 8 位双向三态缓冲器,是 8259A 与系统之间传送信息的数据通道。它与数据总线相连,可以接收 CPU 发来的命令字也可以向 CPU 发送中断类型码或由 CPU 读取相关信息。

6. 读/写控制逻辑

读/写控制逻辑的功能是根据 CPU 的读写命令确定数据总线缓冲器中数据的传输方向,同时根据片选信号 $\overline{CS}$ 和 A_0 选择内部与 CPU 进行数据交换的各命令字寄存器。当 CPU 发读信号时将选中寄存器的内容送到数据总线上;当 CPU 发写信号时,将 CPU 发来的命令字送入指令的命令字寄存器。

7. 控制逻辑

8259A 的控制逻辑部分主要包括了一组初始化命令字寄存器和一组操作命令字寄存器。其主要作用是确定 8259A 的工作方式,并按照编程设定的工作方式管理 8259A 的全部工作;同时还负责根据 IRR、IMR 及优先权判别器电路的状态,通过 INT 引脚向 CPU 发出中断请求信号;CPU 收到 8259A 的中断请求信号后,进入中断处理流程。过程如下。

(1) 当 CPU 收到中断请求信号 INTR 后,若 IF=1,则 CPU 完成当前指令后,响应中断,执行两个中断响应总线周期,每个总线周期都在 $\overline{INTA}$ 引脚上发出一个负脉冲,负脉冲宽度为两个时钟周期。

(2) 8259A 的控制逻辑在收到第一个负脉冲后,使 IRR 锁存功能失效,不再接收 $IR_7 \sim IR_0$ 上的中断请求信号(直到第二个负脉冲结束后,IRR 锁存功能才有效),并清除 IRR 的相应位。使 ISR 的对应位置 1,以便优先级裁决器为以后的中断请求裁决提供依据。

(3) 收到第二个负脉冲后,8259A 把当前中断的中断类型码送到 $D_7 \sim D_0$,CPU 根据此类型码进入相应的中断处理子程序。

(4) 在中断处理子程序结束时 CPU 应向 8259A 发中断结束命令,该命令将 ISR 寄存器的相应位清 0,中断处理结束。

8. 级联缓冲器/比较器

级联缓冲器/比较器用来存放和比较在级联系统中用到的所有 8259A 的级联地址。当系统需要扩展而采用级联方式时,级联缓冲器/比较器的三个引脚 CAS_0、CAS_1 和 CAS_2 的意义不同。作为主片的 8259A 此三引脚为输出端,发送从片的级联地址,用于表示哪一个从片的中断请求被响应。作为从片的 8259A，此三引脚是输入端，用于接收主片送来的片选代码。

例如，一个从片的 INT 端连接到主片的 IR_0 端，当从片的中断请求通过主片送到 CPU，CPU 响应发出第一个 $\overline{INTA}$ 负脉冲时，主片 CAS_2、CSA_0、CAS_0 输出二进制数 000，表示连接到 IR_0 引脚上的从片中断请求被响应。

7.3.3 8259A 的工作方式

8259A 可编程设定初始化命令字和操作命令字，选择下述相应的工作方式。

1. 中断优先级管理方式

1) 全嵌套方式

这是 8259A 默认的优先级管理方式，通常适合单片系统。在该方式下，优先级的次序固定：$IR_0 > IR_1 > \cdots > IR_7$。若某一级中断请求正在处理，可以响应级别高的中断请求，实现中断嵌套。

2) 特殊全嵌套方式

优先级次序的设置与全嵌套一样。但是，若某一级中断请求正在处理，不仅级别高的中断请求可以实现中断嵌套，同级的中断请求也可以实现中断嵌套。

在级联系统中，主片设定为特殊全嵌套方式，从片设定为全嵌套方式。当从片有较高优先级的中断请求时，对主片来说却是同一级别，主片的特殊全嵌套方式就可以对从片的较高优先级实现中断嵌套。

3) 优先级自动循环方式

采用优先级自动循环方式，各中断源优先级是循环变化的，具有大体相同的优先级。当一个中断源的中断服务完成后，其优先级自动降为最低，而将最高优先级赋给与之相邻的低一级的中断请求源。此方式主要用在系统中各中断源优先级相同的情况下。开始时，优先级队列次序是 $IR_0 \sim IR_7$（IR_0 最高，IR_7 最低）；若此时出现了 IR_3 的请求，响应 IR_3 并处理完成后，优先级队列变为 $IR_4 \sim IR_7$、IR_0、IR_1、IR_2、IR_3（最低）。

4) 优先级特殊循环方式

该方式与优先级自动循环方式相比，主要区别是可以通过编程设置开始的最低优先级。例如，最初设定 IR_2 为最低优先级，那么 IR_3 就是最高优先级，而优先级自动循环方式中，最初的最高优先级一定是 IR_0。

2. 屏蔽中断源的方式

1) 普通屏蔽方式

编程写入操作命令字 OCW_1 对中断屏蔽寄存器 IMR 进行设置，用 1 屏蔽该位的中断请求，用 0 允许该位的中断请求。

2) 特殊屏蔽方式

特殊屏蔽方式可实现仅屏蔽同级的中断，而其他任何级别的中断(包括较高优先级和较低优先级)都能实现中断嵌套。用于在某些场合下，中断服务程序的某一部分允许响应级别低的中断，而中断服务程序的另一部分又不允许响应级别低的中断。该方式可用操作命令字 OCW$_3$ 进行设置。

3. 结束中断处理方式

所谓中断结束，就是将正在被处理或处理即将完成的中断请求在 ISR 中的相应位清 0，具体有以下两种方法。

1) 自动结束方式(AEOI)

自动结束方式在第二个 $\overline{\text{INTA}}$ 负脉冲的后沿将对应的 ISR 位清 0。使用这种方式时应注意，该方式是在中断响应后，而不是在中断处理结束时将 ISR 位清 0。这样，在中断处理过程中，8259A 中的 ISR 就没有"正在处理"的标识。此时若有中断请求出现，没有屏蔽且 IF=1，则无论其优先级如何，都将得到响应。所以，中断自动结束方式是一种最简单的结束方式，只适合于中断请求信号的持续时间有一定限制、系统中只有一片 8259A 且不会出现中断嵌套的场合。

2) 非自动结束方式(EOI)

在非自动结束方式下，从中断程序返回前，需通过程序向 8259A 输出一个中断结束命令(EOI)，将 ISR 中的相应位清 0。具体方法有以下两种。

(1) 一般结束方式。此方式由 8259A 自动选择 ISR 中优先级最高位清 0。此方式常用于完全嵌套方式下的中断结束。

(2) 特殊结束方式。此方式需由用户指明将 ISR 中的哪一位清 0，常用于特殊全嵌套方式。

在级联系统中均采用一般结束方式或特殊结束方式。在中断处理程序结束时，必须发两次中断结束命令，一次发给主片，另一次发给从片。

4. 中断请求的触发方式

1) 电平触发方式

设置为电平触发方式时，当 IR$_n$ 引脚上出现高电平时，作为中断请求信号。请求一旦被响应，该高电平信号应及时撤除，否则会引发第二次中断。

2) 边沿触发方式

边沿触发方式以 IR$_n$ 引脚上出现由低电平向高电平的跳变作为中断请求信号，跳变后高电平要一直保持，直到被响应。

5. 与系统总线的连接方式

8259A 与系统总线连接时，有以下两种方式。

1) 缓冲方式

为减轻系统总线负担，在多片 8259A 级联的大系统中一般采用缓冲方式。在缓冲方式下，8259A 通过总线收发器和数据总线相连。8259A 的 $\overline{\text{SP}}/\overline{\text{EN}}$ 作为输出端，$\overline{\text{EN}}$ 有效，使总线收发器使能。

2) 非缓冲方式

非缓冲方式主要用于单片 8259A 或片数不多的 8259A 级联的系统中。在该方式下，

8259A 直接与数据总线相连，8259A 的 $\overline{SP}/\overline{EN}$ 作为输入（$\overline{SP}$ 有效）。只有单片 8259A 时，$\overline{SP}/\overline{EN}$ 端必须接高电平；有多片 8259A 时，该引脚用于区分主从芯片。$\overline{SP}/\overline{EN}$ 端接高电平则表示该 8259A 为主片；接低电平，则表示该 8259A 为从片。

7.3.4　8259A 的控制字格式

8259A 是可编程的中断控制器，中断处理功能和各种方式是通过编程设置的。对于 8259A 有两组命令字——初始化命令字 ICW(Initialization Command Words)和操作命令字 OCW(Operation Command Words)。相应地，CPU 可写入两组命令字到 7 个寄存器，一组用于存 ICW 的 $ICWR_1 \sim ICWR_4$，另一组存 OCW 的 $OCWR_1 \sim OCWR_3$。控制字写入流程如图 7.25，下面分别对这两组命令字进行介绍。

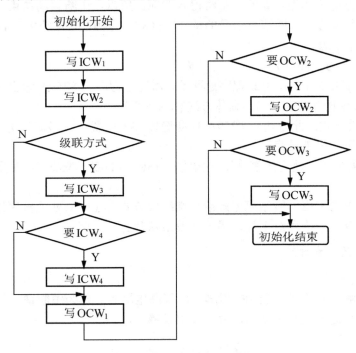

图 7.25　控制命令字写入流程图

1. 初始化命令字

1) ICW_1

ICW_1 主要用于设置工作方式，其格式如图 7.26 所示。

对 $A_0=0$ 的端口即偶地址端口写入一个 $D_4=1$ 的 8 位二进制数据 ICW_1，则表示初始化编程开始。ICW_1 各位定义如下。

(1) D_0：IC_4 位设置是否写 ICW_4，$IC_4=0$ 为不需要设置命令字 ICW_4，$IC_4=1$ 为后面还要写 ICW_4 命令字。若初始化程序中使用 ICW_4，则 IC_4 必须为 1，否则为 0。

(2) D_1：SNGL 位，设置本片 8259A 工作在单片方式还是级联方式，SNGL=0 为多片级联方式，SNGL=1 为单片方式。

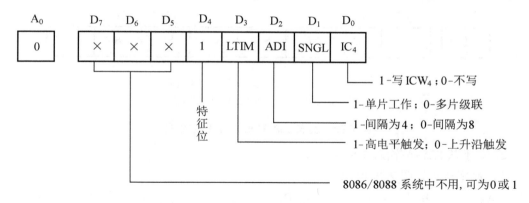

图 7.26 ICW₁ 控制字格式

(3) D_2 位和 $D_7 \sim D_5$ 位用于 8259A 服务于 8080/8085 系统时设置,在 8086/8088 系统中这 4 位没意义,可以设为 0 或 1。

(4) D_3:LTIM 位,设置中断请求信号的触发方式,LTIM=0 为上升沿触发,LTIM=1 为高电平触发。

(5) D_4:特征位,必须为 1。表示现在设置的是初始化命令字 ICW₁ 而不是操作命令字 OCW₂ 或 OCW₃。

2) ICW₂

ICW₂ 用于设置中断类型码,此命令字应紧跟 ICW₁ 写入 $A_0=1$ 的端口,即奇地址端口,其格式如图 7.27 所示。

A_0	D_7	D_6	D_5	D_4	D_3	D_2	D_1	D_0
1	A_{15}/T_7	A_{14}/T_6	A_{13}/T_5	A_{12}/T_4	A_{11}/T_3	A_{10}	A_9	A_8

图 7.27 ICW₂ 控制字格式

其中,$A_{15} \sim A_8$ 为中断向量的高 8 位,用于 MCS8080/8085 系统;$T_7 \sim T_3$ 为中断向量类型号,用于 8088/8086 系统。中断类型号的低 3 位是由引入中断请求的引脚 $IR_0 \sim IR_7$ 决定的。例如,设 ICW₂ 为 40H,则 8 个中断类型号分别为 40H、41H、42H、43H、44H、45H、46H 和 47H。中断类型号的数值与 ICW₂ 的低 3 位无关。

3) ICW₃

ICW₃ 用于级联方式下主、从芯片的初始化命令字,只有在 ICW₁ 的 SNGL=0(表示系统中包含多片 8259A)时才需设置 ICW₃,并写入奇地址端口,其格式如图 7.28 所示。

(1) 对于主 8259A(输入端 $\overline{SP}=1$)。

其控制字格式如图 7.28 所示。图中,$S_7 \sim S_0$ 分别与 $IR_7 \sim IR_0$ 各位对应。

例如,当 ICW₃=0FH 时,则表示在 IR_3、IR_2、IR_1、IR_0 引脚上接有 8259A 从片,而 IR_7、IR_6、IR_5、IR_4 引脚上未接从片。

注意:置 0 的位,其对应的 IR_i 上可直接连接外设来的中断请求信号端。

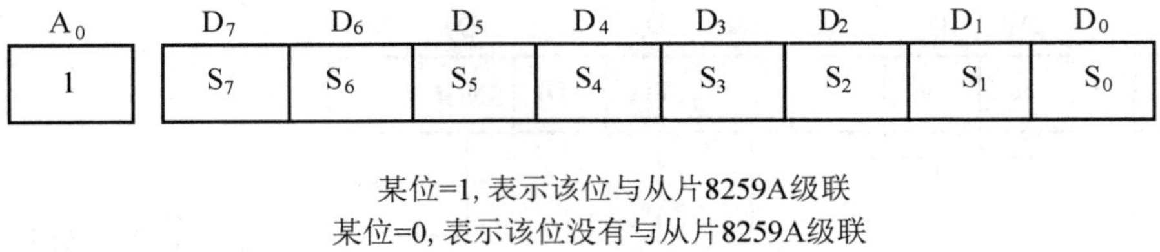

A_0	D_7	D_6	D_5	D_4	D_3	D_2	D_1	D_0
1	S_7	S_6	S_5	S_4	S_3	S_2	S_1	S_0

某位=1,表示该位与从片8259A级联
某位=0,表示该位没有与从片8259A级联

图 7.28 主 8259A 的 ICW_3 控制字格式

(2) 对于从 8259A(输入端 $\overline{SP}=0$)。

其控制字格式如图 7.29 所示。

图 7.29 从 8259A 的 ICW_3 控制字格式

4) ICW_4

ICW_4 也叫方式控制初始化命令字,用于设置 8259A 的工作方式,当 ICW_1 的 IC_4 位为 1 时,才设置 ICW_4,写入 $A_0=1$ 即奇地址端口,其格式如图 7.30 所示。

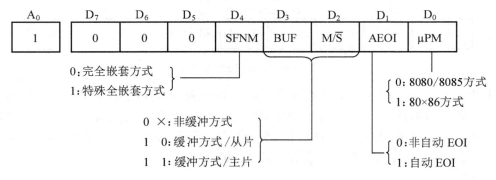

图 7.30 ICW_4 控制字格式

ICW_4 各位定义如下。

(1) $D_7 \sim D_5$:这三位总为 0,用来作为 ICW_4 的标识码。

(2) D_4:SFNM 位,设置中断的嵌套方式,SFNM=0 为完全嵌套方式,SFNM=1 为特殊的全嵌套方式。

(3) D_3:BUF 位,BUF=1,则 8259A 工作于缓冲方式;BUF=0,8259A 工作于非缓冲方式,8259A 的 $D_7 \sim D_0$ 直接和数据总线相连,$\overline{SP/EN}$ 引脚为输入,用作主片、从片选择端。

(4) D_2：M/$\overline{S}$位，当 D_3 即 BUF＝1 时，该位有效，用于主片/从片选择，M/$\overline{S}$＝0 表示本片 8259A 为从片，M/$\overline{S}$＝1 表示本片 8259A 为主片；当 BUF 位为 0 时，该位无效。

(5) D_1：AEOI 位，设置结束中断方式。D_1＝0 采用非自动结束方式，靠中断结束指令清除 ISR 相应位；D_1＝1 采用自动结束方式，当 CPU 响应中断后，立即自动清除 ISR 相应位。

(6) D_0：μPM 位，设置微处理器类型。μPM＝0 时 8259A 服务于 8080/8085 微处理器；μPM＝1 时，服务于 8086/8088 微处理器。

【例 7.5】 在 PC/AT 机中 8259A 采用两片级联方式，主片设定为：上升沿触发、在 IR_2 引脚连接从片、需写入 ICW_4、非 AEOI 方式、中断类型码应设为 08H～0FH、采用一般的中断嵌套方式、主片 8259A 端口地址是 20H、21H；从片定义为：上升沿触发、级联到主片的 IR_2 引脚、需设置 ICW_4、非 AEOI 方式、中断类型码为 70H～78H、采用一般的中断嵌套方式、从片 8259A 端口地址是 A0H、A1H。初始化过程如下。

初始化主片：

```
    MOV   AL, 11H    ;置 ICW1
    OUT   20H, AL
    MOV   AL, 08H    ;置 ICW2
    OUT   21H, AL
    MOV   AL, 04H    ;置 ICW3
    OUT   21H, AL
    MOV   AL, 01H    ;置 ICW4
    OUT   21H, AL
```

初始化从片：

```
    MOV   AL, 11H    ;置 ICW1
    OUT   0A0H, AL
    MOV   AL, 70H    ;置 ICW2
    OUT   0A1H, AL
    MOV   AL, 02H    ;置 ICW3
    OUT   0A1H, AL
    MOV   AL, 01H    ;置 ICW4
    OUT   0A1H, AL …
```

2. 操作命令字

CPU 向 8259A 置入初始化命令字 ICW 后，该 8259A 即可接收中断请求。在 8259A 工作期间，CPU 可通过操作命令字 OCW 设定 8259A 的工作方式。

8259A 的操作命令字有 OCW_1、OCW_2 和 OCW_3。其写入与初始化命令字不同，可以不按顺序。8259A 可通过不同的端口地址及特征位对这三个操作命令字加以区分。

1) OCW_1

OCW_1 的功能是设置和清除中断屏蔽寄存器的相应位，用于设定对 8259A 输入引脚

$IR_7 \sim IR_0$ 的屏蔽状态。OCW_1 需写入 $A_0=1$ 即奇地址端口，其格式如图 7.31 所示。

A_0	D_7	D_6	D_5	D_4	D_3	D_2	D_1	D_0
1	M_7	M_6	M_5	M_4	M_3	M_2	M_1	M_0

$M_n=1$，屏蔽；$M_n=0$，允许中断

图 7.31 OCW_1 的控制字

$M_n=1$ 表示屏蔽中断源 IR_n；$M_n=0$ 表示来自 IR_n 引脚上的中断请求不受屏蔽。例如，若 $OCW_1=13H$，说明 IR_4、IR_1 和 IR_0 上的中断请求被屏蔽。

2) OCW_2

OCW_2 主要用于设置优先级循环方式和中断结束方式，OCW_2 需向 $A_0=0$ 即偶地址端口写入，其格式如图 7.32 所示。

A_0	D_7	D_6	D_5	D_4	D_3	D_2	D_1	D_0
0	R	SL	EOI	0	0	L_2	L_1	L_0

在特殊中断结束命令时，$L_2 \sim L_0$ 指出具体要清除 ISR 中哪一位；在特殊优先级循环方式命令时，$L_2 \sim L_0$ 指出循环开始时哪个中断优先级最低。

0	0	1	EOI 方式
0	1	1	特殊 EOI (按编码复位 ISR)
1	0	1	EOI 且优先权自动循环
1	0	0	设置优先权自动循环
0	0	0	清除优先权自动循环
1	1	1	EOI 且按编码循环优先权
1	1	0	按编码循环优先权
0	1	0	OCW_2 无意义

图 7.32 OCW_2 的控制字格式

(1) D_4 和 D_3 位是特征位，$D_4D_3=00$ 且向偶地址中写入表示是 OCW_2。

(2) D_7：R 位，优先级方式控制位。R=1，采用优先级循环方式；R=0，则设置为固定优先级方式。

(3) D_6：SL 位，表示 $L_2 \sim L_0$ 即 $D_2 \sim D_0$ 位编码是否有效。SL=1，$L_2 \sim L_0$ 位有效；SL=0，$L_2 \sim L_0$ 位无效。

(4) D_5：EOI 位，中断结束命令位。EOI=1 时，OCW_2 用作结束中断命令字；EOI=0 时，OCW_2 用作设定优先级循环方式的命令字。

(5) D_2、D_1、D_0：$L_2\sim L_0$ 位，只有 SL 位为 1 时，这三位才有意义。$L_2\sim L_0$ 位有以下三个作用。

① 当 OCW_2 给出特殊中断结束命令，即 EOI=1 且 R=0、SL=1 时，L_2、L_1 和 L_0 三位编码指出了要清除中断服务寄存器 ISR 中的哪一位。

② 当 OCW_2 给出结束中断且制定新的最低优先级时，即 EOI=1 且 R=1、SL=1 时，将 ISR 中的与 L_2、L_1 和 L_0 三位编码值对应的位清 0，并将当前系统最低优先级设为 L_2、L_1 和 L_0 指定的值。

③ 当 OCW_2 设置优先级特殊循环时，即 EOI=0 且 R=1、SL=1 时，由 L_2、L_1 和 L_0 的编码指定循环开始的最低优先级。

如上所述，OCW_2 具有两方面的功能：一是它可以设置 8259A 采用优先级的循环方式；二是它可以组成中断结束命令(包括一般的中断结束命令与特殊的中断结束命令)。

中断结束命令是一个常用的命令。PC 机上 8259A 端口地址为 20H 和 21H，以下两条指令作为一般中断的结束命令。

```
MOV  AL, 20H
OUT  20H, AL
```

3) OCW_3

OCW_3 主要用于设置和撤销特殊屏蔽方式、设置中断查询方式以及发出对 8259A 内部寄存器的读出命令。OCW_3 写入 $A_0=0$ 即偶地址端口，其格式如图 7.33 所示。

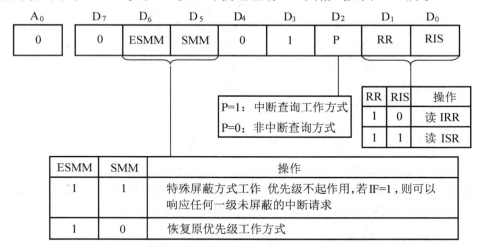

图 7.33　OCW_3 控制字格式

(1) D_4 和 D_3 位是特征位，当向偶地址写入的控制字中 $D_4D_3=01$ 时，表示写入的是 OCW_3。

(2) D_7：无关位，可设为任意值。

(3) D_6：ESMM 位，设置/保持屏蔽方式命令字。ESMM=1 时 SMM 位才有意义，根据 SMM 位设置屏蔽方式；ESMM=0，保持原来设置的屏蔽方式。

(4) D_5：SMM 位，特殊屏蔽方式设置位。与 ESMM 配合使用，SMM=1，表示设置特殊屏蔽方式；SMM=0，表示清除特殊屏蔽方式。

(5) D_2：P 位，查询命令位，D_2=1 时表示该 OCW_3 用作查询命令，可以通过软件查询方式获得中断请求的编号。具体方法是：8086/8088 标示寄存器中 IF 设为 0，关闭中断。用输出指令将 OCW_3 写入 8259A 中，随后读 8259A，8259A 即可将一个查询字送到数据总线上。D_2 为 0 表示非查询方式。

(6) D_1(RR)D_0(RIS)：读 8259A 状态功能位。这两位的组合确定对中断请求寄存器(IRR)还是对中断服务寄存器(ISR)内容的读出。D_1D_0=10 时，表明下一个对偶地址端口的读信号读出的内容是 IRR 的值；D_1D_0=11 时，下一个对偶地址端口的读信号读出 ISR 的值。D_1=0，这两位无意义。这两位的使用在 D_2(P)=0 时起作用。

7.3.5 8259A 应用举例

【例 7.6】 图 7.34 所示为 8259A 在 PC/XT 机中的应用，中断请求信号引脚除 IR_2 外均被系统占用。现假设某外设的中断请求信号由 IR_2 端引入，要求编程实现 CPU 每次响应该中断时屏幕显示字符串"WELCOME!"，响应 5 次中断后，程序结束。

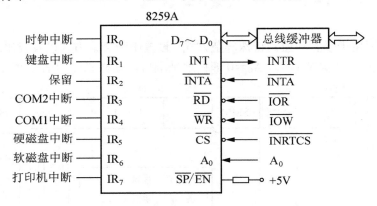

图 7.34 8259A 在 PC/XT 机中的连接

已知主机启动时 8259A 中断类型码的高 5 位初始化为 00001，故 IR_2 的类型码为 0AH(00001010B)；8259A 的中断结束方式初始化设置为非自动结束，即需要在中断处理程序中发 EOI 命令；8259A 的端口地址为 20H 和 21H。程序如下：

```
        DATA    SEGMENT
        MESS    DB   'WELCOME!',0AH,0BH,'$'
        DATA1   DB   0
        DATA    ENDS
    CODE    SEGMENT
        ASSUME CS:CODE, DS:DATA
    START:  MOV     AX, DATA
            MOV     DS, AX
            CALL    INIT8259A
```

```
            MOV    AX, SEG INT2
            MOV    DS, AX
            MOV    DX, OFFSET INT2
            MOV    AX, 250AH
            INT 21H                      ;置中断向量表
            CLI                          ;关中断
            IN  AL, 21H                  ;读中断屏蔽寄存器
            AND AL, 0FBH                 ;开放 IR$_2$ 中断
            OUT 21H, AL
            STI
            MOV    AX, SEG DATA1
            MOV    DS, AX
LOOP2:      MOV    AL, DATA1             ;等待中断
            CMP AL, 5
            JB  LOOP2
            CLI
            IN  AL, 21H
            OR  AL, 04H                  ;屏蔽 IR$_2$ 中断
            OUT 21H, AL
            STI
            MOV AL, 0
            MOV AH, 4CH
            INT 21H
;--------------------------------------------主程序结束,中断处理程序开始
INT2:       PUSH   AX
            PUSH   DS
            PUSH   DX
            STI
            MOV    AX, DATA              ;中断处理子程序
            MOV    DS, AX
            MOV    DX, OFFSET MESS
            MOV    AH, 09H
            INT  21H                     ;显示每次中断的提示信息
            MOV AL, 20H
            OUT 20H, AL                  ;发出 EOI 结束中断
            INC BYTE PTR DATA1
            POP DX
            POP DS
            POP AX
            IRET
INIT8259A PROC NEAR
            MOV AL, 13H                  ;ICW$_1$
```

```
                OUT   20H, AL
                MOV   AL, 08H              ;ICW₂
                OUT   21H, AL
                MOV   AL, 0DH              ;ICW₄
                OUT   21H, AL
                RET
CODE  ENDS
END   START
```

7.4 数/模与模/数转换接口芯片

在计算机系统中，将能够完成模拟信号转换成数字信号的过程称为模/数转换(A/D 转换)。完成 A/D 转换的装置称为 A/D 转换器(简称 ADC)；将能够完成数字信号转换成模拟信号的过程称为数/模转换(D/A 转换)。完成 D/A 转换的装置称为 D/A 转换器(简称 DAC)。

计算机控制系统的实现过程如图 7.35 所示，其中，模拟式测量仪表(如传感器或变送器)将生产或实验过程中的相关参数变换为模拟量电信号。经过 A/D 转换器，变成数字量的电信号后输入计算机中，由计算机以二进制数形式对其进行分析、计算、存储、显示等。由计算机处理后的数字量，经过 D/A 转换器，变成模拟量电信号，通过模拟式执行部件对生产或实验过程进行控制。所以，A/D 转换器、D/A 转换器已成为计算机接口技术中最常用的芯片之一，应用非常广泛。

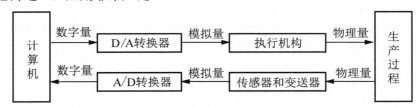

图 7.35 计算机控制系统组成框图

常用的 D/A 转换器有 8 位的 DAC0832 与 12 位的 DAC1210 等芯片；A/D 转换器有 8 位的 ADC0809，12 位的高精度、高速的 AD574，16 位的 AD1140 等芯片。下面选取常用的 DAC0832 以及 ADC0809 为例来介绍模拟量、数字量的转换接口技术。

7.4.1 D/A 转换器 DAC0832 及应用

DAC0832 是一个 8 位的电流输出型 D/A 转换器，其内部包含 T 形电阻网络，输出为差动电流信号。当需要输出模拟电压时，应外接运算放大器。

1. DAC0832 引脚及其功能

DAC0832 的引脚如图 7.36 所示，内部结构如图 7.37 所示。DAC0832 为 20 条引线的芯片，各引线定义如下。

$D_0 \sim D_7$：8 条输入数据线。

ILE：输入寄存器选通命令，它与 $\overline{CS}$、$\overline{WR_1}$ 配合使输入寄存器的输出随输入变化。

$\overline{CS}$：片选信号，低电平有效。

$\overline{WR_1}$：写输入寄存器信号，低电平有效。

$\overline{WR_2}$：写变换寄存器信号，低电平有效。

$\overline{XFER}$：允许输入寄存器数据传送到变换寄存器，低电平有效。

V_{REF}：参考电压输入端，其电源电压可在 $-10 \sim +10V$ 范围中选取。

I_{OUT1}，I_{OUT2}：D/A 变换器差动电流输出。

R_{fb}：反馈端，接运算放大器输出。

AGND：模拟信号地。

DGND：数字信号地。

V_{CC}：电源电压，可用 +5V(或 +15V)。

图 7.36　DAC0832 的外部引脚

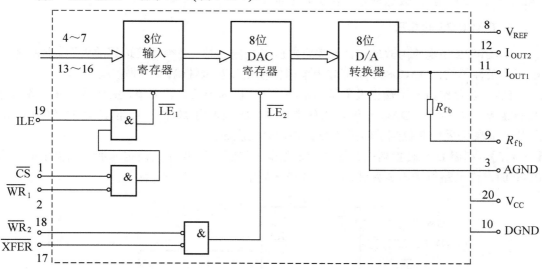

图 7.37　DAC0832 内部结构

DAC0832 是 8 位分辨率的 D/A 转换集成芯片，其明显特点是与微机连接简单、转换控制方便、价格低廉等，在微机系统中得到了广泛的应用。

DAC0832 的主要技术指标是：分辨率为 8 位，功耗为 20mW，单电源供电，电源范围为 +5～15V，建立时间为 1μs，电流型输出。

2. DAC0832 的输出方式

DAC0832 的内部有两级锁存器：第一级是 8 位数据输入寄存器；第二级是 8 位的 DAC 寄存器。根据这两个寄存器使用的方法不同，可将 DAC 0832 分为以下 3 种工作方式。

(1) 单缓冲方式：使输入寄存器或 DAC 寄存器二者之一处于直通，这时，CPU 只需一次写入 DAC0832 即开始转换。其控制比较简单。

采用单缓冲方式时，通常是将 $\overline{WR_2}$ 和 $\overline{XFER}$ 接地，使 DAC 寄存器处于直通方式，另外把 ILE 接+5V，$\overline{CS}$ 接端口地址译码信号，$\overline{WR_1}$ 接系统总线的 $\overline{IOW}$ 信号，这样，当 CPU 执行一条 OUT 指令时，选中该端口，使 $\overline{CS}$ 和 $\overline{WR_1}$ 有效便可以启动 D/A 转换。

(2) 双缓冲方式(标准方式)：转换有两个步骤，即当 $\overline{CS}=0$，$\overline{WR_1}=0$，ILE=1 时，输入寄存器输出随输入而变，$\overline{WR_1}$ 由低电平变高电平时，将数据锁入 8 位数据寄存器；当 $\overline{XFER}=0$，$\overline{WR_2}=0$ 时，DAC 寄存器输出随输入而变，而在 $\overline{WR_2}$ 由低电平变高电平时，将输入寄存器的内容锁入 DAC 寄存器，并实现 D/A 转换。

双缓冲方式的优点是数据接收和 D/A 启动转换可以异步进行，即在 D/A 转换的同时，可以接收下一个数据，提高了 D/A 转换的速率。此外，它还可以实现多个 DAC 同步转换输出：分时写入、同步转换。

(3) 直通方式：使内部的两个寄存器都处于直通状态，此时，模拟输出始终跟随输入变化。由于这种方式不能直接将 0832 与 CPU 的数据总线连接，需外加并行接口(如74LS373、8255 等)，故这种方式在实际上很少采用。

3. DAC0832 的应用

DAC0832 是电流形式输出，当需要电压形式输出时，必须外接运算放大器。根据输出电压的极性不同，DAC0832 又可分为单极性输出和双极性输出两种输出方式。

DAC 芯片作为一个输出设备接口电路，与主机的连接比较简单，主要是处理好数据总线的连接。如果要求 DAC 有更高的分辨率时，应该采用 10 位、12 位甚至 16 位的 DAC 芯片。如果仍采用 8 位则被转换的数据必须分几次送出。

【例 7.7】 利用 D/A 转换器来构造波形发生器，如图 7.38 所示。设定地址译码输出端口为 0F000H，该电路可输出 3 种波形，分别描述如下。

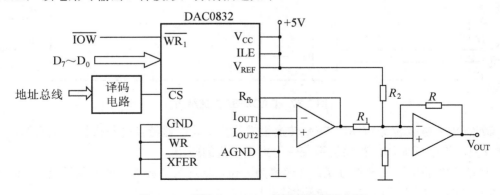

图 7.38 采用 DAC0832 构造的波形发生器

(1) 矩形波。给 DAC0832 持续 100 次送数据 0，然后 100 次送数据 FFH，依次重复处理，DAC0832 就可输出一个矩形波。输出矩形波的程序段如下。

```
        MOV  DX,0F000H    ;设定地址译码输出端口
H1:MOV  CX,100
        MOV  AL,0
H2:OUT  DX,AL          ;向 D/A 转换器送数据 0
        LOOP H2           ;循环 100 次,形成矩形波的低电平
        MOV  CX,100
        MOV  AL,0FFH
H3:OUT  DX,AL          ;向 D/A 转换器送数据 FFH
        LOOP H3           ;循环 100 次,形成矩形波的高电平
        JMP  H1           ;重复上述的过程,形成多个矩形波
```

(2) 梯形波。给 DAC0832 持续 256 次送数据 0,然后逐次加 1 直到 255,然后持续 256 次,接着将 255 逐次减 1,依次重复处理,DAC0832 就可输出一个梯形波。输出梯形波的程序段如下。

```
        MOV  DX,0F000H    ;设定地址译码输出端口
        MOV  CX,0FFH
        MOV  AL,0
H4:OUT  DX,AL          ;向 D/A 转换器送数据 0
        LOOP H4           ;循环 256 次,形成梯形波的下底
        MOV  CX,0FFH
H5:INC  AL             ;循环加 1 以形成上升沿
        OUT  DX,AL
        LOOP H5
        MOV  CX,0FFH
H6:OUT  DX,AL          ;输出上底
        LOOP H6
        MOV  CX,0FFH
H7:DEC  AL
        OUT  DX,AL       ;输出下降沿
        LOOP H7
```

(3) 三角波。给 DAC0832 持续 256 次送数据 0,然后逐次加 1 直到 255,接着将 255 逐次减 1 到 0,依次重复,DAC0832 就可输出一个三角波。输出三角波的程序段如下。

```
        MOV  DX,0F000H    ;设定地址译码输出端口
H8:MOV  CX,0FFH
        MOV  AL,0
H9:OUT  DX,AL          ;向 D/A 转换器送数据 0
        INC  AL
        LOOP H9           ;循环形成上升斜坡
        MOV  CX,0FFH
H10:DEC AL
```

```
        OUT     DX,AL
        LOOP    H10         ;循环形成下降斜坡
        JMP     H8          ;重复上述过程,形成多个三角波
```

7.4.2　A/D 转换器 ADC0809 及应用

市面上 A/D 转换器芯片种类很多,典型的 A/D 转换器芯片主要有 ADC0809、ADC1210、AD574、AD674、AD678 等,下面重点讨论 ADC0809 芯片。

1. ADC0809 引脚及功能

ADC0809 是 8 位、8 通道逐次逼近式 A/D 转换器,片内有 8 路模拟开关,可以同时连接 8 路模拟量,单极性,量程为 0~5V,其转换时间为 100μs。片内有三态输出锁存器,可以直接与计算机总线相连。该芯片有较高的性价比,适用于对精度和采样速度要求不高的场合或一般的工业控制领域。

ADC0809 的引脚结构如图 7.39 所示,其内部逻辑结构如图 7.40 所示。

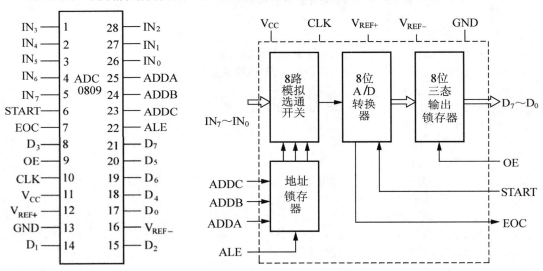

图 7.39　ADC0809 引脚图　　　　图 7.40　ADC0809 结构框图

ADC0809 的各引线定义如下。

IN_7~IN_0:8 路模拟输入,可连接 8 路模拟量。

ADDC~ADDA:通道地址选择输入,用于选择 8 路模拟量中的一路输入。

D_7~D_0:8 位数据输出端。

ALE:通道地址锁存信号,用来锁存 ADDC~ADDA 端的地址信息。

OE:输出允许信号,三态输出锁存器将 A/D 转换结果输出。

START:A/D 转换启动信号。

EOC:转换结束状态信号。

CLK:时钟输入端。

V_{CC}：芯片的电源电压，+5V。

V_{REF+} 和 V_{REF-}：参考电压，要求电压相当稳定。其中 V_{REF+} 典型值为+5V，V_{REF-} 典型值为 0V。

GND：地线。

从 ADC0809 的内部结构框图可以看出，它由 3 部分组成。

(1) 模拟输入选择部分：包括一个 8 路模拟选通开关和地址锁存与译码电路。输入的 3 位通道地址信号由锁存器锁存，经译码电路译码后控制模拟开关选择的模拟输入。ADDC~ADDA 从 000B 变化到 111B 时，选择的通道从 IN_0 变化到 IN_7。

(2) 转换器部分：8 位 A/D 转换器。

(3) 输出部分：一个 8 位三态输出锁存器。

2. ADC0809 的工作时序

ADC0809 的工作时序如图 7.41 所示，在进行 A/D 转换时，在 ALE 信号的作用下，地址引脚 ADDC~ADDA 上的信号被地址锁存器锁存并选择相应的模拟信号，随后被选择的模拟信号进入 A/D 转换器。在启动脉冲 START 的作用下，A/D 转换器进行转换。转换完成后，EOC 由低电平变为高电平，该信号可以作为转换状态信号由 CPU 查询，也可以作为中断请求信号通知 CPU 本次 A/D 转换已经完成。CPU 通过执行读 ADC0809 数据端口指令使 OE 有效，打开三态输出锁存器，使转换结果通过系统数据总线进入 CPU。

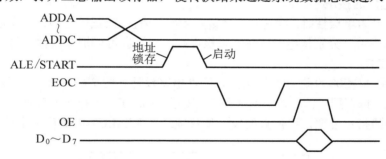

图 7.41　ADC0809 的工作时序

3. ADC0809 芯片的应用

通常使用的 A/D 转换芯片与 CPU 的连接主要是数据输出、启动转换、转换结束、时钟和参考电平等引脚。

1) 数据输出线的连接

模拟信号经 A/D 转换后向主机送出数字量，其数据输出端都必须通过三态输出锁存器连接到 CPU 数据总线上。

2) A/D 转换的启动信号

开始 A/D 转换时必须加一个启动信号，一般有脉冲启动信号和电平控制信号。脉冲信号启动转换时只要在启动引脚加一个脉冲即可，如 ADC0809、AD574 等芯片；电平信号启动转换是在启动引脚上加一个所要求的电平，且在转换过程中必须保持这一电平不变。

3) 转换结束信号的处理方式

当 A/D 转换结束时，ADC 输出一个转换结束信号，通知主机 A/D 转换已经结束，可以读取结果。主机检查判断 A/D 转换是否结束的方法主要有中断方式、查询方式、延时方式等。

(1) 中断方式：把转换结束信号作为中断请求信号接到主机的中断请求线上。当转换结束时向 CPU 申请中断，CPU 响应中断后在中断服务程序中读取数据。在该方式下，ADC 与 CPU 同时工作，适用于实时性较强或参数较多的数据采集系统。

(2) 查询方式：把转换结束信号作为状态信号经三态缓冲器送到主机系统数据总线的某一位上。主机在启动转换后开始查询是否转换结束，一旦查到结束信号便读取数据。该方式的程序设计比较简单，实时性也较强，比较常用。

(3) 延时方式：不使用转换结束信号，主机启动 A/D 转换后，延时一段略大于 A/D 转换的时间即可读取数据。可以采用软件延时程序，此时不需要硬件连线，但要占用主机大量时间，也可以用硬件完成延时。该方式多用于主机处理任务较少的系统中。

4) 时钟的提供

时钟是决定 A/D 转换速度的基准，整个转换过程都是在时钟作用下完成的。时钟信号可以由外部提供，用单独的振荡电路产生，或用主机时钟分频得到，也可以由芯片内部提供，一般采用启动信号来启动内部时钟电路。

5) 参考电压的接法

当模拟信号为单极性时，参考电压 V_{REF-} 接地，V_{REF+} 接正极电源；当模拟信号为双极性时，V_{REF+} 和 V_{REF-} 分别接电源的正、负极性端。当然也可以把双极性信号转换为单极性信号再接入 ADC。

【例 7.8】 利用 ADC0809 进行数据采集，硬件电路设计如图 7.42 所示，编写采集子程序，完成以下功能：每调用一次，顺序对 8 路模拟输入 $IN_0 \sim IN_7$ 进行一次转换，并将转换结果存放到内存中的指定位置，该位置的段、偏移地址在 RESLUT 的顺序 8 个单元中。

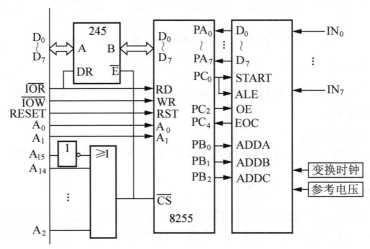

图 7.42　ADC0809 数据采集电路图

采集子程序如下。

```
        ADC    PROC NEAR
        PUSH   BX
        PUSH   DX
        PUSH   DS
        PUSH   AX
        PUSH   SI
        MOV    DX,SEG RESULT
        MOV    DS,DX
        MOV    SI,OFFSET RESULT
        MOV    BL,0
        MOV    BH,08H
LOP:    MOV    DX,8001H
        MOV    AL,BL
        OUT    DX,AL              ;送通道地址
        MOV    DX,8002H
        MOV    AL,01H
        OUT    DX,AL
        MOV    AL,0
        OUT    DX,AL              ;送ALE和START脉冲
        NOP
WAIT:   IN     AL,DX
        TEST   AL,10H
        JZ     WAIT               ;等待转换结束
        MOV    AL,02H
        OUT    DX,AL              ;使OE=1
        MOV    DX,8000H
        IN     AL,DX              ;读数据
        MOV    [SI],AL
        MOV    DX,8002H
        MOV    AL,0
        OUT    DX,AL
        INC    SI                 ;存放数据的内存地址加1
        INC    BL                 ;通道地址加1
        DEC    BH
        JNZ    LOP
        POP    SI
        POP    AX
        POP    DS
```

微机原理及接口技术

```
              POP    DX
              POP    BX
              RET
        ADC   ENDP
```

7.5 串行通信与可编程串行通信接口 8251A

许多 I/O 器件与 CPU，或计算机与计算机之间交换信息，是通过一对导线或通过信道来传送信息。这时，每一次只传输一位信息，每一位都占据一个规定长度的时间间隔，这种数据一位一位顺序传送的通信方式称为串行通信。

与并行通信相比，串行通信具有传输线少、成本低的特点，特别适合于计算机与计算机、计算机与外部设备之间的远距离通信，其缺点是速度慢。

7.5.1 串行通信基础

1. 串行通信需要解决的问题

1) 同步

与并行接口相比，实现串行传输首先要解决同步问题。

同步包括位同步、字节(帧)同步和数据块同步。

(1) 位同步就是生成接收数据的采样时钟，保证对每个数据比特的正确接收，这是串行接收的首要条件。有了采样时钟，就可对接收数据进行串行到并行的变换。

(2) 字节同步或帧同步是保证对接收数据字节和数据块的正确划分，以便于把变换的并行数据按字节和块组织存放。

(3) 数据块同步是保证数据块按正确的顺序发送和接收，以免接收块多出或遗漏，这主要由软件解决。

2) 差错控制

远距离通信必然存在差错(误码)。要保证通信的可靠，必须采用某种措施解决这个问题。有两种方法，即检错和纠错。

(1) 检错：在发送信息中加入冗余位，使接收端能识别接收信息的正确或错误。一旦发现错误，就采用措施补救，如重发出错的数据块，叫作出错自动请求重发，即 ARQ。

(2) 纠错：在数据中假如有更多的冗余位，使接收端不仅能检查接收数据的正误，而且能纠正错误的数据位，这叫纠错编码技术。

在计算机的数据串行传输中，一般采用的检错措施有奇偶校验(Parity Check)、校验和(Sum Check)以及循环冗余校验(CRC)。

3) 通信协议(规程)

通信协议是通信链路的建立和拆除、命令和响应以及出错时的恢复等各种约定，是双方保证可靠通信时必须遵守的协议。

2. 串行通信数据传送方向

在串行通信中，数据通常在两个站(如终端和微机)之间进行传送，按照数据流的方向可分为 3 种基本的传送方式：全双工、半双工和单工。

1) 全双工通信

如图 7.43(a)所示，两端分别用独立的发送器和接收器及传输线来发送和接收信号，通信双方都能在同一时刻进行发送和接收操作，这种方式称全双工通信。在全双工方式下，通信系统的每一端都设置了发送器和接收器，因此能控制数据同时在两个方向上传送。全双工方式不需要进行方向的切换，这样没有切换操作所产生的时间延迟，这对那些不能有时间延误的交互式应用(如远程检测和控制系统)十分有利。

2) 半双工通信

如图 7.43(b)所示，若使用同一根传输线既作接收又作发送，虽然数据可以在两个方向上传送，但通信双方不能同时收发数据，只能交替进行，通过软件和接口的协调控制，实现传输换向，这种方式称半双工通信。采用半双工时，通信系统每一端的发送器和接收器，通过收/发开关转接到通信线上进行方向的切换，因此会产生时间延迟。收/发开关实际上是由软件控制的电子开关。

3) 单工通信

如图 7.43(c)所示，只允许一个方向传输数据，不能进行反方向传输，这种方式称单工通信。目前已很少采用。

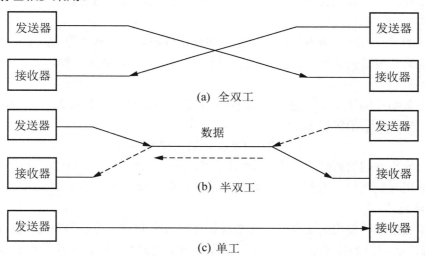

图 7.43　串行通信方式

3. 串行通信数据的收发方式

在串行通信中数据的收发可采用异步和同步两种基本的工作方式。

1) 异步通信方式

异步通信是以字符为独立信息单位传送的，每个字符为 1 帧数据。通信中相邻两帧间的时间间隔是不定的。而同一帧数据中的两个代码间的时间间隔是固定的。异步通信的数据格式如图7.44所示。第1位称起始位,它的宽度为1位,低电平;接着传送一个字节(5~8位)的数据及一位奇偶校验位;最后是停止位,宽度可以是1位,1.5位或2位。在两个数据组之间可有空闲位。

异步通信时字符是一帧一帧传送的,每帧字符以起始位和停止位作为联络信号。传送开始后,接收设备不断检测传输线,看是否有起始位到来。当收到一系列的"1"(停止位或空闲位)之后,检测到一个下跳沿,说明起始位出现,起始位确认后,就开始接收所规定的数据位和奇偶校验位以及停止位。去掉停止位,把数据位整理成一个并行字节,并经奇偶校验无误才算正确地接收一个字符。接收设备继续检测传输线,接收下一个数据。

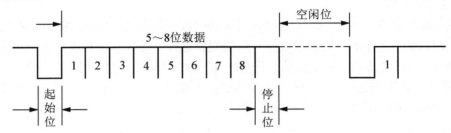

图7.44 异步通信的格式

在异步通信中,发送器和接收器之间必须有以下两项共同的规定。

(1) 字符的格式。

即字符的编码形式,奇偶校验、起始位和停止位的规定。例如用ASCII码时,7位为字符,一位为偶校验位,一个起始位以及一个停止位,共10位为一帧。

(2) 波特率。

即传送数据位的速度。二进制用位/秒(bit/s)来表示。例如,设数据传送的速率为120字符/秒,每个字符(帧)包括10位,则传送波特率为

$$10 \times 120 = 1200(bit/s) = 1200 \text{ 波特}$$

通常,异步通信的波特率在50~9600波特之间,高速的可达19 200波特。在串行通信中大都采用异步通信。它允许发送端和接送端的时钟误差或波特率误差达4%~5%。

2) 同步通信

在同步通信时所使用的数据格式根据控制规程分为面向字符及面向比特的两种。

(1) 面向字符型的数据格式:面向字符型的同步数据格式可采用单同步、双同步及外同步3种数据格式,如图7.45所示。

单同步是在传送数据之前先传送一个同步字符"SYNC",双同步则先传送两个同步字符"SYNC"。接收端检测到该同步字符后开始接收数据。外同步通信的数据格式中没有同步字符,而是用一条专用控制线来传送同步字符,使接收方及发送方实现同步。当每一帧信息结束时均用两个字节的循环控制码CRC为结束。

第 7 章 可编程接口芯片

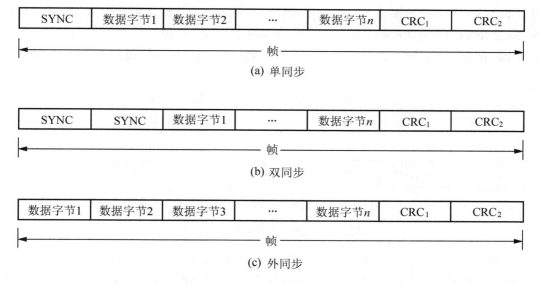

图 7.45 面向字符型同步通信数据格式

(2) 面向比特型的数据格式：根据同步数据链路控制规程(SDLC)，面向比特型的数据以帧为单位传输，每帧由 6 个部分组成。第 1 部分是开始标志"7EH"；第 2 部分是一个字节的地址场；第 3 部分是一个字节的控制场；第 4 部分是需要传送的数据，数据都是位(bit)的集合；第 5 部分是两个字节的循环控制码 CRC；最后部分又是"7EH"，作为结束标志。面向比特型的数据格式如图 7.46 所示。

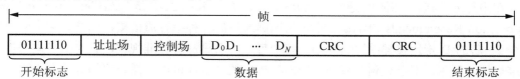

图 7.46 面向比特型的数据格式

在 SDLC 规程中不允许数据段和 CRC 段中出现 6 个"1"，否则会误认为是结束标志。因此要求在发送端进行检验，当连续出现 5 个"1"时，则立即插入一个"0"，到接收端要将这个插入的"0"去掉，恢复原来的数据，保证通信的正常进行。

通常，异步通信率要比同步通信的低。最高同步通信率可达 800Kb，因此适合用于传送信息量大，要求传送速率很高的系统中。

4. 信号的调制与解调

计算机的通信是一种数字信号的通信，它要求传输线的频带很宽。但在目前长距离的通信中，大都采用电话线进行信息传递，而电话线的频带又没有这么宽，所以，简单地直接使用电话线去传送数字信号，就会造成信号的畸变。

为了保证信号的可靠性，在长距离通信中，常常采用调制/解调器来保证信号品质。

调制器(Modulator)把数字信号转换为模拟信号，经过传输线传送到目的地后，再用解调器(Demodulator)检测此模拟信号，把它转换成数字信号，如图7.47所示。通常把调制、解调电路放在一起，构成调制/解调器。在串行通信中，要用一对调制/解调器来实现信号转换。

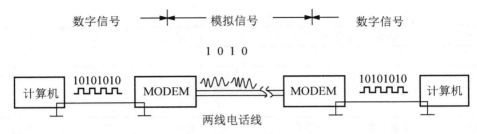

图 7.47　信号的调制与解调示意图

调制/解调的实现方法很多，如 FSK(Frequency Shift Keying，移频键控式)是其中常用的一种。它把数字信号的"1"和"0"调制成不同频率的模拟信号，这两种不同频率的模拟信号，分别由电子开关控制，在运算放大器的输入端相加，而电子开关由要传输的数字信号(即数据)控制。当信号为"1"时，控制上面的电子开关导通，送出一串低频模拟信号，于是在运算放大器的输出端，就得到了调制后的信号。

5. 串行通信接口标准

1) RS-232-C 接口标准

在串行通信接口标准中，通常采用 RS-232-C 接口。RS-232-C 是 EIA(Electronics Industry Association Recommends Standard)推荐为国际通用的一种串行通信接口标准。它实际上是一个 25 芯的 D 形连接器(图 7.48(b))，其中每一个引脚都有标准规定，且对信号电平也有标准规定。所以，对于任何具备 RS-232-C 接口的设备都可以不需要附加其他硬件而与计算机相连接。图 7.48(a)是其最基本的常用信号规定。目前在普通微机中还常用 9 芯 D 形连接器，如图 7.48(c)所示。

凡是符合 RS-232-C 接口标准的计算机或外设，都把它们往外发送的数据线连至 25 芯连接器的 2 号引脚，接收的数据线连到 3 号引脚，如图 7.48(d)所示。显然，在插头连线时，一方的接收数据线与另一方的发送数据线相连。

在串行通信中，除了数据线和地线外，为了保证信息的可靠传送，还有若干联络控制信息线互相连接。这些联络控制线如下。

(1) 请求发送 $\overline{\text{RTS}}$ (Request To Send)。

当发送器已经做好了发送的准备时，为了了解接收方是否做好了接收准备，是否可以开始发送，就向对方输出一个有效的 $\overline{\text{RTS}}$ 信号，以等待对方的回答。

(2) 准许发送 $\overline{\text{CTS}}$ (Clear To Send)。

当接收方做好了接收的准备，在接收到发送方送来的 $\overline{\text{CTS}}$ 信号后，就以有效的 $\overline{\text{CTS}}$ 信号作为回答。

(3) 数据终端准备好 $\overline{\text{DTR}}$ (Data Terminal Ready)。

通常当某一个站的接收器已做好了接收的准备，为了通知发送器可以发送，就向发送器发出一个有效的 $\overline{\text{DTR}}$ 信号。

(4) 数据装置准备好 $\overline{\text{DSR}}$ (Data Set Ready)。

当发送方接收到接收方送来的有效的 $\overline{\text{DSR}}$ 信号，在发送方做好了发送的准备后，就向接收方发出一个有效的 $\overline{\text{DSR}}$ 信号作为回答。

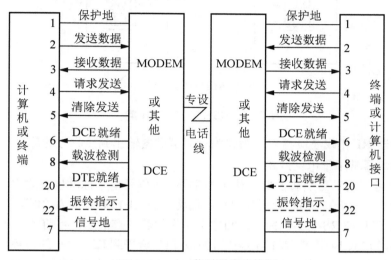

(a) RS-232-C 信号引脚连接图

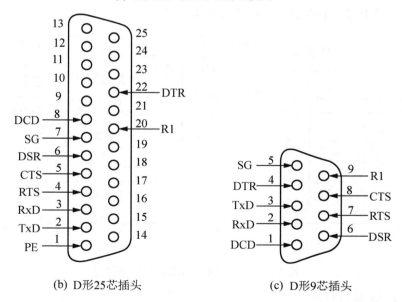

(b) D形25芯插头　　　　　　(c) D形9芯插头

图 7.48　RS-232-C 信号

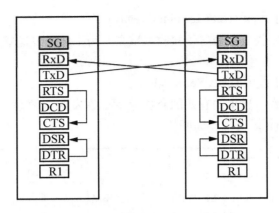

(d) 基本信号连接(25芯标准)

图 7.48 RS-232-C 信号(续)

振铃指示器 RI 和载波检测 CD 为作为调制解调器输出到接收方的信号，通知接收方准备接收数据。通常用于电话网路中。

RS-232-C 除了对信号引脚的定义作了规定外，对信号电平标准也有规定，即采用负逻辑规定逻辑电平：$-5\sim-15V$ 规定为"1"，而将 $+5\sim+15V$ 规定为"0"。

可以实现 TTL 与 RS-232-C 标准之间电平转换的芯片有很多。目前较广泛地使用集成电路转换器件，如 MC1488、SN75150 芯片可完成 TTL 电平到 EIA 电平的转换，而 MC1489、SN75154 芯片可实现 EIA 电平到 TTL 电平的转换。MAX232 芯片可完成 TTL 与 EIA 双向电平转换。图 7.49 为 MAX232 与 RS-232-C 接线图。

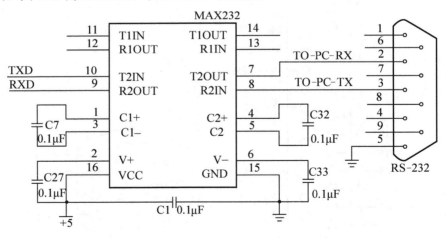

图 7.49 MAX232 与 RS-232-C 接线图

2) RS-422A 接口标准

在通信速率低于 20Kb/s 时，RS-232-C 所能直接连接的最大物理距离为 15m。为了实现在更大的距离和更高的速率上直接连接，EIA 在 RS-232-C 的基础上，制定了更高性能的接口标准。

RS-422A 标准是一种平衡式传输。所谓平衡方式,是指双端发送和双端接收,所以,传送信号要用两条线 AA′和 BB′,发送端和接收端分别采用平衡发送器(驱动器)和差动接收器,如图 7.50 所示。这个标准的电气特性对逻辑电平的定义是根据两条传输线之间的电位差值来决定,当 AA′线的电平比 BB′线的电平高于 200mV 时表示逻辑"1";但 AA′线的电平比 BB′线的电平低于 200mV 时表示逻辑"0"。很明显,这种方式和 RS-232-C 采用单端接收器和单端发送器,只用一条信号线传送信息,并且根据该信号线上电平相对于公共的信号地电平的大小来决定逻辑的"1"和"0"是不同的。RS-422A 接口标准的电路由发送器、平衡连接电缆、电缆终端负载和接收器组成。通过平衡发送器把逻辑电平变换成电位差,完成始端的信息传送;通过差动接收器,把电位差变成逻辑电平,实现终端的信息接收。RS-422A 标准由于采用了双线传输,大大增强了抗共模干扰的能力,因此最大传输速率可达 10Mb/s(传送 15m 时)。若传输速率降到 90Kb/s 时,最大距离可达 1200m。该标准规定电路中只许有一个发送器,可有多个接收器。该标准允许驱动器输出为±2~±6V,接收器输入电平可以低到±200mV。

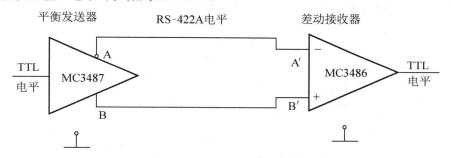

图 7.50　RS-422A 标准传输线连接

为了实现 RS-422A 标准的连接,许多公司推出了平衡驱动器/接收器集成芯片,如 MC3487/3486、SN75174/75175 等。

例如,在 YSJC-A 型微机远距离水位自动监测系统中,采用 MC3487 和 MC3486 分别作为平衡发送器和差动接收器,传输线采用普通的双绞线,在零 MODE 方式下传输速率为 8Kb/s 时,传送距离达到了 1.5 km。MC3487 和 MC3486 的连接,如图 7.51 所示。

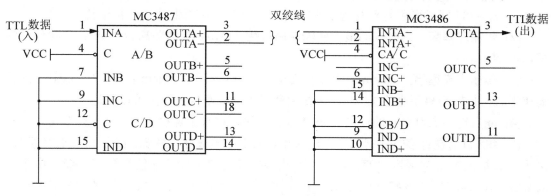

图 7.51　RS-422A 平衡式接口电路图

3) RS-485 接口标准

使用 RS-422A 接口电路进行全双工通信时，需要两对线(4 条)，使线路成本增加，且 RS-422A 标准只允许电路中有一个发送器，不能用于构成真正的多点连接。而在工业控制及通信联络中，往往是多点互联而不是两点直连，而且在大多数情况下，任一时刻只有一个主控模块(点)发送数据，其他模块(点)处于接收数据的状态，于是便产生了主从结构形式的 RS-485 标准。实际上，RS-485 是 RS-422A 标准的变型，它与 RS-422A 都是采用平衡差分电路，区别在于按照上述的工作要求，RS-485 为半双工工作方式，可以采用一对平衡差分信号线来连接。由于任何时候只能有一点处于发送状态，因此发送电路必须由使能信号加以控制。

RS-485 用于多点互连时非常方便，可以省掉很多信号线。RS-485 允许在电路中有多个发送器，也允许一个发送器驱动多个负载设备。由于 RS-485 与 RS-422A 的驱动/接收电路区别不大，因此许多情况下 RS-485 与 RS-422A 可以互连。如图 7.52 所示，在环形网络系统中，采用 RS-485/422A 可以构成数据链路系统。

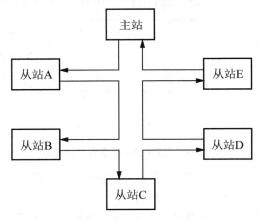

图 7.52 环形数据链路系统

RS-485 标准具有以下几个特点。

(1) RS-485 标准采用差动发送/接收方式，因此其共模抑制比高，抗干扰能力强。

(2) 传输速率高，它允许的最大传输速率可达 10Mb/s(传送距离为 15m)，传输信号的摆幅小(200mV)。

(3) 传输距离远(无 Modem 的直接传送)，传送双绞线无 Modem 传输，当 100kb/s 的传输速率时，传输距离不小于 1.2km，若传输速率下降，则传输距离可以更远。

(4) 能实现多点对多点的通信，RS-485 允许平衡电缆上连接 32 个驱动器/接收器对。

RS-485 目前在许多方面得到了广泛应用，如工业集散分布系统、商业 POS 收款机等。由于计算机基本上都采用 TTL 电平，因此必须经过电平转换才能得到 RS-485 电平。MAX481/483/485/487-MAX491 是用于 RS-422A 和 RS-485 通信的低功耗的电平转换器。MAX483、MAX487、MAX488 以及 MAX489 实现最高 250kb/s 的无差错数据传输，

MAX481、MAX485、MAX490、MAX491、MAX1487 的驱动器可以实现最高 2.5Mb/s 的传输速率。MAX488-MAX491 是全双工收发器，MAX481/483/485/487 是半双工的。MAX485 的引脚图和典型工作电路如图 7.53 所示。

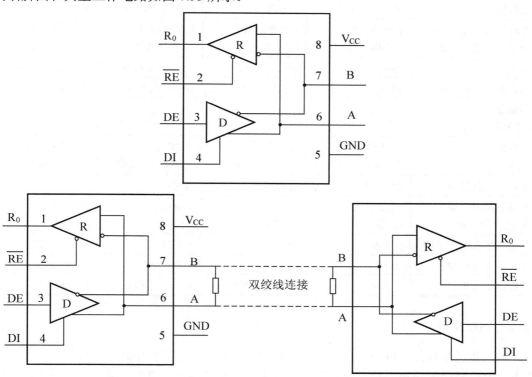

图 7.53　MAX485 的引脚和典型工作电路

由于传统的 RS-232C 接口应用十分广泛，在实际应用中，为了把处于远距离的两台或多台带有 RS-232C 接口的系统连接起来进行通信或组成分布式系统，不能直接采用 RS-232C 进行连接，但可以通过 RS-232C/RS-485 的转换环节来实现。在原有的 RS-232C 接口上，附加一个带光隔离的 RS-232C/RS-485 转换器，两个转换器之间采用 RS-232C 方式连接，如图 7.53 所示。转换装置的原理是发送时通过 MAX232C 电平转换器将计算机的 RS-232C 电平转换为 TTL 电平，MAX485 电平转换器再将此 TTL 电平转换为 RS-485 电平，接收时 MAX485 电平转换器将双绞线上的 RS-485 电平转换为 TTL 电平，MAX232C 电平转换器将 TTL 电平转换为计算机的 RS-232C 电平，从而完成电气接口标准的转换。

4) 几种标准的比较

表 7-4 列出了 RS-232C、RS-422A 和 RS-485 几种标准的工作方式、直接传输的最大距离、最大数据传输速率、信号电平以及传输线上允许的驱动器和接收器的数目等特性参数。

表 7-4　几种标准的比较

特性参数	RS-232C	RS-423	RS-422A	RS-485
工作模式	单端发单端收	单端发双端收	双端发双端收	双端发双端收
在传输线上允许的驱动器和接收器数目	1个驱动器 1个接收器	1个驱动器 10个接收器	1个驱动器 10个接收器	32个驱动器 32个接收器
最大电缆长度	15m	1200m(1Kb/s)	1200m(90Kb/s)	1200m(100Kb/s)
最大数据传输速率	20Kb/s	100Kb/s(12m)	10Mb/s(12m)	10Mb/s(15m)
驱动器输出 (最大电压值)	±25V	±6V	±6V	－7～+12V
驱动器输出 (信号电平)	±5V(带负载) ±25V(未带负载)	±3.6V(带负载) ±6V(未带负载)	±2V(带负载) ±6V(未带负载)	±1.5V(带负载) ±5V(未带负载)
驱动器负载阻抗	3～7kΩ	450Ω	100Ω	54Ω
驱动器电源开路电流(高阻状态)	V_{max}/300Ω (开路)	±100μA (开路)	±100μA (开路)	±100μA (开路)
接收器输入电压范围	±15V	±10V	±12V	－7～+12V
接收器输入灵敏度	±3V	±200mV	±200mV	±200mV
接收器输入阻抗	2～7kΩ	4kΩ(最小值)	4kΩ(最小值)	12kΩ(最小值)

7.5.2　串行接口

串行传送数据是一位一位依次顺序传送的，而数据在计算机中却是并行的，为此要实现串行通信就必须解决串行到并行和并行到串行的转换的题。通常的解决方法是用串行接口来实现。

1．串行通信接口的基本任务

1) 数据格式化

因为来自 CPU 的是普通的并行数据，所以接口电路应完成实现不同串行通信方式下的数据格式化的任务。在异步通信方式下，接口自动生成起止式的帧数据格式。在面向字符的同步方式下，接口要在待传送的数据块前面加上同步字符。

2) 进行串并转换

串行传送，数据是一位一位传送的，而计算机处理的数据是并行数据。所以当数据由计算机送至数据发送器时，首先把并行的数据转换为串行的数据再传送。而在计算机接收由接收器送来的数据时，要先把串行数据转换为并行数据才能送入计算机处理。因此串并转换是串行接口电路的重要任务。

3) 控制数据传输速率

串行通信接口电路应具有对数据传输速率——波特率进行选择和控制的能力。

4) 进行错误检测

在发送时接口电路对传送的字符数据自动生成奇偶校验位或其他检验码。在接收时，接口电路检查字符的奇偶校验位或其他检验码，以确定是否发生传送错误。

5) 进行 TTL 与 EIA 电平转换

CPU 和终端均采用 TTL 电平及正逻辑，它们与 EIA 采用的电平及负逻辑不兼容，需在接口电路中进行转换。

6) 提供符合 EIA-RS-232C 接口标准所要求的信号线

远距离通信采用 Modem 时，需要 9 根信号线；近距离零 Modem 方式，只需要 3 根信号线。这些信号线由接口电路提供，以便与 Modem 或终端进行联络与控制。

2. 串行通信接口电路的组成

串行接口有许多种类，典型的串行接口如图 7.54 所示。它包括 4 个主要寄存器：控制寄存器、状态寄存器、数据输入寄存器及数据输出寄存器。

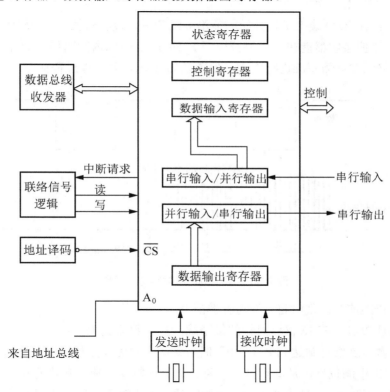

图 7.54　串行接口典型结构

控制寄存器用来接收 CPU 送给此接口的各种控制信息，而控制信息决定接口的工作方式。状态寄存器的各位叫状态位，每一个状态位都可以用来指示传输过程中的某一种错误或者当前传输状态。数据输入寄存器总是和串行输入/并行输出移位寄存器配对使用。在输入过程中，数据一位一位从外部设备进入接口的移位寄存器，当接收完一个字符以后，数据就从移位寄存器送到数据输入寄存器，再等待 CPU 来取走。输出的情况和输入过程类似，在输出过程中，数据输出寄存器和并行输入/串行输出移位寄存器配对使用。当 CPU

往数据输出寄存器中输出一个数据后,数据便传输到移位寄存器,然后一位一位地通过输出线送到外部设备。

CPU 可以访问串行接口中的 4 个主要寄存器。从原则上说,对这 4 个寄存器可以通过不同的地址来访问。不过,因为控制寄存器和数据输出寄存器是只写的,状态寄存器和数据输入寄存器是只读的,所以,可以用读信号和写信号来区分这两组寄存器,再用一位地址来区分两个只读或两个只写寄存器。

由于这种串行接口控制寄存器的参数是可以用程序来改写的,所以称作可编程串行接口。

串行接口是通过外接时钟来和接收数据同步的,通常其时钟周期 T_c 和数据位周期 T_d 之间的关系为 $T_c = \dfrac{T_d}{K}$,其中 K=16 或 64。

设 K=16,在 RxD 线上字符开始的前沿被测到后,接收器就以 16 倍的时钟频率来控制采样时间,以便接收器能在一个字符周期 T_d 的 1/16 时间内判明字符的开始,以后的采样全部以 16 倍频时钟为基准进行工作,如图 7.55 所示,其工作过程如下。

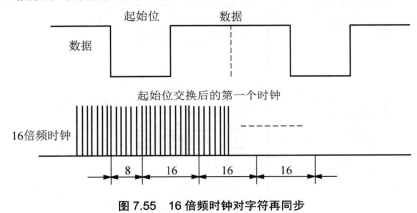

图 7.55 16 倍频时钟对字符再同步

(1) 当字符的前沿出现时将计数寄存器清 0。

(2) 启动计数器,使 16 倍频时钟的每个脉冲对计数器加 1。

(3) 当计数器连续计数达到 8 个 "0" 时,则确定它为起始位(不是干扰信号),并表示已达到起始位的中间位置,从此点开始,重新设置计数器,使计数器清 0。

(4) 此后,每隔 16 时钟脉冲采样一次数据线,作为输入数据。并清计数器,如此重复直至最后的停止位被采样。

(5) 如果停止位是正确的,则字符被接收到缓冲寄存器,然后再从第一步开始。

为了检测长距离传送中可能产生的错误,在串行接口中还建立一些传送错误标志,以提高传送的可靠性,常用的有以下 3 种。

(1) 奇偶校验错误(Parity Error)。

接收器按照事先约定的方式(偶校验、奇校验或无奇偶校验)进行奇/偶校验计算,即接收到的字符中 "1" 的个数与定义(期望)不符,建立此标志,发出奇偶出错信息。

(2) 帧错误(Frame Error)

接收到的字符不符合规定，如缺少停止位等，此时，设置此标志，发出帧出错信息。

(3) 溢出(丢失)错误(Overrun Error)。

在接收到新的字符后，由串行移位寄存器传送到并行接收寄存器，但此时原在并行接收寄存器中的数据并未被 CPU 取走，于是出现数据丢失现象，这就发生了溢出错误。

串行通信常使用专用控制芯片，常用的可编程通信接口芯片有 Ins 8250 和 Intel 的 8251A 等。

7.5.3 可编程串行接口芯片 8251A

8251A 是一个通用的可编程串行输入/输出接口，可用来将 86 系列 CPU 以同步或异步方式与外部设备进行串行通信。它支持全双工、双缓冲收发。它能将并行输入的 8 位数据变换成逐位输出的串行信号；也能将串行输入数据变换成并行数据，一次传送给处理机。在异步方式下，波特率最高为 19.2Kb/s；同步方式下，波特率最高为 64Kb/s。8251A 广泛应用于长距离通信系统及计算机网络。

1. 8251A 的外部特性和内部逻辑

1) 8251A 的外部引脚信号

8251A 用来作为 CPU 与外设或调制解调器之间的接口芯片，引脚信号如图 7.56 所示。它的信号线可以分为 4 组：与 CPU 接口的信号线、状态信号线、时钟信号线和与外设(或调制器)接口的信号线。

(1) 面向 CPU 的连接信号。

除了三态双向数据总线($D_0 \sim D_7$)、读写信号($\overline{RD}$、$\overline{WR}$)、片选信号($\overline{CS}$)之外，还有：

① RESET：芯片复位线。当该线上加高电平(宽度为时钟的 6 倍)时，芯片复位而处于空闲状态，等待命令。通常把它与系统的复位线相连，以便上电复位。

② C/$\overline{D}$：控制/数据信号(地址线)。若此引脚加高电平，则 CPU 访问 8251A 命令寄存器或状态寄存器，表示当前通过数据总线传送的是控制字或状态信息；若加低电平，表示当前通过数据总线传送的是数据。可见，8251A 芯片内部只有两个端口。例如，某实验平台上的 8251A 的两个端口地址是：308H 为数据口，309H 为命令/状态口。

(2) 状态信号(供 CPU 查询或向 CPU 申请中断)。

① TxRDY(Transmitter Ready)：发送器准备好，高电平有效。当它有效时，表示发送器已准备好接收 CPU 送来的数据字符，通知 CPU 可以向 8251A 发送数据。CPU 向 8251A 写入了一个字符以后，TxRDY 自动复位。在用查询方式时，此信号作为一个状态位，CPU 可从状态寄存器的 D_0 位检测这个信号；在用中断方式时，此信号作为中断请求信号。

② RxRDY(Receiver Ready)：接收器准备好，高电平有效。当它有效时，表示 8251A 已经从它的串行输入端接收了一个字符，通知 CPU 读取数据。当 CPU 从 8251A 读了一个字符后，此信号自动复位。在查询方式时，此信号可作为状态位，CPU 通过读取状态寄存器的 D_1 位检测这个信号。在中断方式时可作为中断请求信号。

③ TxEMPTY(Transmitter Empty)：发送器空信号，表示 8251A 的发送移位寄存器(并 →

串转换)已空。输出信号线，高电平有效。此信号可从状态寄存器的 D_2 位检测到。当 TxEMPTY＝1 时，CPU 可向 8251A 的发送缓冲存储器写入数据。

④ SYNDET(Synchronous Detection)/BRKDET(Break Detection)：双功能的检测信号，高电平有效。

对于同步方式，SYNDET 是同步检测端。若采用内同步，当 RxD 端上收到一个(单同步)或两个(双同步)同步字符时，SYNDET 输出高电平，表示已达到同步，后续接收到的便是有效数据。若采用外同步，外同步字符从 SYNDET 端输入，当 SYNDET 输入有效时，表示已达到同步，接收器可开始接收有效数据。

对于异步方式，BRKDET 用于检测线路是处于工作状态还是断缺状态。当 RxD 端上连续受到 8 个"0"信号，则 BRKDET 变成高电平，表示当前处于数据断缺状态。

(3) 时钟信号(包括发送时钟、接收器时钟以及内部的工作时钟信号 CLK)。

① $\overline{\text{TxC}}$ (Transmitter Clock)发送器时钟，由外部(波特率时钟发生器)提供，由它控制 8251A 发送数据的速率。在异步方式下，$\overline{\text{TxC}}$ 的频率可以等于波特率(×1)，也可以是波特率的 16 倍(×16)或 64 倍(×16)。在要求 1 倍情况时，$\overline{\text{TxC}}$ ≤64kHz；16 倍情况时，$\overline{\text{TxC}}$ ≤310kHz；64 倍情况时，$\overline{\text{TxC}}$ ≤615kHz。在同步方式下，$\overline{\text{TxC}}$ 的频率与数据速率相同。

② $\overline{\text{RxC}}$ (Receive Clock)：接收器时钟，由外部(波特率时钟发生器)提供。其频率的选择和 $\overline{\text{TxC}}$ 相同。实际应用中，把 $\overline{\text{RxC}}$ 和 $\overline{\text{TxC}}$ 连在一起，使用同一个时钟源——波特率时钟发生器。

③ CLK：工作时钟，由外部时钟源提供。为芯片内部电路提供定时，并非发送或接收数据的时钟。在同步方式下，CLK 的频率要大于接收器或发送器输入时钟($\overline{\text{TxC}}$ 或 $\overline{\text{RxC}}$)频率的 30 倍。在异步方式下，CLK 的频率要大于接收器或发送器输入时钟频率的 4～5 倍。另外，CLK 的周期要在 0.42～1.35μs 范围内。

(4) 面向调制器的接口信号。

当使用 8251A 实现远距离串行通信时，8251A 的数据输出端要经过调制器(Modem)将数字信号转换成模拟信号，数据接收端收到的是经过调制器转换来的数字信号。8251A 提供了 4 个与 Modem 相连的控制信号和数据以及数据接收信号线。它们的含义与 RS-232-C 标准定义相同。

① $\overline{\text{DTR}}$：数据终端准备好，是输出信号，低电平有效。它由工作命令字的 D_1 置"1"变为有效，表示 8251A 准备就绪。

② $\overline{\text{DSR}}$：数据装置准备好，是输入信号，低电平有效，表示调制器已准备好。CPU 通过读状态寄存器的 D_7 位检测这个信号。

③ $\overline{\text{RTS}}$：请求发送，是输出信号，低电平有效，通知 Modem，8251A 要求发送。它由工作命令字的 D_5 置"1"来使其有效。

④ $\overline{\text{CTS}}$：清除传送(即允许传送)，是输入信号，低电平有效，是 Modem 对 8251A 的信号的响应，当其有效时 8251A 方可发送数据。

⑤ TxD：发送数据线。

⑥ RxD：接收数据线。

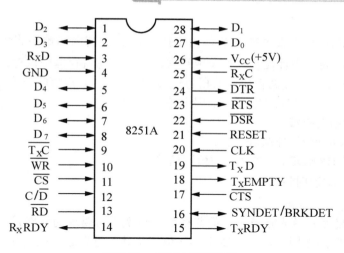

图 7.56　8251A 引脚信号

2) 8251A 的内部结构框图

8251A 的结构如图 7.57 所示，分成 5 个主要部分：接收器、发送器、调制控制、读/写控制以及系统数据总线缓冲器。8251A 的内部由内部数据总线实现相互之间的通信。

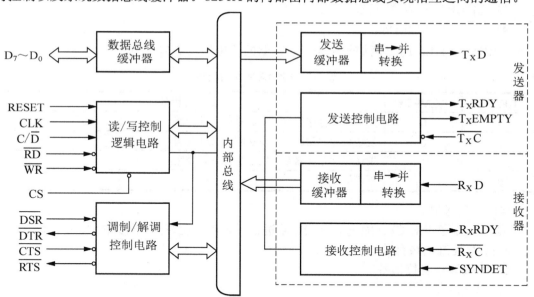

图 7.57　8251A 内部结构流程图

(1) 数据总线缓冲器。

数据总线缓冲器是三态双向缓冲器，它使 8251A 与系统数据总线连接起来。它含有数据缓冲器和命令缓冲器。CPU 通过输入/输出指令可以对它读/写数据，也可以写入命令字，再由它产生使 8251A 完成各种功能的控制信号。另外，执行命令所产生的各种状态信息也是从数据总线缓冲器读出。

(2) 接收器。

接收器的功能是在接收时钟 $\overline{R_xC}$ 作用下接收 R_xD 引脚上的帧格式化串行数据并把它转换为并行数据，同时进行检验，若发现错误，则在状态寄存器中保存，以便 CPU 处理。当校验无错时，才将并行数据存放在数据总线缓冲器中，并发出接收器准备好信号(RxRDY＝1)，通知 CPU 读数。与接收器有关的引脚信号如下。

① R_xD：数据接收线。

② R_xRDY：接收器已准备好信号。

③ SYNDET/BRKDET：双功能的检测信号。

④ $\overline{R_xC}$：接收器时钟。

(3) 发送器。

发送器的功能是：首先把待发送的并行数据转换成所要求的帧格式并加上校验位，然后在发送时钟 $\overline{T_xC}$ 的作用下，由 T_xD 引脚一位一位地串行发送出去。发送完一帧后，发送器准备好信号置位(T_xRDY＝1)，通知 CPU 发送下一个数据。

与发送器有关的引脚信号如下。

① T_xD：数据发送线。

② T_xRDY：发送器已准备好信号。

③ T_xEMPTY：发送器空闲信号。

④ $\overline{T_xC}$：发送器时钟。

T_xRDY 和 T_xEMPTY 两信号所表示发送器的状态见表 7-5。

表 7-5　8251A 发送器状态

T_xRDY	T_xEMPTY	发送器状态
0	0	发送缓冲存储器满，发送移位寄存器满
1	0	发送缓冲存储器空，发送移位寄存器满
1	1	发送缓冲存储器空，发送移位寄存器空
0	1	不可能出现

(4) 读/写控制。

读/写控制逻辑对 CPU 输出的控制信号进行译码以实现表 7-6 所列的读/写功能。

与读/写控制电路有关的引脚如下。

① RESET：复位信号。

② CLK：主时钟。

③ $\overline{CS}$：片选信号。

④ $\overline{RD}$ 和 $\overline{WR}$：读和写控制信号。

⑤ $C/\overline{D}$：控制/数据信号。

表 7-6　8251A 读/写操作方式

$\overline{CS}$	$C/\overline{D}$	$\overline{RD}$	$\overline{WR}$	操　　作
0	0	0	1	读数据 CPU←8251A
0	1	0	1	读状态 CPU←8251A

续表

$\overline{CS}$	$C/\overline{D}$	$\overline{RD}$	$\overline{WR}$	操 作
0	0	1	0	写数据 CPU→8251A
0	1	1	0	写控制字 CPU→8251A
0	×	1	1	8251A 数据总线浮空
1	×	×	×	8251A 未被数据总线浮空

2. 8251A 芯片的控制字及其工作方式

可编程串行通信接口芯片 8251A 在使用前必须进行初始化,以确定它的工作方式,传送速率、字符格式以及停止位长度等,可使用的控制字如下。

1) 方式选择控制字

其使用格式如图 7.58 所示。B_2B_1 位用来定义 8251A 的工作方式是同步方式还是异步方式,如果是异步方式还可由 B_2B_1 的取值来确定传送速率。×1 表示输入的时钟频率与波特率相同,允许发送和接收波特率不同,$\overline{T_xC}$ 和 $\overline{R_xC}$ 也可不同,但是它们的波特率系数必须相同;×16 表示时钟频率是波特率的 16 倍;×64 表示时钟是波特率的 64 倍。因此通常称 1、16 和 64 为波特率系数,它们之间存在如下的关系:

发送/接收时钟频率＝发送/接收波特率×波特率系数

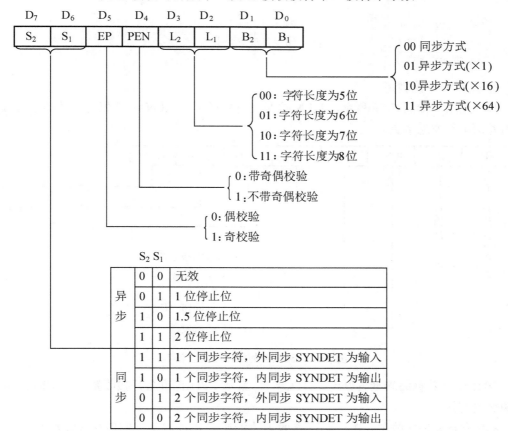

图 7.58 8251A 的方式选择控制字

L_2L_1 位用来定义数据字符的长度，可为 5、6、7、8 位。

PEN 位用来定义是否带奇偶校验，称作校验允许位。在 PEN=1 情况下，由 EP 位定义是采用奇校验还是偶校验。

S_2S_1 位用来定义异步方式的停止位长度(1 位、1.5 位或 2 位)。对于同步方式，S_1 位用来定义是外同步(S_1=1)还是内同步(S_1=0)，S_2 位用来定义是单同步(S_2=1)还是双同步(S_2=0)。

【例 7.9】 在某异步通信中，数据格式采用 8 位数据位，1 位起始位，2 位停止位，奇校验，波特率因子是 16，其方式命令字为 11011110B=DEH。若将方式命令写入命令口，则程序段为：

```
    MOV  DX,309H        ;8251A 命令口
    MOV  AL,0DEH        ;异步方式命令字
    OUT  DX,AL
```

【例 7.10】 同步通信中，若帧数据格式为：字符长度 8 位，双同步字符，内同步字符，内同步方式，奇校验，方式命令字为 00011100B=1CH。若将方式命令写入命令口，则程序段为：

```
    MOV  DX,309H        ;8251A 命令口
    MOV  AL,1CH         ;同步方式命令字
    OUT  DX,AL
```

2) 操作命令控制字

其使用格式如图 7.59 所示，T_xEN 位是允许发送位，T_xEN=1，发送器才能通过 T_xD 线向外部串行发送数据。

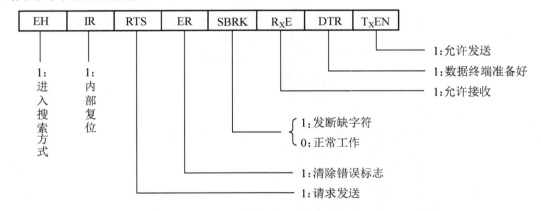

图 7.59 8251A 的操作命令控制字

DTR 位是数据终端准备好位。DTR=1，表示 CPU 已准备好接收数据，这时 $\overline{DTR}$ 引线端输出有效。

R_xE 位是允许接收位。R_xE=1，接收器才能通过 R_xD 线从外部串行接收数据。

SBRK 位是发送断缺字符位。SBRK＝1，通过 TxD 线一直发送"0"信号。正常通信过程中 SBRK 位应保持为"0"。

ER 位是清除错误标志位。8251A 设置有 3 个出错标志，分别是奇偶校验标志 PE，越界错误标志 OE 和帧校验错标志 FE。ER＝1 时将 PE，OE 和 FE 标志同时清"0"。

RTS 位是请求发送信号。RTS＝1，迫使 8251A 输出 RTS 有效，表示 CPU 已做好发送数据准备，请求向调制/解调器或外部设备发送数据。

IR 位是内部复位信号。IR＝1，迫使 8251A 回到接收方式选择控制字的状态。

EH 位是为跟踪方式位。EH 位只对同步方式有效，EH＝1，表示开始搜索同步字符，因此对于同步方式，一旦允许接收(RxE=1)，必须同时使 EH＝1，并且使 ER＝1，清除全部错误标志，才能开始搜索同步字符。从此以后所有写入 8251A 的控制字都是操作命令控制字。只有外部命令 RESERT＝1 或内部复位命令 IR＝1 才能使 8251A 回到接收选择命令字状态。

【例 7.11】 若要使 8251A 内部复位，则程序段为：

```
MOV  DX,309H          ;8251A 命令口
MOV  AL,01000000B     ;置 D₆=1,使内部复位
OUT  DX,AL
```

注意：只要是包含 D_6=1 的任何代码都能实现内部复位。如：50H，60H…FFH 等。

【例 7.12】 异步通信时，允许接收，同时允许发送，则程序段为：

```
MOV  DX,309H          ;命令口
MOV  AL,00000101B     ;置 D₂=1，D₀=1,允许接收和发送
OUT  DX,AL
```

3) 状态控制字

CPU 可在 8251A 工作过程中利用 IN 指令读取当前 8251A 的状态控制字，其使用格式如图 7.60 所示。

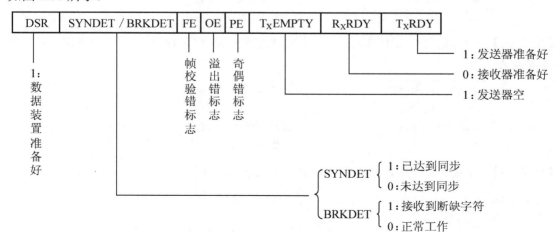

图 7.60　8251A 的状态控制字

PE 是奇偶错标志位。PE＝1 表示当前产生了奇偶错。它不中止 8251A 的工作。

OE 是溢出标志位。OE＝1，表示当前产生了溢出错，CPU 没有来得及将上一字符读走，下一个字符又来到 R_xD 端，它不中止 8251A 继续接收下一个字符，但上一字符将被丢失。

FE 是帧校验错标志位。FE 只对异步方式有效。FE＝1，表示未检测到停止位，它不中止 8251A 工作。

上述 3 个标志允许操作命令控制字中的 ER 位复位。

T_xRDY 位是发送准备好标志，它与引线端 T_xRDY 的意义有些区别。T_xRDY 状态标志为"1"只反映当前发送数据缓冲存储器已空，而 T_xRDY 引线端为"1"，除发送数据缓冲存储器已空外，还有两个附加条件是 $\overline{CTS}=0$ 和 $T_xEN=1$，这就是说它们之间存在如下关系：

$$T_xRDY 引线端 = T_xRDY 状态位 \times (\overline{CTS}=0) \times (T_xEN=1)$$

在数据发送过程中，上面两者总是相同，通常 T_xRDY 状态位供 CPU 查询，T_xRDY 引线端可用作向 CPU 发出中断请求信号。

T_xRDY 位、T_xEMPTY 位和 SYNDET/BRKDET 位与同名引线端的状态完全相同，可供 CPU 查询。

DSR 是数据装置准备好位。DSR＝1，表示外部设备或调制/解调器已准备好发送数据，这时输入引线端 $\overline{DSR}$ 有效。

CPU 可在任意时刻用 IN 指令读 8251A 状态位，这时 $C/\overline{D}$ 引线端应输入为"1"，在 CPU 读状态期间，8251A 将自动禁止改变状态位。

【例 7.13】 串行通信时，在发送程序中，需查状态字的 D_0 位是否置 1，即查 $T_xRDY=1$？其程序段为：

```
L:  MOV   DX,309H          ;8251A 状态口
    IN    AL,DX
    AND   AL,01H           ;查发送器是否就绪
    JZ    L                ;未就绪,则等待
```

【例 7.14】 串行通信时，在接收程序中，需查状态字的 D_1 位是否置 1，即查 $R_xRDY=1$？其程序段为：

```
L1: MOV   DX,309H          ;8251A 状态口
    IN    AL,DX
    AND   AL,02H           ;查发送器是否就绪
    JZ    L1               ;未就绪,则等待
```

【例 7.15】 在接收程序中，检查出错信息，则用下列程序段：

```
    MOV   DX,309H          ;8251A 状态口
    IN    AL,DX
    TEST  AL,38H           ;检查 D_5 D_4 D_3 三位(FE、OE、PE)
    JNZ   ERROR            ;若其中有一位为1,则出错,并转入错误程序
```

4) 8251A 方式命令和工作命令的使用

(1) 8251A 方式命令字、工作命令字和状态字之间的关系是：方式命令字只是约定了双方通信的方式(同步/异步)及其数据格式(数据位和停止位长度、校验特性、同步字符特性)，传送速率(波特率因子)等参数，但并没有规定传送的方向是发送还是接收，故需要工作命令字来控制发/收。何时才能发/收取决于 8251A 的工作状态，即状态字。只有当 8251A 进入发送/接收准备好的状态，才能真正开始数据的传送。

(2) 因为方式命令字和工作命令字均无特征位标志，且都是送到同一命令端口，所以在向 8251A 写入方式命令字和工作命令字时，需要按一定的顺序，这种顺序不能颠倒和改变，若改变了这种顺序，8251A 就不能识别。8251A 初始化编程的操作如图 7.61 所示。

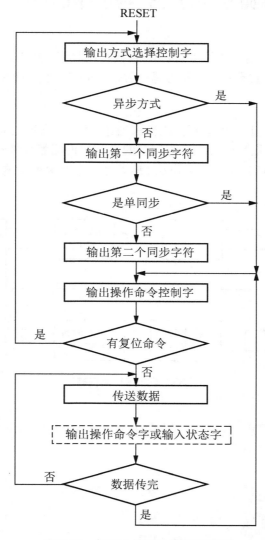

图 7.61　8251A 初始化编程流程图

7.5.4 8251A 应用举例

下面以两台微机进行双机通信的硬件连接和软件编程来说明 8251A 在实际中是如何应用的。

1. 要求

在甲乙两台微机之间进行串行通信，甲机发送，乙机接收。要求把甲机上开发的应用程序(其长度为 2DH)传送到乙机中去。采用起止异步方式，字符长度为 8 位，2 位停止位，波特率因子为 64 个/位，无校验，波特率为 4800b/s。CPU 与 8251A 之间用查询方式交换数据。口地址分配是：309H 为命令/状态口，308H 为数据口。

2. 分析

由于是近距离传输，可以不用 Modem，直接互连即可，并且，采用查询 I/O 方式，故收/发程序中只需检查收/发准备好的状态是否置位，即可发收一个字节。

3. 设计

(1) 硬件连接根据以上分析把两台微机都当作 DTE，它们之间只需 T_xD、R_xD、SG 三根线连接就能通信。采用 8251A 作为接口的主芯片再配置少量附加电路，如波特率时钟发生器、RS-232C 与 TTL 电平转换电路、地址译码电路等就可构成一个串行通信接口，如图 7.62 所示。

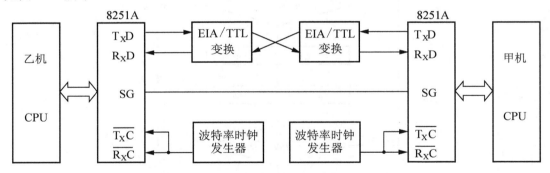

图 7.62 双机串行通信接口

(2) 软件编程。

接收和发送程序分开编写，每个程序段中都包括 8251A 初始化、状态查询和输入/输出等部分。

① 发送程序。

```
CSEG    SEGMENT
        ASSUME CS:CSEG,DS:CSEG
TRA     PROC FAR
START:  MOV DX,309H         ;命令口
        MOV AL,00H          ;空操作,向命令口送任意数
```

```
            OUT   DX,AL
            MOV   AL,40H          ;内部复位(使D_6=1)
            OUT   DX,AL
            NOP
            MOV   AL,0CFH         ;方式命令字(异步,2位停止位,字符长度为8位)
                                  ;无校验,波特率因子为64个/位
            OUT   DX,AL
            MOV   AL,37H          ;工作命令字(RTS、ER、RxE、DTR、TxEN均置1)
            OUT   DX,AL
            MOV   CX,2DH          ;传送字节数
            MOV   SI,300H         ;发送区首址
L1:         MOV   DX,309H         ;状态口
            IN    AL,DX           ;查状态位D_0(TxRDY)=1?
            AND   AL,01H
            JZ    L1              ;发送未准备好,则等待
            MOV   DX,308H         ;数据口
            MOV   AL,[SI]         ;发送准备好,则从发送区取一字节发送
            OUT   DX,AL
            INC   SI              ;内存地址加1
            DEC   CX              ;字节数减1
            JNZ   L1              ;未发送完,继续
            MOV   AX,4C00H        ;已送完,回DOS
            INT   21H
TRA         ENDP
CSEG        ENDS
            END   START
```

② 接收程序。

```
SCEG        SEGMENT
            ASSUME CS:REC,DS:SCEG
REC         PROC  FAR
BEGIN:      MOV   DX,309H         ;命令口
            MOV   AL,00H          ;空操作,向命令口写任意数
            OUT   DX,AL
            MOV   AL,50H          ;内部复位(含D_6=1)
            OUT   DX,AL
            NOP
            MOV   AL,0CFH         ;方式字
            OUT   DX,AL
            MOV   AL,14H          ;命令字(ER、RxE)
            OUT   DX,AL
```

```
            MOV    CX,2DH              ;传送字节数
            MOV    DI,400H             ;接收区首址
            MOV    DX,309H             ;状态口
            IN     AL,DX
            TEST   AL,38H              ;查错误
            JNZ    ERR                 ;有错,则转出错处理
            AND    AL,02H              ;查状态位 D_1(RxRDY)=1?
            JZ     L2                  ;接收未准备好,则等待
            MOV    DX,308H             ;数据口
            IN     AL,DX               ;接收准备好,则接收1字节
            MOV    [DI],AL             ;并存入接收区
            INC    DI                  ;修改内存
            LOOP   L2                  ;未接收完,继续
            JMP    STOP
     ER:    (略)
     STOP:  MOV    AX,4C00H            ;已接收完,程序结束,退出
            INT    21H                 ;返回 DOS
     REG    ENDP
     CSEG   ENDS
            END    BEGIN
```

本 章 小 结

本章主要介绍了可编程并行接口芯片 8255A、可编程定时器/计数器 825318254、可编程中断控制器 8259A、数/模与模/数转换接口芯片 DAC0832 和 ADC0809 以及串行通信与可编程串行通信接口芯片 8251A。从各可编程接口芯片的内部结构、引脚功能介绍开始，接着介绍实现接口芯片的工作方式字、操作命令字等实现对芯片的编程控制。

本章是微机接口技术的重点篇章，要求能理解汇编语句的执行和实现芯片的功能之间的软硬件配合。

习 题

1. 设 8255A 的控制口地址为 83H，要求 A 口工作在方式 0 输出，B 口工作在方式 0 输入，C 口高 4 位输入，低 4 位输出，试编写 8255A 的初始化程序。

2. 图 7.63 当 $A_7A_6A_5=111$，$A_4A_3A_0=100$ 时，$\overline{Y_4}=0$，选中 8255A。求 8255A 四个端口的 8 位地址；电路功能为开关 $K_7 \sim K_0$ 随时控制 $LED_7 \sim LED_0$ 的亮灭，试编写程序实现功能。

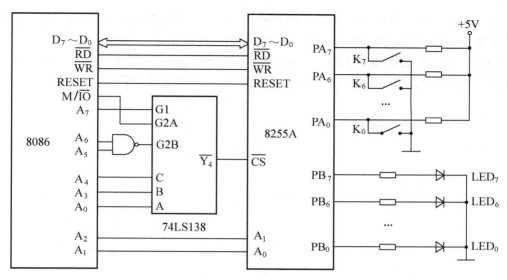

图 7.63 习题 2 图

3. 编一初始化程序，使 8255A 的 PC_2 端输出一个负跳变。如果要求 PC_6 端输出一个负脉冲，则初始化程序又是如何？

4. 某系统中 8253 芯片的通道 0～通道 2 和控制口端口地址分别为 0F000H～0F003H，定义通道 0 工作在方式 3，$CLK_0=5MHz$，要求 $OUT_0=1kHz$ 方波；通道 2 工作在方式 2，用 OUT_0 作为计数脉冲，计数值为 1000。请编写初始化程序。

5. 设 8253 的通道 0～通道 2 和控制口端口地址分别为 300H、302H、304H、306H，定义通道 0 工作在方式 3，$CLK_0=2MHz$。要求通道 0 输出 1kHz 的方波。试编写初始化程序，并画出硬件连线示意图。

6. 8259A 中断控制器的中断屏蔽寄存器(IMR)和 8086/8088 CPU 的中断允许标志 IF 有什么差别？在中断响应过程中它们如何配合工作？

7. 若已知 8259A 的初始化控制字 ICW_2 设置为 40H，请计算其 IR_5 端口中断源的中断类型码及其对应的中断向量地址范围。

8. 试编写 8259A 的初始化程序：系统中仅有一片 8259A，允许 8 个中断源边沿触发，不需要缓冲，为一般全嵌套工作方式，中断向量为 40H。

9. 对于 8 位、12 位和 16 位的 A/D 转换器，当输入电压范围为 0～5V 时，其量化间隔分别为多少？

10. 要求某电子秤的称重范围为 0～500g，测量误差小于 0.05g，现有 8 位、10 位、12 位、14 位和 16 位可供选择，至少应该选用分辨率为多少位的 A/D 转换器？

11. 如果一个 8 位 D/A 转换器的满量程(对应于数字量 255)为 10V，分别确定模拟量为 2.0V 和 8.0V 所对应的数字量是多少？

12. 某 12 位 D/A 转换器，输出电压为 0～2.5V，当输入的数字量为 400H 时，对应的输出电压是多少？

13. 设 8251A 工作于异步方式，波特率因子为 16，数据位 7 位，奇校验，允许发送和接收数据，其端口地址为 80H、81H。试编写初始化程序。

14. 设 8251A 的控制和状态端口地址为 52H，数据输入/输出口地址为 50H，输入 50 个字符，将字符放在 BUFFER 所指的内存缓冲区中，请写出这段程序。

第 8 章
电力系统设备中常用的微处理器

电力系统中各种测量、保护、监控等智能设备众多,广泛应用的微处理器有单片机、数字信号处理器以及嵌入式系统的 ARM 处理器和 PowerPC 处理器等。下面简要介绍。

8.1 单 片 机

单片微型计算机简称为单片机,又称为微型控制器,是微型计算机的一个重要分支。单片机是 20 世纪 70 年代中期发展起来的一种大规模集成电路芯片,是采用超大规模集成电路技术把具有数据处理能力的中央处理器 CPU、随机存储器 RAM、只读存储器 ROM、多种 I/O 接口和中断系统、定时器/计数器等(可能还包括显示驱动电路、脉宽调制电路、模拟多路转换器、A/D 转换器等电路)集成到一块硅片上构成的一个小而完善的微型计算机系统。20 世纪 80 年代以来,单片机发展迅速,各类新产品不断涌现,出现了许多高性能新型机种,现已逐渐在工厂自动化和各控制领域中应用。而单片机在电力系统的测量和微机保护模块中,以及监控、显示、控制等多方面应用都非常普遍。

单片机的特点如下。

(1) 可靠性高。

采用三总线结构,抗干扰能力强,可靠性高。

(2) 功能强。

单片机具有判断和处理能力,可以直接对 I/O 进行各种操作(输入/输出、位操作以及算术逻辑操作等),运算速度快,实时控制功能强。

(3) 体积小、功耗低。

由于单片机包含了运算器等基本功能部件,具有较高的集成度,因此单片机组成的应用系统结构简单、体积小、功能全。电源单一,功耗低。

(4) 使用方便。

由于单片机内部功能强,系统扩展方便,硬件设计较为简单。

(5) 性价比高,易于产品化。

单片机具有功能强、价格便宜、体积小、插接件少、安装调试简单等特点,使单片机应用系统的性价比高。同时单片机的开发工具很多,这些开发工具具有很强的软硬件调试功能，使单片机应用开发极为方便，大大缩短了产品研制的周期。使单片机的应用系统易于产品化。

8.1.1 单片机基本结构

以 MCS-51 单片机为例，其内部结构框图如图 8.1 所示。一片 MCS-51 单片机芯片内包含一个 8 位 CPU、振荡器和时钟电路、至少 128 字节的内部数据存储器、可寻址外部程序存储器和数据存储器各 64KB 字节、21 个特殊功能寄存器、4 个并行 I/O 接口、2 个 16 位定时器/计数器、至少 5 个中断源(提供两级中断优先级，可实现两级中断服务程序嵌套)。它具有位寻址功能，有较强的布尔处理能力。各功能单元(包括 IO 端口和定时器/计数器等)都由特殊功能寄存器(SFR)集中管理。

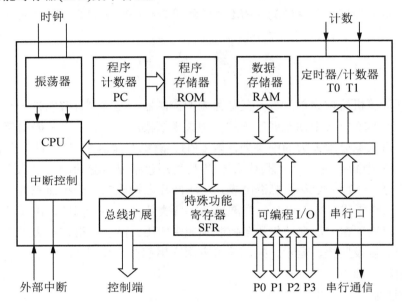

图 8.1 MCS-51 单片机内部结构示意图

8.1.2 单片机的种类

1. 按生产厂家分

单片机生产厂家众多，有美国的英特尔(Intel) 公司、摩托罗拉(Motorola)公司、国家半导体(NS) 公司、爱特梅尔(Atmel)公司、微芯片(Microchip) 公司、洛克威尔(Rockwell)公司、莫斯特克(Mostek)公司、桑那(Zilog)公司、仙童(Fairchid)公司、德州仪器(TI)公司等。日本的电气(NS)公司、东芝(Toshiba)公司、富士通(Fujitsu)公司、松下(Panasonic)公司、日立(Hitachi)公司、日电(NEC)公司、夏普(Sharp)公司等。荷兰的飞利浦(Philips)公司。德国的西门子(Siemens)公司等。

2. 按字长分

1) 4 位单片机

4 位单片机的控制功能较弱，CPU 一次只能处理 4 位二进制数。这类单片机常用于计算器、各种形态的智能单元以及作为家用电器中的控制器。典型产品有日电公司的 UPD75××系列、国家半导体公司的 COP400 系列、松下公司的 MN1400 系列、Rockwell 公司的 PPS/1 系列、富士通公司的 MB88 系列、夏普公司的 SM××系列、东芝公司的 TMP47×××系列等。

2) 8 位单片机

8 位单片机的控制功能较强，品种最为齐全，和 4 位单片机相比，它不仅具有较大的存储容量和寻址范围，而且中断源、并行 I/O 接口和定时器/计数器个数都有了不同程度的增加，并集成有全双工串行通信接口。在指令系统方面，普遍增设了乘除指令和比较指令。特别是高性能增强型单片机，除片内增加了 A/D 和 D/A 转换器外，还集成有定时器捕捉/比较寄存器、监视定时器(Watchdog)、总线控制部件和晶体振荡电路等。这类单片机由于其片内资源丰富和功能强大，主要在工业控制、智能仪表、家用电器和办公自动化系统中应用。代表产品有 Intel 公司的 MCS-48 系列和 MCS-51 系列，Microchip 公司的 PIC16C××系列、PIC17C××系列以及 PIC1400 系列，Motorola 公司的 M68HC05 系列和 M68HC11 系列，Zilog 公司的 Z8 系列，Philips 公司的 80C51 系列(同 MCS-51 兼容)，Atmel 公司的 AT89 系列(同 MCS-51 兼容)，NEC 公司的 UPD78××系列等。

(1) 51 系列单片机。

8031/8051/8751 是 Intel 公司早期的产品，应用早，影响大，已成为世界上的工业标准。后来很多芯片厂商以各种方式与 Intel 公司合作，也推出了同类型的单片机，如同一种单片机的多个版本一样，虽都在不断地改变制造工艺，但内核却一样，也就是说这类单片机指令系统完全兼容，绝大多数管脚也兼容，在使用上基本可以直接互换。人们统称这些与 8051 内核相同的单片机为"51 系列单片机"。

8031 片内不带程序存储器 ROM，使用时用户需外接程序存储器和一片逻辑电路 373，外接的程序存储器多为 EPROM 的 2764 系列。用户若想对写入到 EPROM 中的程序进行修改，必须先用一种特殊的紫外线灯将其照射擦除，之后可再写入。写入到外接程序存储器的程序代码没有什么保密性可言。

8051 片内有 4KB ROM，不用外接外存储器和 373，更能体现"单片"的简练。但是所编的程序无法写入到其 ROM 中，只有将程序交芯片厂代为写入，并是一次性的，不能改写其内容。

8751 与 8051 基本一样，但 8751 片内有 4KB 的 EPROM，用户可以将自己编写的程序写入单片机的 EPROM 中进行现场实验与应用，EPROM 的改写同样需要用紫外线灯照射一定时间擦除后再写入。

在众多的 51 系列单片机中，Atmel 公司的 AT89C51、AT89S52 更实用，因为它不但和 8051 指令、管脚完全兼容，而且其片内的 4KB 程序存储器是 Flash 工艺的，这种工艺的存储器用户可以用电的方式瞬间擦除、改写，一般专为 Atmel AT89××做的编程器均带有这些功能。这种单片机对开发设备的要求很低，开发时间也大大缩短。写入单片机内的程序还可以进行加密，而且 AT89C51、AT89S51 售价低。

AT89C51、A789S52 是 2003 年 Atmel 推出的新型品种，除了完全兼容 8051 外，还多了 ISP 编程和看门狗功能。Atmel 公司的 51 系列还有 AT89C2051、AT89C1051 等品种，这些芯片是在 AT89C51 的基础上将一些功能精简掉后形成的精简版。AT89C2051 取掉了 P0 口和 P2 口，内部的程序 Flash 存储器也小到 2KB，封装形式也由 51 的 P40 脚改为 20 脚，相应的价格也低一些；AT89C1051 在 2051 的基础上，再次精简掉了串口功能等，程序存储器再次减小到 1KB，价格也更低。

(2) PIC 系列单片机。

由美国 Microchip 公司推出的 PIC 单片机系列产品，首先采用了 RISC 结构的嵌入式微控制器，其高速度、低电压、低功耗、大电流 LCD 驱动能力和低价位 OTP 技术等都体现出单片机产业的新趋势。

现在 PIC 系列单片机在世界单片机市场的份额排名中已逐年升位，尤其在 8 位单片机市场。PIC 单片机从覆盖市场出发，已有三种(又称三层次)系列多种型号的产品问世，所以在全球都可以看到 PIC 单片机从电脑的外设、家电控制、电讯通信、智能仪器、汽车电子到金融电子各个领域的广泛应用。现今的 PIC 单片机已经是世界上最有影响力的嵌入式微控制器之一。

(3) AVR 系列单片机。

AVR 单片机是 1997 年由 Atmel 公司研发出的增强型内置 Flash 的 RISC 精简指令集高速 8 位单片机。AVR 的单片机可以广泛应用于计算机外部设备、工业实时控制、仪器仪表、通信设备、家用电器等各个领域。

AVR 单片机的优势及特点如下。

① AVR 单片机易于入手、便于升级、费用低廉。单片机初学者只需一条 ISP 下载线，把编辑、调试通过的软件程序直接在线写入 AVR 单片机，即可以开发 AVR 单片机系列中的各种封装的器件。AVR 程序写入是直接在电路板上进行程序修改、烧录等操作，这样便于产品升级。

② 高速、低耗、保密。首先，AVR 单片机是高速嵌入式单片机：AVR 单片机具有预取指令功能，即在执行一条指令时，预先把下一条指令取进来，使得指令可以在一个时钟周期内执行。多累加器型，数据处理速度快：AVR 单片机具有 32 个通用工作寄存器，相当于有 32 条立交桥，可以快速通行。中断响应速度快：AVR 单片机有多个固定中断向量入口地址，可快速响应中断。AVR 单片机耗能低：对于典型功耗情况，WDT 关闭时为 100nA，更适用于电池供电的应用设备，有的器件最低 1.8 V 即可工作。AVR 单片机保密性能好：它具有不可破解的位加密锁 Lock Bit 技术，保密位单元深藏于芯片内部，无法用电子显微镜看到。

③ I/O 口功能强，具有 A/D 转换等电路。AVR 单片机的 I/O 口是真正的 I/O 口，能正确反映 I/O 口输入/输出的真实情况。工业级产品，具有大电流(灌电流)10～40mA，可直接驱动可控硅 SSR 或继电器，节省了外围驱动器件。AVR 单片机内带模拟比较器，I/O 口可

用作 A/D 转换，可组成廉价的 A/D 转换器。ATmega48/8/16 等器件具有 8 路 10 位 A/D。部分 AVR 单片机可组成零外设元件单片机系统，使该类单片机无外加元器件即可工作，简单方便，成本又低。AVR 单片机可重设启动复位，以提高单片机工作的可靠性。有看门狗定时器实行安全保护，可防止程序走乱，提高了产品的抗干扰能力。

④ 有功能强大的定时器/计数器及通信接口。定时器/计数器有 8 位和 16 位，可用作比较器。计数器外部中断和 PWM(也可用作 D/A)用于控制输出，某些型号的 AVR 单片机有 3～4 个 PWM，是作电机无级调速的理想器件。AVR 单片机有串行异步通信 UART 接口，不占用定时器和 SPI 同步传输功能，因其具有高速特性，故可以工作在一般标准整数频率下，而波特率可达 576KBd/s。

3) 16 位单片机

16 位单片机是在 1983 年以后发展起来的。这类单片机的特点是：CPU 是 16 位的，运算速度普遍高于 8 位机，有的单片机的寻址能力高达 1MB，片内含 A/D 和 D/A 转换电路，支持高级语言。这类单片机主要用于过程控制、智能仪表、家用电器以及作为计算机外部设备的控制器等。典型产品有 Intel 公司的 MCS-96/98 系列、Motorola 公司的 M68HC16 系列、NS 公司的 783×× 系列、TI 公司的 MSP430 系列等。

其中，MSP430 系列非常突出。它采用了 RISC 结构，具有丰富的寻址方式(7 种源操作数寻址、4 种目的操作数寻址)，简洁的 27 条内核指令以及大量的模拟指令；大量的寄存器以及片内数据存储器都可参加多种运算；还有高效的查表处理指令；有较高的处理速度，在 8MHz 晶体驱动下指令周期为 125ns。这些特点保证了可编制出高效率的源程序。MSP430 系列单片机的中断源较多，并且可以任意嵌套，使用时灵活方便。当系统处于省电的备用状态时，用中断请求将它唤醒只用 6μs。MSP430 单片机还具有超低的功耗，是因为其在降低芯片的电源电压及灵活而可控的运行时钟方面都有其独到之处。

4) 32 位单片机

32 位单片机的字长为 32 位，是单片机的顶级产品，具有极高的运算速度。近年来，随着家用电子系统的新发展，32 位单片机的市场前景看好。

继 16 位单片机出现后不久，几大公司先后推出了代表当前最高性能和技术水平的 32 位单片机系列。32 位单片机具有极高的集成度，内部采用新颖的 RISC 结构，CPU 可与其他微控制器兼容，主频频率可达 33MHz 以上，指令系统进一步优化，运算速度可动态改变，设有高级语言编译器，具有性能强大的中断控制系统、定时/事件控制系统、同步/异步通信控制系统。代表产品有 Intel 公司的 MCS-80960 系列、Motorola 公司的 M68300 系列、Hitachi 公司的 Super H(简称 SH)系列等。

3. 按制造工艺分

(1) HMOS 工艺，高密度短沟道 MOS 工艺，具有高速度、高密度的特点。

(2) CHMOS(或 HCMOS)工艺，互补的金属氧化物的 HMOS 工艺，是 CMOS 和 HMOS 的结合，具有高密度、高速度、低功耗的特点。Intel 公司产品型号中若带有字母"C"，Motorola 公司产品型号中若带有字母"HC"或"L"，通常为 CHMOS 工艺。

8.2 数字信号处理器

数字信号处理器也称 DSP(Digital Singnal Processor)，是一种以数字信号来处理大量信息的器件，特别适合于进行数字信号处理运算的微处理器，其主要应用是实时快速地实现各种数字信号处理算法。其工作原理是接收模拟信号，转换为 0 或 1 的数字信号，再对数字信号进行修改、删除、强化，并在其他系统芯片中把数字数据解译回模拟数据或实际环境格式。它不仅具有可编程性，而且其实时运行速度可达每秒数以千万条复杂指令程序，远远超过通用微处理器，是数字化电子世界中日益重要的电脑芯片。它的强大数据处理能力和高运行速度，是最值得称道的两大特色。当然，与通用微处理器相比，DSP 芯片的其他通用功能相对较弱些。

1. DSP 的特点

根据数字信号处理的要求，DSP 芯片一般具有如下主要特点。
(1) 在一个指令周期内可完成一次乘法和一次加法。
(2) 程序和数据空间分开，可以同时访问指令和数据。
(3) 片内具有快速 RAM，通常可通过独立的数据总线在两块中同时访问。
(4) 具有低开销或无开销循环及跳转的硬件支持。
(5) 快速的中断处理和硬件 I/O 支持。
(6) 具有在单周期内操作的多个硬件地址产生器。
(7) 可以并行执行多个操作。
(8) 支持流水线操作，使取指、译码和执行等操作可以重叠执行。

2. DSP 芯片的基本结构

为了快速地实现数字信号处理运算，DSP 芯片一般都采用特殊的软硬件结构。这里以 TMS320C3x 系列芯片为例介绍 DSP 芯片的基本结构。TMS320C3x 系列芯片的基本结构包括：①哈佛结构；②流水线操作；③专用的硬件乘法器；④特殊的 DSP 指令。

这些特点使得 TMS320C3x 系列芯片可以实现快速的 DSP 运算，并使大部分 DSP 操作指令在一个周期内完成。下面分别介绍这些特点如何在 TMS320C3x 系列 DSP 芯片中应用并使得芯片的功能得到加强。

1) 哈佛结构

传统的微处理器采用的冯·诺依曼结构将指令和数据存放在同一存储空间中，统一编址，指令和数据通过同一总线访问同一地址空间上的存储器。而 DSP 芯片采用的哈佛结构则是不同于冯·诺依曼结构的一种并行体系结构，其主要特点是程序和数据存储在不同的存储空间中，即程序存储器和数据存储器是两个相互独立的存储器，每个存储器独立编制、独立访问。与之相对应的是系统中设置的两条总线——程序总线和数据总线，从而使数据的吞吐率提高了一倍。在哈佛结构中，由于程序和数据存储器在两个分开的空间里，因此取指和执行能完全重叠运行。为了进一步提高运行速度和灵活性，TMS320C3x DSP 芯片在基本哈佛结构的基础上作了改进,一是允许数据存放在程序存储器中,并能被算术运算指令直接使用,增强芯片的灵活性;二是增加了高速缓冲器(Cache),Cache 中的指令在执行时不用再从存储器中读取,节约了一个指令周期,在 TMS320C3x 系列芯片中有 64 个字节的 Cache。

2) 流水线操作

DSP 芯片广泛采用流水线以减少指令执行时间,增强处理器的处理能力。TMS320C3x 采用四级流水线,处理器可并行处理四条指令。基本指令分为四级:取指、译码、读和执行。当处理器并行处理四条指令时,各条指令处于流水线的不同单元。在不发生流水线冲突的情况下,具有流水线结构的处理器的长时间执行效率接近于没有流水线结构的处理器的四倍。一般来说,流水线对用户是透明的。

3) 专用的硬件乘法器

在通用微处理器中算法指令需要多个指令周期,如 MCS-51 的乘法指令需 4 个周期。相比而言,DSP 芯片的特征就是有一个专用的硬件乘法器,乘法可以在一个指令周期内完成,还可以与加法并行进行,完成一个乘法和一个加法只需一个指令周期。高速的乘法指令和并行操作大大提高了 DSP 处理器的性能。

4) 特殊的 DSP 指令

DSP 芯片的另一个特点是采用特殊的指令,这些特殊指令进一步提高了 DSP 芯片的处理能力。TMS320C3x 主要有三类特殊指令:重复方式、延迟转移和并行指令。

(1) 重复方式允许实现过零循环。TMS320C3x 有两条支持过零循环的指令:RPTB(重复一个程序模块)和 RPTS(重复单条指令,仅通过一次取指来减轻总线拥挤)。它们都是四周期指令,仅在第一次通过程序循环回路时产生四个周期的管理开销,以后所有通过循环回路的管理开销是零周期。当在重复方式中调整程序计数器时,三个寄存器与程序计数器的调整相联系。

(2) TMS320C3x 的转移能力主要包括标准转移和延迟转移。标准转移在执行转移之前使流水线变空,这导致标准转移的执行占据四个指令周期。而延迟转移则不使流水线变空,它保证随后的三条指令在程序计数器被转移修改前执行,而此时延迟指令悬空,并且禁止中断,保证执行完毕这三条指令。这样,延迟转移仅需一个周期。

(3) 由于拥有专门的硬件乘法器、多个独立的地址产生器和相互独立的程序、数据总线,TMS320C3x 具有多条不同方面的并行指令。这些并行操作指令组有高度并行操作能力,具有如下功能:寄存器并行装入、并行算术运算、并行算术/逻辑运算和存储运算。使用并行指令时要注意必须满足这些指令操作数的寻址要求。

(4) 值得一提的还有 TMS320C3x 提供的在片直接存储器寻址(DMA)控制器。DMA 控制器能够在没有 CPU 干预下执行输入/输出功能,从而减少 CPU 对执行输入/输出功能的需要。

DSP 的应用主要有:信号处理、通信、语音、图形/图像处理、军事、自动控制、家用电器等。

3. 主要DSP厂商介绍

1) 德州仪器公司

美国德州仪器(TI)公司是世界上最知名的DSP芯片生产厂商，其产品应用也最广泛，TI公司生产的TMS320系列DSP芯片广泛应用于各个领域。TI公司在1982年成功推出了其第一代DSP芯片TMS32010，这是DSP应用历史上的一个里程碑，从此，DSP芯片开始得到真正的广泛应用。由于TMS320系列DSP芯片具有价格低廉、简单易用、功能强大等特点，所以逐渐成为目前最有影响、最为成功的DSP系列处理器。

目前，TI公司在市场上主要有以下三大系列产品。

(1) 面向数字控制、运动控制的TMS320C2000系列，主要包括 TMS320C24x/F24x、TMS320LC240x/LF240x、TMS320C24xA/LF240xA、TMS320C28xx 等。

(2) 面向低功耗、手持设备、无线终端应用的TMS320C5000系列，主要包括TMS320C54x、TMS320C54xx、TMS320C55x 等。

(3) 面向高性能、多功能、复杂应用领域的TMS320C6000系列，主要包括TMS320C62xx、TMS320C64xx、TMS320C67xx 等。

2) 美国模拟器件公司

美国模拟器件(ADI)公司在DSP芯片市场上也占有一定的份额，相继推出了一系列具有自己特点的DSP芯片。其定点DSP芯片有ADSP2101/2103/2105、ADSP2111/2115、ADSP2126/2162/2164、ADSP2127/2181、ADSP-BF532以及Blackfin系列，浮点DSP芯片有ADSP21000/21020、ADSP21060/21062以及虎鲨TS101、TS201S。

3) Motorola公司

Motorola公司推出DSP芯片比较晚。1986年该公司推出了定点DSP处理器MC56001；1990年，又推出了与IEEE浮点格式兼容的浮点DSP芯片MC96002。 还有DSP53611、16位DSP56800、24位的DSP563xx和MSC8101等产品。

4) 杰尔公司

杰尔公司的SC-1000和SC2000两大系列的嵌入式DSP内核主要面向电信基础设施、移动通信、多媒体服务器及其他新兴应用。

8.3 嵌入式系统

1. 嵌入式系统概念

根据IEEE(国际电机工程师协会)的定义，嵌入式系统是"控制、监视或者辅助装置、机器和设备运行的装置"(原文为 devices used to control, monitor, or assist the operation of equipment, machinery or plants)。简单说嵌入式系统就是嵌入到对象体中的专用计算机系统。

嵌入式系统的特点为：①嵌入性：嵌入到对象体中，有对象环境要求；②专用性：软、硬件按对象要求裁剪；③计算机：实现对象的计算机功能。嵌入式系统软、硬件一体化，代码小、速度快，用途固定，可靠性高，应用广泛。

2. 嵌入式系统组成

一个嵌入式系统装置一般都由嵌入式计算机系统和执行装置组成，如图 8.2 所示，嵌入式计算机系统是整个嵌入式系统的核心，由硬件层、中间层、系统软件层和应用软件层组成。执行装置也称为被控对象，它可以接收嵌入式计算机系统发出的控制命令，执行所规定的操作或任务。执行装置可以很简单，如手机上的一个微小型的电机，当手机处于震动接收状态时打开；也可以很复杂，如 SONY 智能机器狗，上面集成了多个微小型控制电机和多种传感器，从而可以执行各种复杂的动作和感受各种状态信息。

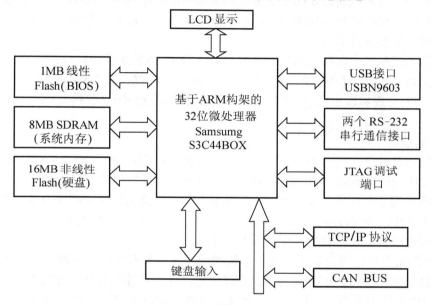

图 8.2 嵌入式系统图解举例

1) 硬件层

硬件层中包含嵌入式微处理器，存储器(SDRAM、ROM、Flash 等)，通用设备接口和 I/O 接口(A/D、D/A、I/O 等)。在一片嵌入式处理器基础上添加电源电路、时钟电路和存储器电路，就构成了一个嵌入式核心控制模块。其中操作系统和应用程序都可以固化在 ROM 中。

(1) 嵌入式微处理器。

嵌入式系统硬件层的核心是嵌入式微处理器，嵌入式微处理器与通用 CPU 最大的不同在于嵌入式微处理器大多工作在为特定用户群所专用设计的系统中，它将通用 CPU 许多由板卡完成的任务集成在芯片内部，从而有利于嵌入式系统在设计时趋于小型化，同时还具有很高的效率和可靠性。

嵌入式微处理器有各种不同的体系，即使在同一体系中也可能具有不同的时钟频率和数据总线宽度，或集成了不同的外设和接口。据不完全统计，目前全世界嵌入式微处理器已经超过 1000 多种，体系结构有 30 多个系列，其中主流的体系有 ARM、MIPS、PowerPC、X86 和 SH 等。但与全球 PC 市场不同的是，没有一种嵌入式微处理器可以主导市场，仅以 32 位的产品而言，就有 100 种以上的嵌入式微处理器。嵌入式微处理器的选择是根据具体的应用而决定的。

(2) 存储器。

嵌入式系统需要存储器来存放和执行代码。嵌入式系统的存储器包含 Cache、主存和辅助存储器。

(3) 通用设备接口和 I/O 接口。

嵌入式系统和外界交互需要一定形式的通用设备接口，如 A/D、D/A、I/O 等，外设通过和片外其他设备的或传感器的连接来实现微处理器的输入/输出功能。每个外设通常都只有单一的功能，它可以在芯片外也可以内置在芯片中。外设的种类很多，可从一个简单的串行通信设备到非常复杂的 802.11 无线设备。

目前嵌入式系统中常用的通用设备接口有 A/D(模/数转换接口)、D/A(数/模转换接口)，I/O 接口有 RS-232 接口(串行通信接口)、Ethernet(以太网接口)、USB(通用串行总线接口)、音频接口、VGA 视频输出接口、I^2C(现场总线)、SPI(串行外围设备接口)和 IrDA(红外线接口)等。

2) 中间层

硬件层与软件层之间为中间层，也称为硬件抽象层(Hardware Abstract Layer，HAL)或板级支持包(Board Support Package，BSP)，它将系统上层软件与底层硬件分离开来，使系统的底层驱动程序与硬件无关，上层软件开发人员不需要关心底层硬件的具体情况，根据 BSP 层提供的接口即可进行开发。该层一般包含相关底层硬件的初始化、数据的输入/输出操作和硬件设备的配置功能。BSP 具有以下两个特点。

(1) 硬件相关性：因为嵌入式实时系统的硬件环境具有应用相关性，而作为上层软件与硬件平台之间的接口，BSP 需要为操作系统提供操作和控制具体硬件的方法。

(2) 操作系统相关性：不同的操作系统具有各自的软件层次结构，因此，不同的操作系统具有特定的硬件接口形式。

实际上，BSP 是一个介于操作系统和底层硬件之间的软件层次，包括了系统中大部分与硬件联系紧密的软件模块。设计一个完整的 BSP 需要完成两部分工作：嵌入式系统的硬件初始化以及 BSP 功能，设计硬件相关的设备驱动。

(1) 嵌入式系统硬件初始化。

系统初始化过程可以分为 3 个主要环节，按照自底向上、从硬件到软件的次序依次为：片级初始化、板级初始化和系统级初始化。

① 片级初始化。

完成嵌入式微处理器的初始化，包括设置嵌入式微处理器的核心寄存器和控制寄存器、嵌入式微处理器核心工作模式和嵌入式微处理器的局部总线模式等。片级初始化把嵌入式微处理器从上电时的默认状态逐步设置成系统所要求的工作状态。这是一个纯硬件的初始化过程。

② 板级初始化。

完成嵌入式微处理器以外的其他硬件设备的初始化。另外，还需设置某些软件的数据结构和参数，为随后的系统级初始化和应用程序的运行建立硬件和软件环境。这是一个同时包含软硬件两部分在内的初始化过程。

③ 系统级初始化。

该初始化过程以软件初始化为主，主要进行操作系统的初始化。BSP 将对嵌入式微处理器的控制权转交给嵌入式操作系统，由操作系统完成余下的初始化操作，包含加载和初始化与硬件无关的设备驱动程序，建立系统内存区，加载并初始化其他系统软件模块，如网络系统、文件系统等。最后，操作系统创建应用程序环境，并将控制权交给应用程序的入口。

(2) 硬件相关的设备驱动程序。

BSP 的另一个主要功能是硬件相关的设备驱动。硬件相关的设备驱动程序的初始化通常是一个从高到低的过程。尽管 BSP 中包含硬件相关的设备驱动程序，但是这些设备驱动程序通常不直接由 BSP 使用，而是在系统初始化过程中由 BSP 将它们与操作系统中通用的设备驱动程序关联起来，并在随后的应用中由通用的设备驱动程序调用，实现对硬件设备的操作。与硬件相关的驱动程序是 BSP 设计与开发中另一个非常关键的环节。

3) 系统软件层

系统软件层由实时多任务操作系统(Real-time Operation System，RTOS)、文件系统、图形用户接口(Graphic User Interface，GUI)、网络系统及通用组件模块组成。RTOS 是嵌入式应用软件的基础和开发平台。

嵌入式操作系统(Embedded Operation System，EOS)是一种用途广泛的系统软件，过去它主要应用于工业控制和国防系统领域。EOS 负责嵌入式系统的全部软、硬件资源的分配、任务调度，控制、协调并发活动。它必须体现其所在系统的特征，能够通过装卸某些模块来达到系统所要求的功能。目前，已推出一些应用比较成功的 EOS 产品系列。随着 Internet 技术的发展、信息家电的普及应用及 EOS 的微型化和专业化，EOS 开始从单一的弱功能向高专业化的强功能方向发展。嵌入式操作系统在系统实时高效性、硬件的相关依赖性、软件固化以及应用的专用性等方面具有较为突出的特点。

8.4 ARM 处理器

ARM 处理器是一个 32 位 RISC 处理器架构，其广泛地应用于许多嵌入式系统设计中。ARM 在 32 位微处理器中居主流地位，ARM 处理器已遍及工业控制、消费类电子产品、通信系统、网络系统、无线系统等各类产品市场，基于 ARM 技术的处理器应用约占据了 32 位 RISC 微处理器 75%以上的市场，ARM 技术正在逐步渗入我们生活的各个方面。

1. ARM 处理器特点

ARM 处理器具有以下特点。
(1) 体积小、低功耗、低成本、高性能。
(2) 支持 Thumb(16 位)/ARM(32 位)双指令集，能很好地兼容 8 位/16 位器件。
(3) 大量使用寄存器，指令执行速度更快。
(4) 大多数数据操作都在寄存器中完成。

(5) 寻址方式灵活简单，执行效率高。

(6) 指令长度固定。

2. ARM 的结构

1) 体系结构

(1) CISC(Complex Instruction Set Computer，复杂指令集计算机)。

在 CISC 指令集的各种指令中，大约有 20%的指令会被反复使用，占整个程序代码的 80%。而余下的 80%的指令却不经常使用，在程序设计中只占 20%。

(2) RISC(Reduced Instruction Set Computer，精简指令集计算机)。

RISC 结构优先选取使用频率最高的简单指令，避免复杂指令；将指令长度固定，指令格式和寻址方式种类减少；以控制逻辑为主，不用或少用微码控制等。

RISC 体系结构应具有如下特点。

① 采用固定长度的指令格式，指令归整、简单、基本寻址方式有 2～3 种。

② 使用单周期指令，便于流水线操作执行。

③ 大量使用寄存器，数据处理指令只对寄存器进行操作，只有加载/存储指令可以访问存储器，以提高指令的执行效率。除此以外，ARM 体系结构还采用了一些特别的技术，在保证高性能的前提下尽量缩小芯片的面积，并降低功耗。

④ 所有的指令都可根据前面的执行结果决定是否被执行，从而提高指令的执行效率。

⑤ 可用加载/存储指令批量传输数据，以提高数据的传输效率。

⑥ 可在一条数据处理指令中同时完成逻辑处理和移位处理。

⑦ 在循环处理中使用地址的自动增减来提高运行效率。

2) 寄存器结构

ARM 处理器共有 37 个寄存器，被分为若干个组(BANK)，这些寄存器包括如下几种。

(1) 31 个通用寄存器，包括程序计数器(PC 指针)，均为 32 位的寄存器。

(2) 6 个状态寄存器，用于标识 CPU 的工作状态及程序的运行状态，均为 32 位，只使用了其中的一部分。

3) 指令结构

ARM 微处理器的在较新的体系结构中支持两种指令集：ARM 指令集和 Thumb 指令集。其中，ARM 指令为 32 位长度，Thumb 指令为 16 位长度。Thumb 指令集为 ARM 指令集的功能子集，但与等价的 ARM 代码相比较，可节省 30%～40%以上的存储空间，同时具备 32 位代码的所有优点。

3. ARM 系列

目前市面上常见的 ARM 处理器架构可分为 ARM7、ARM9 以及 ARM10E 系列，以及 SecurCore 系列、Intel 的 Xscale、StrongARM、ARM11 系列。

其中，ARM7、ARM9、ARM9E 和 ARM10 为 4 个通用处理器系列，每一个系列提供一套相对独特的性能来满足不同应用领域的需求。SecurCore 系列专门为安全要求较高的应用而设计。

8.5 PowerPC 处理器

1. PowerPC 的概念

PowerPC 是一种 RISC 架构的 CPU，其基本的设计在 1993 年源自 IBM 的 POWER (Performance Optimized With Enhanced RISC 的缩写)架构，意为增强 RISC 性能优化架构。PowerPC 中的 PC 代表 Performance Computing。

发布于 1993 年的 PowerPC 体系结构规范(PowerPC Architecture Specification)是一个 64 位规范(也包含 32 位子集)。几乎所有常规可用的 PowerPC(除了新型号 IBM RS/6000 和所有 IBM pSeries 高端服务器)都是 32 位的。

2. PowerPC 处理器特点

PowerPC 处理器有广泛的实现范围，包括从诸如 Power4 那样的高端服务器 CPU 到嵌入式 CPU 市场。PowerPC 处理器有非常强的嵌入式表现，因为它具有优异的性能、较低的能量损耗以及较低的散热量。除了像串行和以太网控制器那样的集成 I/O，该嵌入式处理器与台式机 CPU 存在非常显著的区别。例如，4xx 系列 PowerPC 处理器缺乏浮点运算，并且还使用一个受软件控制的 TLB 进行内存管理，而不是像台式机芯片中那样采用反转页表。

PowerPC 处理器有 32 个(32 位或 64 位)GPR(通用寄存器)以及诸如 PC(程序计数器，也称为 IAR/指令地址寄存器或 NIP/下一指令指针)、LR(链接寄存器)、CR(条件寄存器)等各种其他寄存器。有些 PowerPC CPU 还有 32 个 64 位 FPR(浮点寄存器)。

3. PowerPC 处理器结构简介

Motorola 的基于 PowerPC 体系结构的嵌入式处理器芯片有 MPC505、821、850、860、8240、8245、8260、8560 等近几十种产品，其中 MPC860 是 Power QUICC 系列的典型产品，MPC8260 是 Power QUICC Ⅱ系列的典型产品，MPC8560 是 Power QUICC Ⅲ系列的典型产品。

Power QUICC 系列微处理器一般由三个功能模块组成，嵌入式 PowerPC 核(EMPCC)、系统接口单元(SIU)以及通信处理器(CPM)模块，这三个模块内部总线都是 32 位。

嵌入式 PowerPC 核由嵌入式 PowerPC 核心、指令和数据缓存(Cache)及其各自的存储器管理单元(MMU)组成，从功能上 Power PC 核可分为两个功能模块：整数模块和加载/存储模块。整数和加载/存储操作均由具有 32 位内部数据通道、支持 32 位整数操作及算术操作的硬件直接执行。PowerPC 核中的整数模块使用 32 × 32 bit 定点通用寄存器，每时钟周期可以执行一条整数处理指令。整数模块中的单元仅在数据队列中的有效数据被传输时才被占用，这样使得 PowerPC 核一直处于低功耗工作模式。

SIU 的功能是提供内部总线和外部总线的接口，该接口单元具有 32 位微处理器的几乎所有的通用接口特性，尽管 Power PC 核内部总线为 32 位，但通过 SIU 可以将外部总线宽度动态地配置成 8、16 或 32 位，以兼容数据总线宽度为 8、16 或 32 位的外设或存储器。

SIU 单元中的存储器控制器支持最多与高达 8 组存储器无缝连接，每组的容量从 32KB 到 256MB 可变，数据总线宽度可由 4 个独立的使能信号控制为 8bits、16bits 或 32bits。支持的存储器类型包括 SRAM、SSRAM、EPOM、Flash ROM、DRAM、SDRAM 等。存储器控制器为每一组存储器分别提供了可选的 0～15 个的等待状态以适应不同速度的存储器。SIU 也支持其他需要双时钟访问的外部 SRAM 和用突发方式访问的外部设备。SIU 单元还提供其他几种功能：总线监视、假中断监视、软件看门狗、定时中断、复位控制、不占用内部开销的片内总线仲裁、JTAG1149.1 测试口等。

Power QUICC 中除集成了 PowerPC 核，还集成了一个 32 位的 RISC 内核。Power PC 核主要执行高层代码，而 RISC 则处理实际通信的底层通信功能，两个处理器内核通过高达 8KB 的内部双口 RAM 相互配合，共同完成 MPC854 强大的通信控制和处理功能。CPM 以 RISC 控制器为核心构成，除包括一个 RISC 控制器外，还包括七个串行 DMA(SDMA) 通道、两个串行通信控制器(SCC)、一个通用串行总线通道(USB)、两个串行管理控制器(SMC)、一个 I^2C 接口和一个串行外围电路(SPI)，可以通过灵活的编程方式实现对 Ethemet、USB、T1/E1、ATM 等的支持以及对 UART、HDLC 等多种通信协议的支持。

Power QUICC II 完全可以看作是 Power QUICC 的第二代，在灵活性、扩展能力、集成度等方面提供了更高的性能。Power QUICC II 同样由嵌入式的 PowerPC 核和通信处理模块 CPM 两部分组成。这种双处理器的结构由于 CPM 承接了嵌入式 Power PC 核的外围接口任务，所以较传统结构更加省电。CPM 交替支持 3 个快速串行通信控制器(FCC)，两个多通道控制器(MCC)，四个串行通信控制器(SCC)，两个串行管理控制器(SMC)，一个串行外围接口电路(SPI)和一个 I^2C 接口。嵌入式的 Power PC 核和通信处理模块(CPM) 的融和，以及 Power QUICC II 的其他功能、性能缩短了技术人员在网络和通信产品方面的开发周期。

同 Power QUICC II 相比，Power QUICC III集成度更高、功能更强大、具有更好的性能提升机制。Power QUICC III中的 CPM 较 Power QUICC II 产品 200MHz 的 CPM 的运行速度提升了 66%，达到 333MHz，同时保持了与早期产品的向后兼容性，这使得客户能够最大限度地延续其现有的软件投入、简化未来的系统升级，又极大地节省了开发周期。Power QUICC III通过微代码具有的可扩展性和增加客户定制功能的特性，能够使客户针对不同应用领域开发出各具特色的产品。

本 章 小 结

本章介绍了电力系统设备中常用的单片机的基本概念、特点、种类，数字信号处理器 DSP 的概念，嵌入式系统的概念，ARM 处理器的特点、结构和系列，PowerPC 处理器的概念、特点、结构简介等，目的是使读者了解电力系统中常用的典型微处理器基本概念。

附 录

汇编语言上机实验基础

附录1　汇编语言程序上机实验过程

汇编语言程序上机实验的主要过程如附图 1.1 所示，包括如下几个步骤。

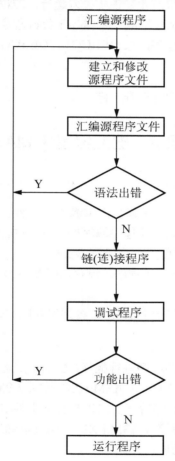

附图 1.1　汇编语言程序上机实验过程

1. 建立和修改源程序文件

在编写出汇编语言源程序后，应建立源程序文件(扩展名为.ASM)。可运用 Windows 自带的记事本建立汇编源程序文件。

2. 汇编源程序文件

.ASM 源程序文件必须先由汇编程序(如 ASM、MASM、TASM 等)把它汇编(翻译)为目标文件(扩展名为.OBJ)，才能在计算机上运行。

3. 链接(连接)程序

为了使目标程序文件能在特定的系统环境下执行，经汇编后产生的目标文件需经过链接生成可执行文件(扩展名为.EXE)，才能在计算机上启动运行。链接过程通过调用链接程序来完成。

4. 调试程序

程序必须经过试运行和调试后才能正式投入运行。若程序没有错误，前 3 步完成后即可运行程序。若程序有错误，则在汇编提示错误下修改程序，直到程序无误经过汇编、链接生成可执行文件。调用调试程序，如 DEBUG、TDEBUG 等进行调试。

5. 运行程序

在程序没有错误的情况下即可运行程序。

附录 2　宏汇编程序 MASM

1. 建立汇编源程序文件

可运用 Windows 自带的记事本建立汇编源程序文件。点击开始—程序—附件—记事本，在记事本中用键盘输入按完整的程序编写格式书写的源程序，存盘时取一个合适的文件名并加上扩展名.ASM，即可创建一个源程序文件。

【附例 2-1】　打开记事本输入一个源程序，设存盘时命名为 HELLO.ASM(或 hello.asm，不区分大小写)。

注意：存盘时一定要加上扩展名.ASM，否则保存的文件只是一般的文本文档(.TXT)。

2. 源程序文件的汇编

汇编就是调用汇编程序对源程序进行翻译，生成扩展名为.OBJ 的目标文件。可使用宏汇编程序 MASM.EXE 或小汇编程序 ASM.EXE 等对.ASM 源文件进行汇编，汇编程序对.ASM 文件进行两遍扫描，汇编后产生二进制目标文件(.OBJ 文件)。目前最常用的是宏汇编程序 MASM 主要由汇编程序 MASM.EXE、链接(也称连接)程序 LINK. EXE 等组成。

MASM.EXE 主要有以下功能。

(1) 检查源程序中的语法错误，给出出错信息。

(2) 产生目标文件(.OBJ 文件)、列表文件(.LST 文件)和交叉引用文件(.CRF 文件)。

(3) 展开宏指令。

在.OBJ 目标文件中只是一个浮动地址的目标程序。.LST 列表文件是源程序、目标代码及其在段内存放的偏移地址的一个对照表，当源程序出现语法错误时，MASM 在错误行后面给出错误性质提示，该表可打印出来供检查用。.CRF 交叉引用文件用来产生交叉引用表，可以对符号进行前后对照，它给出了用户定义的所有符号(包括段名、变量、标号等)，包括每个符号定义时所在行号以及引用时所在行号的情况，该文件对于阅读调试较大型多模块程序是有帮助的，还可作为资料归档，对于小型简单程序则不必建立该文件。

例如，运用 MASM 5.0 对 HELLO.ASM 进行汇编，假设 HELLO.ASM 与 MASM、LINK、DEBUG 等程序在同一文件夹下。双击 MASM.EXE 图标打开汇编程序窗口，汇编过程及窗口显示如附图 2.1 所示。

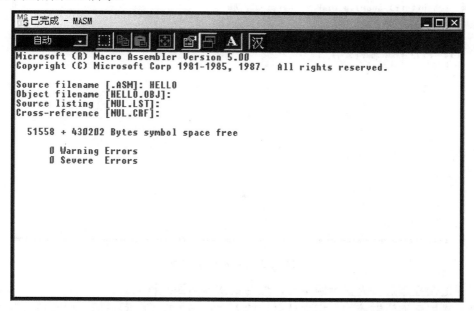

附图 2.1　MASM 汇编过程

打开汇编程序后，先显示版本号，然后依次提出四次询问。

第一次提示询问要汇编的源文件名，输入文件名 HELLO 回车后，出现第二次提示，询问目标文件名，括号内的信息为系统规定的默认文件名，通常直接回车，表示采用默认文件名。接着出现第三次提示，询问是否要建立列表文件，若要建立，则键入文件名，否则直接回车，不产生此文件。最后出现第四次提示，询问是否要建立交叉引用文件，若要建立，则键入文件名，否则直接回车，不产生此文件。在回答了第四次询问后，汇编程序就对源程序进行汇编，若汇编过程中发现源程序中有语法错误，则显示出错信息，包括错误语句行号、错误代码、错误类型，最后列出警告错误和严重错误的总数，此时用户应调出源文件对程序进行修改后重新汇编。

附图 2.1 所示汇编结果只产生目标文件 HELLO.OBJ，可在程序所在文件夹下查看到该文件。

3. 目标文件的链接

汇编程序产生的目标文件用的是浮动地址，它不能直接上机执行，必须经过链接后才能生成可执行文件(.EXE)。可运用链接程序 LINK.EXE 完成链接工作，它可以把多个模块链接在一起，这些模块可以是库文件或汇编程序产生的目标文件。

例如，运用 LINK 对 HELLO.OBJ 进行链接。双击 LINK.EXE 图标打开链接程序窗口，链接过程及窗口显示如附图2.2 所示。

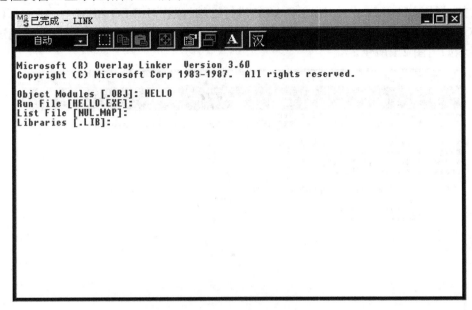

附图2.2　LINK 链接过程

打开链接程序后，先显示版本号，然后依次提出四次询问。

第一次提示询问链接的目标文件名，输入文件名 HELLO 回车后，出现第二次提示，询问要产生的可执行文件的文件名，通常直接回车，表示采用默认文件名。接着出现第三次提示，询问是否要建立地址分配文件(.MAP 文件)，若要建立，则键入文件名，否则直接回车，不产生此文件。最后出现第四次提示，询问是否用到库文件(.LIB 文件)，如没有库文件，则直接回车，如使用库文件，则键入库文件名。在回答了第四次询问后，链接程序就开始对程序进行链接，若链接过程中发现错误，则显示出错信息和错误类型，此时用户应调出源文件对程序进行修改后重新汇编、链接，直到无错为止。

回答第一次提示询问时，如果要链接多个目标文件，应一次输入，各目标文件名之间用"＋"隔开。

.MAP 文件给出每个段在存储器中的分配情况，一般不需要此文件。

如链接时不需要.LIB 文件，也不需要产生.MAP 文件，则在回答第一次提示询问时，可直接键入"目标文件名;"，此时也不需要用户回答剩余的三次询问。

附图2.2 所示链接结果只产生可执行文件 HELLO.EXE，可在程序所在文件夹下查看到该文件。.EXE 文件可运用 DEBUG 或 TDEBUG 等调试程序进行调试和运行。

注意：如果源程序没有堆栈段，则 LINK 结果会给出没有堆栈段的警告错误，但不影响程序的执行。

附录3　调试程序 DEBUG

　　调试程序 DEBUG.EXE 是 DOS 提供的可用于调试可执行程序的一个工具软件，也是可用于汇编语言程序设计的一种调试工具。它通过单步执行、设置断点等方式为汇编语言程序员提供了非常有效的程序调试手段。DEBUG 可以直接用来检查和修改内存单元、装入、存储及启动运行程序、检查及修改寄存器，也就是说 DEBUG 可深入到计算机的内部，可使用户更紧密地与计算机中真正进行的工作相联系。不仅如此，对汇编语言初学者来说，DEBUG 也是练习使用汇编指令的一种有效工具。初学者可以直接在 DEBUG 环境下执行汇编指令。然而，在 DEBUG 下运行汇编语言源程序也受到了一些限制，它不宜汇编较长的程序，不便于分块程序设计，不便于形成以 DOS 外部命令形式构成的 .EXE 文件，不能使用浮动地址，也不能使用 ASM 和 MASM 提供的绝大多数伪指令。

　　DEBUG 在不同版本的操作系统中具有不同的文件(功能一样)。

　　(1) 纯 DOS 操作系统：DOS 目录的 DEBUG.EXE 文件。

　　(2) Windows 9x 操作系统：MS-DOS 环境下，使用 Windows 文件夹下 command 子文件夹的 DEBUG.EXE 文件。

　　(3) Windows 2000/XP 操作系统：MS-DOS 环境下，使用 WINNT 或 WINDOWS 文件夹下的 system32 子文件夹中的 DEBUG.EXE 文件。

　　在 DOS 系统中，DEBUG 是以 DOS 外部命令文件形式提供给用户的，名为 DEBUG.EXE。命令文件 DEBUG.EXE 一般存放在 DOS 子目录下，因此调用 DEBUG 时，只需在 DOS 提示符下键入：

　　DEBUG [<驱动器名>:][<路径>][<文件名>[.<扩展名>]][<参数 1>][<参数 2>]<回车>

　　其中，[ ]表示可缺省，如 C:\DOS>DEBUG<ENTER>。

　　Windows 环境下打开 DEBUG.EXE 的方法是：点击开始菜单—运行，在运行中输入 CMD(或 COMMAND)，确定后打开 CMD.EXE，然后在 CMD 的>提示符后输入 DEBUG <回车>，即可打开 DEBUG。用户也可直接把 DEBUG.EXE 复制后粘贴在建立好的文件夹中使用，双击图标可打开程序。

　　DEBUG 调入后，提示符是符号"-"。出现提示符"-"就表示可以接收 DEBUG 命令，所有的命令必须跟在"-"后键入才有效。

　　运行 DEBUG 时，如果不带被调试程序，则所有段寄存器值都相等，都指向当前可用的主存段。除 SP 外的通用寄存器都设置为 0，SP 指向这个段的尾部，IP 置为 100H，状态标志都是清 0 状态。

　　运行 DEBUG 时，如果带入的被调试程序扩展名不是.EXE，则 BX 和 CX 包含被调试文件大小的字节数(长度大于 64K 时 BX 为高 16 位)，其他与不带被调试程序的情况相同。

　　运行 DEBUG 时，如果带入的被调试程序扩展名是.EXE，则需重新定位。此时 CS:IP、SS:SP 根据被调试程序确定，分别指向代码段和堆栈段。DS、ES 指向当前可用主存段，BX 和 CX 包含被调试文件大小的字节数，其他通用寄存器为 0，状态标志都是清 0 状态。

1. DEBUG 的部分主要命令格式与功能

　　DEBUG 命令是在 DEBUG 提示符"-"下，由键盘键入的。每条命令以单个字母的命令符开头，然后是命令的操作参数，操作参数与操作参数之间用空格或逗号隔开，操作参数与命令符之间用空格隔开，命令的结束符是回车键 Enter。命令及参数的输入可以是大小写的结合(即不区分大小写)。Ctrl＋Break 键可中止命令的执行。Ctrl＋Num Lock 组合键可暂停屏幕卷动，按任一键继续。

　　注意：所用数均为十六进制数，且不必写 H。

　　1) 汇编命令 A(Assemble)

　　格式：A [[<段寄存器名>/<段地址>:] <段内偏移量>]

　　格式等价于([ ]表示可缺省，/表示或关系)：

　　(1) A <段寄存器名>:<段内偏移量>。

　　(2) A <段地址>:<段内偏移量>。

　　(3) A <段内偏移量>。

　　(4) A。

　　功能：键入该命令后显示段地址和段内偏移量并等待用户从键盘逐条键入汇编命令，逐条汇编成代码指令，顺序存放到段地址和段内偏移量所指定的内存区域，直到显示下一地址时用户直接键入回车键返回到提示符"-"。

　　注意：其中(1)用指定段寄存器的内容作段地址；(3)用 CS 的内容作段地址；(4)从上一个汇编命令的最后一个单元开始，若未用过 A 命令，则以 CS:100 为起始地址。

　　以后命令中提及的各种地址形式，均指(1)、(2)、(3)中 A 后的地址形式。

　　2) 显示内存单元内容命令 D(Dump)

　　格式：D [<地址>/<范围>]

　　格式等价于。

　　(1) D <地址>。

　　(2) D <范围>。

　　(3) D。

　　功能：以两种形式显示指定范围的内存单元内容。一种形式为十六进制内容，一种形式为以相应字节的内容作为 ASCII 码的字符，对不可见字符以"."代替。

　　注意：其中(1)从指定地址起显示 80H 个字节的内容；(2)显示所指定范围的内容；(3)显示从上一个 D 命令的最后一个单元起后面的 80H 个字节的内容。

　　3) 修改内存单元内容命令 E(Edit)

　　格式：E <地址> [<单元内容表>]

　　格式等价于：

　　(1) E <地址>。

　　(2) E <地址> <单元内容表>。

　　其中<单元内容表>是以逗号分隔的十六进制数，或用"括起来的字符串，或者是二者的组合。

功能：(1)不断显示地址，可连续键入修改内容，直至新地址出现后键入回车 Enter 为止；(2)将<单元内容表>逐一写入由<地址>开始的一片单元。

4) 填充内存命令 F(Fill)

格式：F <范围> <单元内容表>

功能：将<单元内容表>中的值逐个填入指定<范围>，单元内容表中内容用完后重复使用。

5) 执行命令 G(Go)

格式：G [=<地址>] [[,]<断点>]

格式等价于：

(1) G。

(2) G=<地址>。

(3) G <断点>。

(4) G=<地址>,<断点>。

功能：执行内存中的指令序列，又称运行命令。

注：(1)从 CS:IP 所指处开始执行；(2)从指定地址开始执行；(3)从 CS:IP 所指处开始执行，到断点自动停止；(4)从指定地址开始执行，到断点自动停止。

6) 十六进制数计算命令 H(Hex)

格式：H <值 1> <值 2>

功能：求十六进制数<值 1>和<值 2>的和与差并显示结果。

7) 结束 DEBUG 返回 DOS 命令 Q(Quit)

格式：Q

功能：返回 DOS 提示符下。

8) 显示和修改寄存器命令 R(Register)

格式：R [<寄存器名>]

格式等价于：

(1) R。

(2) R <寄存器名>。

(3) RF。

功能：(1)显示当前所有寄存器内容、状态标志及将要执行的下一条指令的地址、代码及汇编语句形式。其中对标志寄存器 FLAGS 以每位的形式显示，详见附表 3-1。(2)显示指定寄存器内容并可修改。(3)显示和修改标志位内容(TF 标志除外)。

附表 3-1 状态标志显示符号

标志位	溢出 OF	方向 DF	中断 IF	符号 SF	零位 ZF	辅助 AF	奇偶 PF	进位 CF
状态	有/无	减/增	开/关	负/正	零/非	有/无	偶/奇	有/无
显示	OV/NV	DN/UP	EI/DI	NG/PL	ZR/NZ	AC/NA	PE/PO	CY/NC

9) 跟踪命令 T(Trace)

格式：T [=<地址>] [<条数>]

功能：执行由指定地址起始的、由<条数>指定的若干条命令。其中<地址>的缺省值是当前 IP 值，<条数>的缺省值是一条。

10) 反汇编命令 U(Unassemble)

格式：U [<地址>/<地址范围>]

格式等价于：

(1) U<地址>。

(2) U<地址范围>。

(3) U。

功能：将指定范围内的代码以汇编语句形式显示，同时显示地址及代码。注意，反汇编时一定要确认指令的起始地址后再做，否则将得不到正确结果。地址及范围的缺省值是上次 U 命令后下一地址的值，这样可以连续反汇编。

2. 在 DEBUG 环境下执行汇编指令

在 DEBUG 的提示符'-'之后，用户可以通过 DEBUG 的命令输入汇编源程序，并用相应命令将其汇编成机器语言程序，然后调试并运行该程序。

【附例 3-1】 在 DEBUG 下运行如下程序：

```
MOV DL,33H      ;字符 3 的 ASCII 码送 DL
MOV AH,2        ;使用 DOS 的 2 号功能调用
INT 21H         ;进入功能调用,输出'3'
INT 20H         ;BIOS 中断服务程序,正常结束
```

(1) 输入源程序并汇编。

Windows 系统下首先应进入 MS-DOS 方式：

```
-A <Enter>
126C:0100 MOV DL,33 <Enter>
126C:0102 MOV AH,2 <Enter>
126C:0104 INT 21 <Enter>
126C:0106 INT 20 <Enter>
126C:0108 <Enter>
- <Enter>
```

至此程序已送完，汇编成机器指令，顺序存放于 CS 段 100H 起始的 8 个存储单元。

(2) 反汇编。

如果在汇编后想查看机器指令，可以用反汇编命令 U 作如下操作：

```
-U 100 108 <Enter>
126C:0100  B233      MOV DL,33
126C:0102  B402      MOV AH,02
126C:0104  CD21      INT 21
```

```
126C:0106  CD20      INT  20
126C:1208  AC        LOOSB
-
```

右边是汇编指令，中间是该汇编指令的机器码，左边是存放该条指令的内存单元地址。

(3) 运行程序。

```
-G <Enter>
3
Program terminated normally
-
```

(4) 退出 DEBUG。

```
-Q <Enter>
```

整个调试情况如附图 3.1 所示。

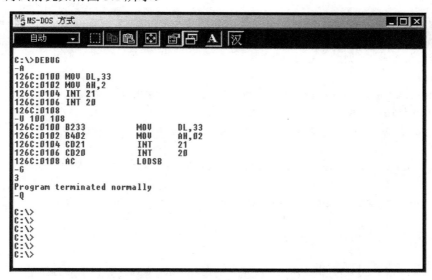

附图 3.1 附例 3-1 DEBUG 调试情况

【附例 3-2】 进入 DEBUG，用 A 命令送字节数据加法程序，用 R 命令显示状态，并用 T 命令单条执行。

(1) 输入源程序并汇编。

```
-A <Enter>
126C:0100  MOV AH,3 <Enter>
126C:0102  MOV AL,2 <Enter>
126C:0104  ADD AL,AH <Enter>
126C:0106  INT 20 <Enter>
126C:0108  <Enter>
-
```

(2) 用 R 命令显示寄存器状态。

```
-R <Enter>
AX=0000  BX=0000  CX=0000  DX=0000  SP=FFEE  BP=0000  SI=0000  DI=0000
DS=126C  ES=126C  SS=126C  CS=126C  IP=0100  NV UP EI PL NZ NA PO NC
                                    126C:0100  B403     MOV AH,03
-
```

(3) 用 G 命令执行，但看不到计算结果。

```
-G <Enter>
Program terminated normally
-
```

(4) 用 T 命令单条执行，可以看到中间结果和最终结果。

```
-T
AX=0300  BX=0000  CX=0000  DX=0000  SP=FFEE  BP=0000  SI=0000  DI=0000
DS=126C  ES=126C  SS=126C  CS=126C  IP=0102  NV UP EI PL NZ NA PO NC
126C:0102  B002     MOV AL,02
-T
AX=0302  BX=0000  CX=0000  DX=0000  SP=FFEE  BP=0000  SI=0000  DI=0000
DS=126C  ES=126C  SS=126C  CS=126C  IP=0104  NV UP EI PL NZ NA PO NC
126C:0104  00E0     ADD AL,AH
-T
AX=0305  BX=0000  CX=0000  DX=0000  SP=FFEE  BP=0000  SI=0000  DI=0000
DS=126C  ES=126C  SS=126C  CS=126C  IP=0106  NV UP EI PL NZ NA PE NC
126C:0106  CD20     INT 20
-T
AX=0305  BX=0000  CX=0000  DX=0000  SP=FFE8  BP=0000  SI=0000  DI=0000
DS=126C  ES=126C  SS=126C  CS=00C9  IP=0FA8  NV UP DI PL NZ NA PE NC
00C9:0FA8  90       NOP
-
```

可以看到最终结果：AL=5。

(5) 退出 DEBUG。

```
-Q <Enter>
```

【附例 3-3】 在 DEBUG 下运行下述程序，查看执行结果，并将其作为 .COM 可执行文件存盘。

```
        MOV AX,0FEH         ;被乘数 0FEH 送 AX
        MOV CL,2
        SHL AX,CL           ;被乘数乘以 4,结果送 AX
        MOV BX,AX           ;被乘数乘以 4 的结果送 BX 保留
        SHL AX,CL           ;被乘数乘以 16,结果送 AX
        ADD AX,BX           ;被乘数乘以 20,结果在 AX 中
        MOV [300H],AX       ;将积存入 DS 段第 300H 和 301H 内存单元
        MOV AH,4CH
        INT 21H             ;结束程序返回 DOS
```

(1) 输入源程序并汇编。

```
        -A <Enter>
        126C:0100    MOV AX, 0FE <Enter>
        126C:0103    MOV CL, 2 <Enter>
        126C:0105    SHL AX, CL <Enter>
        126C:0107    MOV BX, AX <Enter>
        126C:0109    SHL AX, CL <Enter>
        126C:010B    ADD AX, BX <Enter>
        126C:010D    MOV [300], AX <Enter>
        126C:0110    MOV AH, 4C <Enter>
        126C:0112    INT 21 <Enter>
        126C:0114    <Enter>
        -
```

(2) 用 G 命令执行到断点处(程序正常结束前)停止。

```
        -G 110 <Enter>
        AX=13D8  BX=03F8  CX=0002  DX=0000  SP=FFEE  BP=0000  SI=0000  DI=0000
        DS=126C  ES=126C  SS=126C  CS=126C  IP=0110    NV UP EI PL NZ NA PE NC
        126C:0110 B44C      MOV AH, 4C
        -
```

(3) 用 D 命令显示 300H 至 301H 的内容(最终结果)。

```
        -D DS:300 301 <Enter>
        126C:0300  D8 13
        -
```

(4) 用 R 命令指定写盘文件长度。

```
        -R BX <Enter>
        BX 03F8
        :0 <Enter>
```

```
-R CX <Enter>
CX 0002
:14 <Enter>
-
```

(5) 用 N 命令命名写盘文件。

```
-N LI4.COM <Enter>
```

(6) 用 W 命令写盘。

```
-W <Enter>
Writing 00014 bytes
-
```

完成后可在 C 盘下查找到 LI4.COM 文件。注：.COM 文件按 DOS >提示符前面具体的路径保存。

(7) 退出 DEBUG。

```
-Q <Enter>
C:\>
```

(8) 在 DOS 环境下运行 LI4.COM(看不到结果)。

```
C:\>LI4.COM <Enter>
C:\>
```

(9) 在 DEBUG 下将 LI4.COM 装入内存运行。

```
C:\>DEBUG <Enter>
-N LI4.COM <Enter>
-L <Enter>
-T=100,7 <Enter>  (效果同 G 110)
AX=13D8  BX=3F80  CX=0002  DX=0000  SP=FFFE  BP=0000  SI=0000  DI=0000
DS=126C  ES=126C  SS=126C  CS=126C  IP=0110     NV UP EI PL NZ NA PE NC
126C:0110 B44C      MOV  AH,4C
-D DS:300 301 <Enter>
126C:0300  D8 13
```

(10) 退出 DEBUG。

```
-Q <Enter>
C:\>
```

3. 用 DEBUG 调试和运行可执行文件

现对使用 DEBUG 调试和运行可执行文件(.EXE)的一般步骤进行介绍。

附录 汇编语言上机实验基础

用户程序经过编辑、汇编、链接后得到一个可执行文件(.EXE)，这时借助于调试程序 DEBUG 对用户程序进行调试，查看程序是否能完成预定功能。对于初学者，如何选用 DEBUG 中各命令，有效地调试与运行程序，需要一个学习过程。在初次使用 DEBUG 时，可参照下列步骤进行。

1. 调用 DEBUG，装入用户程序

可以在调用 DEBUG 时直接装入用户程序可执行文件，也可以在进入 DEBUG 环境后使用 N 命令和 L 命令装入用户程序可执行文件。无论用哪种方法，装入用户程序可执行文件时，一定要指定文件全名(即文件名和扩展名)。

2. 观察寄存器初始状态

程序装入内存后，用 R 命令查看寄存器内容。从各段寄存器当前的内容，便能了解用户程序各逻辑段(代码段、堆栈段等)在内存的分布及其段基值。R 命令也显示了各通用寄存器和标志寄存器的初始值，显示的第三行就是即将执行的第一条指令。

3. 以单步工作方式开始运行程序

首先用 T 命令顺序执行用户程序的前几条指令，直到段寄存器 DS 和/或 ES 已预置为用户的数据段(如指令 MOV DS,AX 执行后)。在用 T 命令执行程序时，每执行一条指令，显示指令执行后寄存器的变化情况，以便用户查看指令执行结果。

4. 观察用户程序数据段初始内容

在第 3 步执行后 DS 和/或 ES 已指向用户程序的数据段和附加段，这时用 D 命令可查看用户程序这些段中的原始数据。

5. 继续以单步工作方式运行程序

对于初学者，一般编写的程序比较短，用 T 命令逐条执行指令，可清楚地了解程序的执行过程：现在执行的是什么指令，执行后的结果在哪里(寄存器，存储单元)，所得结果是否正确等。在逐次使用 T 命令时，若有需要，可选用 D 命令了解某些内存单元的变化情况。

用 T 命令逐条执行程序时，如遇上用户程序中的软中断指令 INT(如 INT 21H)，这时，通常不要用单步工作方式执行 INT 指令。因为系统提供的软中断指令 INT 是以中断处理子程序形式实现功能调用，且这种处理子程序常常是较长的。若用 T 命令去执行 INT 指令，那么将跳转到相应的功能调用子程序中，要退出该子程序需要花费较多时间。如果既要执行 INT 指令，又要跳过这段功能调用子程序，则应使用连续工作方式(G 命令)，且设置断点，其断点应为 INT 指令的下一条指令。例如要以单步工作方式执行下面一段程序：

```
10B0:0022    MOV DX,0010
10B0:0026    MOV AH,09
10B0:0028    INT 21
10B0:002A    MOV CX,0000
```

285

当用 T 命令完成 MOV AH,09 指令后，应使用 G 命令：

```
-G  002A  <Enter>
```

这样，以连续工作方式实现功能调用后，即暂停在偏移量为 002A 的 MOV CX,00 指令处(未执行)，如同用单步工作方式完成 INT 指令的执行一样。

6. 连续工作方式运行程序

在用单步工作方式运行程序后，可再用连续工作方式从头开始运行程序，查看运行结果。在用 G 命令时，注意指定运行程序的起始地址。若 G 命令中未指定起始地址，就隐含为从当前 CS:IP 指向的指令开始。

7. 修改程序和数据

经过上面几步后，若发现程序有错，则需要适当进行修改。这时，如果仅需作个别修改，可在 DEBUG 状态下，使用 A 命令。这种修改仅仅是临时修改内存中的可执行文件，未涉及源程序。当确认修改正确后，应返回至编辑程序，修改源程序，然后再汇编、链接。

为了确认用户程序的正确性，常常需用几组不同的原始数据去运行程序，查看是否都能获得正确结果。这时，可用 E 命令在用户程序的数据段和附加段中修改原始数据，然后再用 T 命令或 G 命令运行程序，查看运行结果，直到各组数据都能获得正确结果为止。

8. 运用断点调试程序

如果已确认程序是正确的，在连续工作方式下，可快速地运行程序；如果已知程序运行结果不正确，用 G 命令运行程序，中途不停，很难查找错误。改用 T 命令，虽然可以随意暂停程序的执行，但是运行速度慢，如果运用断点，可快速查找错误。这里的"断点"是程序连续运行时要求暂停的指令位置(地址)，用要求暂停的一条指令首字节地址表示。当程序连续运行到这断点地址时，程序就暂停，并显示现在各寄存器内容和下面将要执行的指令(即断点处指令)。为了准确设置断点，可用反汇编命令 U 察看源程序。运用断点，可以很快地查找出错误发生在哪一个程序段内，缩小查找错误的范围。然后在预计出错的范围内，再用 T 命令仔细观察程序运行情况，确定出错原因和位置，完成程序的调试。

【附例 3-4】 对附例 2-1 生成 HELLO.EXE 文件，并使用 DEBUG 进行调试运行。

首先用记事本对附例 1 源程序进行编辑并保存为 .ASM 文件，再使用 MASM.EXE 和 LINK.EXE 对源文件进行汇编和链接，无语法错误后生成 HELLO.EXE 文件，保存在 C 盘 MASM 文件夹中。调入 DEBUG 对 HELLO.EXE 进行调试运行，具体操作如下。

(1) 装入 HELLO.EXE。

```
C:\Windows\Desktop>DEBUG C:\MASM\HELLO.EXE <Enter>
-
```

(2) 用 T 命令顺序执行置段地址指令，再用 D 命令查看数据段原始数据，如附图 3.2 所示。

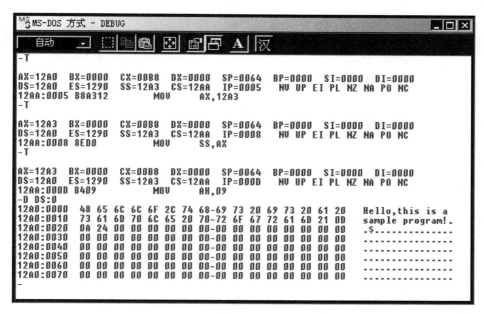

附图 3.2　查看数据段原始数据

(3) 用 G 命令运行程序。

```
-G
hello,this is a sample program!
Program terminated normally
-
```

由于源程序无功能错误，因此运用 G 命令试运行后能顺利获得结果。

参 考 文 献

[1] 李继灿. 新编16/32位微型计算机原理及应用[M]. 北京：清华大学出版社，2013.
[2] 周荷琴，吴秀清. 微型计算机原理与接口技术[M]. 合肥：中国科学技术大学出版社，2008.
[3] 郑学坚，周斌. 微型计算机原理及应用[M]. 北京：清华大学出版社，2003.
[4] 肖洪兵. 微机原理及接口技术[M]. 北京：北京大学出版社，2010.
[5] 刘彦文，张向东，谭峰. 微型计算机原理与接口技术[M]. 北京：北京大学出版社，2006.

北京大学出版社本科电气信息系列实用规划教材

序号	书名	书号	编著者	定价	出版年份	教辅及获奖情况
物联网工程						
1	物联网概论	7-301-23473-0	王平	38	2014	电子课件/答案,有"多媒体移动交互式教材"
2	物联网概论	7-301-21439-8	王金甫	42	2012	电子课件/答案
3	现代通信网络	7-301-24557-6	胡珺珺	38	2014	电子课件/答案
4	物联网安全	7-301-24153-0	王金甫	43	2014	电子课件/答案
5	通信网络基础	7-301-23983-4	王昊	32	2014	
6	无线通信原理	7-301-23705-2	许晓丽	42	2014	电子课件/答案
7	家居物联网技术开发与实践	7-301-22385-7	付蔚	39	2013	电子课件/答案
8	物联网技术案例教程	7-301-22436-6	崔逊学	40	2013	电子课件
9	传感器技术及应用电路项目化教程	7-301-22110-5	钱裕禄	30	2013	电子课件/视频素材,宁波市教学成果奖
10	网络工程与管理	7-301-20763-5	谢慧	39	2012	电子课件/答案
11	电磁场与电磁波(第2版)	7-301-20508-2	邬春明	32	2012	电子课件/答案
12	现代交换技术(第2版)	7-301-18889-7	姚军	36	2013	电子课件/习题答案
13	传感器基础(第2版)	7-301-19174-3	赵玉刚	32	2013	
14	物联网基础与应用	7-301-16598-0	李蔚田	44	2012	电子课件
15	通信技术实用教程	7-301-25386-1	谢慧	36	2015	电子课件/习题答案
单片机与嵌入式						
1	嵌入式ARM系统原理与实例开发(第2版)	7-301-16870-7	杨宗德	32	2011	电子课件/素材
2	ARM嵌入式系统基础与开发教程	7-301-17318-3	丁文龙 李志军	36	2010	电子课件/习题答案
3	嵌入式系统设计及应用	7-301-19451-5	邢吉生	44	2011	电子课件/实验程序素材
4	嵌入式系统开发基础——基于八位单片机的C语言程序设计	7-301-17468-5	侯殿有	49	2012	电子课件/答案/素材
5	嵌入式系统基础实践教程	7-301-22447-2	韩磊	35	2013	电子课件
6	单片机原理与接口技术	7-301-19175-0	李升	46	2011	电子课件/习题答案
7	单片机系统设计与实例开发(MSP430)	7-301-21672-9	顾涛	44	2013	电子课件/答案
8	单片机原理与应用技术	7-301-10760-7	魏立峰 王宝兴	25	2009	电子课件
9	单片机原理及应用教程(第2版)	7-301-22437-3	范立南	43	2013	电子课件/习题答案,辽宁"十二五"教材
10	单片机原理与应用及C51程序设计	7-301-13676-8	唐颖	30	2011	电子课件
11	单片机原理与应用及其实验指导书	7-301-21058-1	邵发森	44	2012	电子课件/答案/素材
12	MCS-51单片机原理及应用	7-301-22882-1	黄翠翠	34	2013	电子课件/程序代码
物理、能源、微电子						
1	物理光学理论与应用(第2版)	7-301-26024-1	宋贵才	46	2015	电子课件/习题答案,"十二五"普通高等教育本科国家级规划教材
2	现代光学	7-301-23639-0	宋贵才	36	2014	电子课件/答案
3	平板显示技术基础	7-301-22111-2	王丽娟	52	2013	电子课件/答案
4	集成电路版图设计	7-301-21235-6	陆学斌	32	2012	电子课件/习题答案
5	新能源与分布式发电技术	7-301-17677-1	朱永强	32	2010	电子课件/习题答案,北京市精品教材,北京市"十二五"教材
6	太阳能电池原理与应用	7-301-18672-5	靳瑞敏	25	2011	电子课件

序号	书名	书号	编著者	定价	出版年份	教辅及获奖情况
7	新能源照明技术	7-301-23123-4	李姿景	33	2013	电子课件/答案
基础课							
1	电工与电子技术(上册)(第2版)	7-301-19183-5	吴舒辞	30	2011	电子课件/习题答案,湖南省"十二五"教材
2	电工与电子技术(下册)(第2版)	7-301-19229-0	徐卓农 李士军	32	2011	电子课件/习题答案,湖南省"十二五"教材
3	电路分析	7-301-12179-5	王艳红 蒋学华	38	2010	电子课件,山东省第二届优秀教材奖
4	模拟电子技术实验教程	7-301-13121-3	谭海曙	24	2010	电子课件
5	运筹学(第2版)	7-301-18860-6	吴亚丽 张俊敏	28	2011	电子课件/习题答案
6	电路与模拟电子技术	7-301-04595-4	张绪光 刘在娥	35	2009	电子课件/习题答案
7	微机原理及接口技术	7-301-16931-5	肖洪兵	32	2010	电子课件/习题答案
8	数字电子技术	7-301-16932-2	刘金华	30	2010	电子课件/习题答案
9	微机原理及接口技术实验指导书	7-301-17614-6	李干林 李 升	22	2010	课件(实验报告)
10	模拟电子技术	7-301-17700-6	张绪光 刘在娥	36	2010	电子课件/习题答案
11	电工技术	7-301-18493-6	张 莉 张绪光	26	2011	电子课件/习题答案,山东省"十二五"教材
12	电路分析基础	7-301-20505-1	吴舒辞	38	2012	电子课件/习题答案
13	模拟电子线路	7-301-20725-3	宋树祥	38	2012	电子课件/习题答案
14	数字电子技术	7-301-21304-9	秦长海 张天鹏	49	2013	电子课件/答案,河南省"十二五"教材
15	模拟电子与数字逻辑	7-301-21450-3	邬春明	39	2012	电子课件
16	电路与模拟电子技术实验指导书	7-301-20351-4	唐 颖	26	2012	部分课件
17	电子电路基础实验与课程设计	7-301-22474-8	武 林	36	2013	部分课件
18	电文化——电气信息学科概论	7-301-22484-7	高 心	30	2013	
19	实用数字电子技术	7-301-22598-1	钱裕禄	30	2013	电子课件/答案/其他素材
20	模拟电子技术学习指导及习题精选	7-301-23124-1	姚娅川	30	2013	电子课件
21	电工电子基础实验及综合设计指导	7-301-23221-7	盛桂珍	32	2013	
22	电子技术实验教程	7-301-23736-6	司朝良	33	2014	
23	电工技术	7-301-24181-3	赵莹	46	2014	电子课件/习题答案
24	电子技术实验教程	7-301-24449-4	马秋明	26	2014	
25	微控制器原理及应用	7-301-24812-6	丁筱玲	42	2014	
26	模拟电子技术基础学习指导与习题分析	7-301-25507-0	李大军 唐 颖	32	2015	电子课件/习题答案
27	电工学实验教程(第2版)	7-301-25343-4	王士军 张绪光	27	2015	
28	微机原理及接口技术	7-301-26063-0	李干林	42	2015	电子课件/习题答案
电子、通信							
1	DSP技术及应用	7-301-10759-1	吴冬梅 张玉杰	26	2011	电子课件,中国大学出版社图书奖首届优秀教材奖一等奖
2	电子工艺实习	7-301-10699-0	周春阳	19	2010	电子课件
3	电子工艺学教程	7-301-10744-7	张立毅 王华奎	32	2010	电子课件,中国大学出版社图书奖首届优秀教材奖一等奖
4	信号与系统	7-301-10761-4	华 容 隋晓红	33	2011	电子课件
5	信息与通信工程专业英语(第2版)	7-301-19318-1	韩定定 李明明	32	2012	电子课件/参考译文,中国电子教育学会2012年全国电子信息类优秀教材
6	高频电子线路(第2版)	7-301-16520-1	宋树祥 周冬梅	35	2009	电子课件/习题答案

序号	书名	书号	编著者	定价	出版年份	教辅及获奖情况
7	MATLAB 基础及其应用教程	7-301-11442-1	周开利 邓春晖	24	2011	电子课件
8	计算机网络	7-301-11508-4	郭银景 孙红雨	31	2009	电子课件
9	通信原理	7-301-12178-8	隋晓红 钟晓玲	32	2007	电子课件
10	数字图像处理	7-301-12176-4	曹茂永	23	2007	电子课件,"十二五"普通高等教育本科国家级规划教材
11	移动通信	7-301-11502-2	郭俊强 李成	22	2010	电子课件
12	生物医学数据分析及其 MATLAB 实现	7-301-14472-5	尚志刚 张建华	25	2009	电子课件/习题答案/素材
13	信号处理 MATLAB 实验教程	7-301-15168-6	李杰 张猛	20	2009	实验素材
14	通信网的信令系统	7-301-15786-2	张云麟	24	2009	电子课件
15	数字信号处理	7-301-16076-3	王震宇 张培珍	32	2010	电子课件/答案/素材
16	光纤通信	7-301-12379-9	卢志茂 冯进玫	28	2010	电子课件/习题答案
17	离散信息论基础	7-301-17382-4	范九伦 谢勰	25	2010	电子课件/习题答案,"十二五"普通高等教育本科国家级规划教材
18	光纤通信	7-301-17683-2	李丽君 徐文云	26	2010	电子课件/习题答案
19	数字信号处理	7-301-17986-4	王玉德	32	2010	电子课件/答案/素材
20	电子线路 CAD	7-301-18285-7	周荣富 曾技	41	2011	电子课件
21	MATLAB 基础及应用	7-301-16739-7	李国朝	39	2011	电子课件/答案/素材
22	信息论与编码	7-301-18352-6	隋晓红 王艳营	24	2011	电子课件/习题答案
23	现代电子系统设计教程	7-301-18496-7	宋晓梅	36	2011	电子课件/习题答案
24	移动通信	7-301-19320-4	刘维超 时颖	39	2011	电子课件/习题答案
25	电子信息类专业 MATLAB 实验教程	7-301-19452-2	李明明	42	2011	电子课件/习题答案
26	信号与系统	7-301-20340-8	李云红	29	2012	电子课件
27	数字图像处理	7-301-20339-2	李云红	36	2012	电子课件
28	编码调制技术	7-301-20506-8	黄平	26	2012	电子课件
29	Mathcad 在信号与系统中的应用	7-301-20918-9	郭仁春	30	2012	
30	MATLAB 基础与应用教程	7-301-21247-9	王月明	32	2013	电子课件/答案
31	电子信息与通信工程专业英语	7-301-21688-0	孙桂芝	36	2012	电子课件
32	微波技术基础及其应用	7-301-21849-5	李泽民	49	2013	电子课件/习题答案/补充材料等
33	图像处理算法及应用	7-301-21607-1	李文书	48	2012	电子课件
34	网络系统分析与设计	7-301-20644-7	严承华	39	2012	电子课件
35	DSP 技术及应用	7-301-22109-9	董胜	39	2013	电子课件/答案
36	通信原理实验与课程设计	7-301-22528-8	邬春明	34	2015	电子课件
37	信号与系统	7-301-22582-0	许丽佳	38	2013	电子课件/答案
38	信号与线性系统	7-301-22776-3	朱明早	33	2013	电子课件/答案
39	信号分析与处理	7-301-22919-4	李会容	39	2013	电子课件/答案
40	MATLAB 基础及实验教程	7-301-23022-0	杨成慧	36	2013	电子课件/答案
41	DSP 技术与应用基础(第 2 版)	7-301-24777-8	俞一彪	45	2015	
42	EDA 技术及数字系统的应用	7-301-23877-6	包明	55	2015	
43	算法设计、分析与应用教程	7-301-24352-7	李文书	49	2014	
44	Android 开发工程师案例教程	7-301-24469-2	倪红军	48	2014	
45	ERP 原理及应用	7-301-23735-9	朱宝慧	43	2014	电子课件/答案
46	综合电子系统设计与实践	7-301-25509-4	武林 陈希	32(估)	2015	
47	高频电子技术	7-301-25508-7	赵玉刚	29	2015	电子课件
48	信息与通信专业英语	7-301-25506-3	刘小佳	29	2015	电子课件
49	信号与系统	7-301-25984-9	张建奇	45	2015	电子课件

序号	书名	书号	编著者	定价	出版年份	教辅及获奖情况
自动化、电气							
1	自动控制原理	7-301-22386-4	佟威	30	2013	电子课件/答案
2	自动控制原理	7-301-22936-1	邢春芳	39	2013	
3	自动控制原理	7-301-22448-9	谭功全	44	2013	
4	自动控制原理	7-301-22112-9	许丽佳	30	2015	
5	自动控制原理	7-301-16933-9	丁 红 李学军	32	2010	电子课件/答案/素材
6	现代控制理论基础	7-301-10512-2	侯媛彬等	20	2010	电子课件/素材，国家级"十一五"规划教材
7	计算机控制系统(第2版)	7-301-23271-2	徐文尚	48	2013	电子课件/答案
8	电力系统继电保护(第2版)	7-301-21366-7	马永翔	42	2013	电子课件/习题答案
9	电气控制技术(第2版)	7-301-24933-8	韩顺杰 吕树清	28	2014	电子课件
10	自动化专业英语(第2版)	7-301-25091-4	李国厚 王春阳	46	2014	电子课件/参考译文
11	电力电子技术及应用	7-301-13577-8	张润和	38	2008	电子课件
12	高电压技术	7-301-14461-9	马永翔	28	2009	电子课件/习题答案
13	电力系统分析	7-301-14460-2	曹 娜	35	2009	
14	综合布线系统基础教程	7-301-14994-2	吴达金	24	2009	电子课件
15	PLC原理及应用	7-301-17797-6	缪志农 郭新年	26	2010	电子课件
16	集散控制系统	7-301-18131-7	周荣富 陶文英	36	2011	电子课件/习题答案
17	控制电机与特种电机及其控制系统	7-301-18260-4	孙冠群 于少娟	42	2011	电子课件/习题答案
18	电气信息类专业英语	7-301-19447-8	缪志农	40	2011	电子课件/习题答案
19	综合布线系统管理教程	7-301-16598-0	吴达金	39	2012	电子课件
20	供配电技术	7-301-16367-7	王玉华	49	2012	电子课件/习题答案
21	PLC技术与应用(西门子版)	7-301-22529-5	丁金婷	32	2013	电子课件
22	电机、拖动与控制	7-301-22872-2	万芳瑛	34	2013	电子课件/答案
23	电气信息工程专业英语	7-301-22920-0	余兴波	26	2013	电子课件/译文
24	集散控制系统(第2版)	7-301-23081-7	刘翠玲	36	2013	电子课件，2014年中国电子教育学会"全国电子信息类优秀教材"一等奖
25	工控组态软件及应用	7-301-23754-0	何坚强	49	2014	电子课件/答案
26	发电厂变电所电气部分(第2版)	7-301-23674-1	马永翔	48	2014	电子课件/答案
27	自动控制原理实验教程	7-301-25471-4	丁 红 贾玉瑛	29	2015	
28	自动控制原理（第2版）	7-301-25510-0	袁德成	35	2015	电子课件，辽宁省"十二五"教材
29	电机与电力电子技术	7-301-25736-4	孙冠群	45	2015	电子课件/答案

如您需要更多教学资源如电子课件、电子样章、习题答案等，请登录北京大学出版社第六事业部官网www.pup6.cn搜索下载。

如您需要浏览更多专业教材，请扫下面的二维码，关注北京大学出版社第六事业部官方微信（微信号：pup6book），随时查询专业教材、浏览教材目录、内容简介等信息，并可在线申请纸质样书用于教学。

感谢您使用我们的教材，欢迎您随时与我们联系，我们将及时做好全方位的服务。联系方式：010-62750667，szheng_pup6@163.com，pup_6@163.com，lihu80@163.com，欢迎来电来信。客户服务QQ号：1292552107，欢迎随时咨询。